U0724436

中国古代数学教育哲学研究

胡吉振　著

中国原子能出版社

图书在版编目（CIP）数据

中国古代数学教育哲学研究 / 胡吉振著. -- 北京：
中国原子能出版社，2024. 12. -- ISBN 978-7-5221
-3928-9

Ⅰ. O1-02

中国国家版本馆 CIP 数据核字第 2025BA9250 号

中国古代数学教育哲学研究

出版发行	中国原子能出版社（北京市海淀区阜成路 43 号　100048）	
责任编辑	蒋焱兰	
责任校对	刘　铭	
装帧设计	胡正观	
责任印制	赵　明	
印　　刷	北京厚诚则铭印刷科技有限公司	
经　　销	全国新华书店	
开　　本	700 mm×1000 mm　1/16	
印　　张	15.5	
字　　数	260 千字	
版　　次	2025 年 3 月第 1 版　2025 年 3 月第 1 次印刷	
书　　号	ISBN 978-7-5221-3928-9	定　价　78.00 元

发行电话：010-68452845　　　　　　　　版权所有　侵权必究

前　言

在中国现代数学教育中，数学观是一个重要的概念，对于中国古代数学教育而言，数学观也同样重要；为了更好地认识中国古代数学教育，一个重要的方面就是要认识中国古代数学观，而古代数学观是古代数学教育哲学的重要内容，所以从根本上讲，这就需要研究中国古代数学教育哲学；同时，为了消除对中国古代数学教育研究上的一些误解和学术分歧，也只有通过研究中国占代数学教育哲学才能得到很好的解决；从学科发展和增强民族文化的自信与自觉的视角上来看，也应该把中国古代数学教育哲学的研究提上议事日程。与中国古代数学教育哲学相关学科的发展，目前也已趋成熟，欧内斯特、郑毓信、黄秦安、胡典顺、谢明初、徐文彬等对数学教育哲学的定义、研究方法、路径和内容都进行了深入的探讨，这些都促使笔者把中国古代数学教育哲学作为自己的研究课题、为笔者深入挖掘中国古代数学教育中的哲学思想提供了很好的参照框架。

现代数学教育哲学按照欧内斯特、郑毓信、黄秦安等学者来看其内容大致包括数学哲学、数学教育的目的、数学观、数学学习观和数学教学观几个主要部分。本书的研究内容主要是中国古代数学哲学、中国古代的数学观、中国古代数学教育的目的，以及中国古代数学学习观、课程观与教学观。

以下几点促使笔者选择哲学诠释学作为本书的研究视角。第一，中国古代"主客合一"的文化是哲学诠释学所强调的；第二，中国古人对事物的认识在大多数情况是凭借自己内心的体验，哲学诠释学也强调个人的体验对理解的重要性；第三，中国古人在知行观上，主张积极参与或者说躬行，这就类似于亚里士多德提出的"实践智慧"，这与伽达默尔所强调精神科学或人文科学区别于自然科学的研究方式之一就是依靠"参与"的方式是一致的；第四，中国古代数学教育强调价值和意义的重要性，而哲学诠释学同样重视价值和意义；第五，中国古代数学教育强调数学的应用性，而应用是哲学诠释学所强调三要素之一；第六，中国古代教育强调对话的重要性，这也是哲学诠释学所强调的重要内容。

本书的创新之处主要有两点：一是把哲学诠释学引入对中国古代数学教育哲学的研究，并且从中国哲学引入中国古代数学哲学和数学教育哲学，把中国古代数学教育哲学的研究建立在中国哲学为主的中国文化的基础上；二是在前人对数学教育哲学研究的前提下，在现有中国古代数学史、中国古代数学教育史、中国古代哲学和中国古代教育哲学的基础上挖掘、提炼中国古代数学教育哲学思想，这也是本书的论证方式，并得出了一系列研究结论。首先，中国古代数学是具有人文、社会和自然科学等兼有的数学科学。中国古人对数学的理解更多地强调是在主客合一的观念下依靠参与体验的方式，这就形成了中国古人对数学理解的主观性和相对性，强调以不同的方式理解数学，这也是伽达默尔哲学诠释学所强调的重要内容，这反映了中国古人对数学的认识具有后现代主义的特征。其次，中国古代数学教育具有欧内斯特强调的三种教育目的，而且这三种教育目的可以统一为人本主义的教育目的，反映了中国古代数学教育目的的人文主义关怀。最后，中国古人在数学学习上形成了多种方式理解数学，提出了学习即理解的观点；在数学教学上强调对话对于理解数学的重要性，提出了教学即对话的观点；对数学课程的认识上更多地强调课程在生活世界的意义和价值，强调课程即生活的观念。本书还涉及中国古代数学哲学的内容，以此为中国古代数学教育哲学研究奠定理论基础。以上这些都可以说是中国古代数学教育的优秀基因，值得中国乃至世界现当代数学教育工作者予以继承、借鉴和吸收。

目　录

第1章 绪 论

1.1 中国古代数学教育哲学研究的必要性

本节主要从学科发展、数学观、哲学诠释学、理解中国古代数学教育和传承中国古代优秀数学文化的视角来论证中国古代数学教育哲学研究的必要性。当然研究中国古代数学教育哲学还可能有其他方面的原因，限于种种条件，就不再列出。

1.1.1 学科发展的视角

20 世纪初，中国学者就开始像国外学者一样，对教育哲学进行研究，迄今为止有一百年左右的历史。在这一百年左右的时间中，研究教育哲学的学者很多，但比较著名的有范寿康、陆人冀、吴俊升、黄济、林砺儒、傅统先、张栗原等[①]。虽然以上学者的研究取得了丰硕的成果，但遗憾的是，以往的教育哲学研究中，很少触及数学教育哲学，同时在有关中国古代教育的研究中，也鲜有对中国古代数学教育哲学的专门研究。直到郑毓信的《数学教育

---

① 曹一鸣，黄秦安，殷丽霞编著.《中国数学教育哲学研究 30 年》，北京：科学出版社，2011 年版，第 103 页。

哲学》问世[1]，才真正开启了中国人研究数学教育哲学的序幕，随后一些关于数学教育哲学方面的专著或学术论文虽然有所发展，但这些著作或学术论文的研究范围仅限于现当代西方的数学教育哲学，而并没有把中国古代的数学教育哲学纳入进来。除了这些成果之外，还有许多关于中国古代数学史研究的一些成果，如数学史家李俨、钱宝琮等人在 20 世纪二三十年代就开始了中国古代数学史的研究。随着对中国古代数学史研究的展开，中国古代数学教育的研究也如火如荼地进行。迄今为止，学者对中国古代数学史和数学教育的研究都比较成熟和完善了，但是对于中国古代数学教育哲学的研究却仍然很少涉猎。当然，不可否认的是，以上这些研究虽然很少涉及中国古代数学教育哲学的内容，但它们至少为中国古代数学教育哲学的研究提供了条件，奠定了基础。这些研究，包括中国文化、中国古代哲学、教育哲学、数学教育哲学、中国古代数学史、中国古代数学教育史和中国古代教育哲学的研究，就像微积分中的"夹逼准则"一样，逐步向中国古代数学教育哲学的研究逼近。在这种情况之下，中国古代数学教育哲学已经呈现出"呼之欲出"的态势。以上学者的研究已经为中国古代的数学教育哲学的研究提供了充分的理论基础和研究线索，接下来的工作是如何把中国古代数学教育哲学的整体框架和轮廓清晰地予以呈现出来，并进一步地挖掘中国古代数学史与数学教育中的教育哲学思想。在曹一鸣、黄秦安、殷丽霞编著的《中国数学教育哲学研究 30 年》中有这样一段话："与中国数学史研究的红火场景和西方数学史的哲学观照相比，对中国古代数学的哲学透视就显得不够了。尤其是在文化层面上对中国古代数学哲学的研究，还有待于进一步地深入。"[2]虽然这段话说了很多年了，中国古代数学哲学或中国古代数学教育哲学的研究时至今日其研究者寥寥无几，这段话鼓励了笔者从事中国古代数学教育哲学研究。

---

① 郑毓信著.《数学教育哲学》，成都：四川教育出版社，2001 年版。

② 曹一鸣，黄秦安，殷丽霞编著.《中国数学教育哲学研究 30 年》，北京：科学出版社，2011 年版，第 24 页。

1.1.2　数学观的视角

对于现代数学教育而言，数学观是很重要的。托姆说："事实上，无论人们的意愿如何，一切数学教学法根本上都是出自数学哲学，即使是很不规范的教学法也当如此。"[①]赫什（Reuben Hersh）说："问题并不在于教学的最好方式是什么，而在于数学到底是什么，……如果不正视数学的本质问题，便解决不了关于教学上的争议。"[②]黄秦安与黄毅英都强调数学观的重要性[③④]。数学观简单地讲就是人们对数学的认识，想正确认识中国古代数学的学习观、课程观与教学观，首先就应该正确地认识中国古代的数学观，而数学观是数学教育哲学的重要的组成部分，这就说明了中国古代数学教育哲学研究的重要性。郑毓信在《数学教育哲学》中开篇就讲"什么是数学"[⑤]，实际上就是数学观。数学观的重要性也说明了要想正确认识中国古代数学教育，也必须深入研究中国古代的数学教育哲学，通过对中国古代数学教育哲学的研究来认识中国古代数学教育应该是更为科学、深刻和全面的研究途径。事实上，中国古代数学不仅作为一门技术或因管理的需要而存在，它还应用在天文历法、土地丈量、财富分配、商业买卖、生活娱乐、抽签算卦、智力游戏等几乎所有的领域之中。中国古代数学是古代印度"盲人摸象"故事中的大象，看不到大象的全貌，仅摸到了大象的局部，而把大象局部的性质当作全局的性质来理解当然是错误的。因此，为了更好地理解中国古代数学教育，也应该从不同的数学观来审视中国古代数学，这就反映了数学观的重要性，这也说明了研究中国古代数学教育哲学以此来更好地认识中国古代数学教育的基本规律。

[①] Thom, R. :(1973). 'Modern mathematics: does it exist ?' in Howson (1973), pp.194-209。

[②] Hersh, E. :(1979).'Some proposals for Reviving the Philosophy of Mathematics', Advances in Mathematics, 31,pp.31-50。

[③] 黄秦安.《数学教师的数学观和数学教育观》,《数学教育学报》2004 年第 4 期。

[④] 黄毅英.《数学观研究综述》,《数学教育学报》2002 年第 1 期。

[⑤] 郑毓信著.《数学教育哲学》,成都：四川教育出版社,2001 年版,参见目录。

1.1.3 哲学诠释学的视角

从更好地理解中国古代数学教育的角度来讲，消除对中国古代数学教育的误解需要解释，而如何获得更好的解释，就需要从哲学的角度进行分析和阐释。用哲学的方法观点思想分析数学教育中的问题，可以以"阐释学"为依托进行分析。"阐释学"或"诠释学"或"解释学"一词来源于赫尔墨斯（Hermes）。赫尔墨斯是古希腊神话中的一位信使的名字。他穿梭于神的世界与人的世界之间，将神的旨意传递给人类，他所传递的不是对诸神旨意的简单重复，而是需要解释和翻译的，即是神的语言转化为人的语言。在这种意义上讲，"诠释学"类似于中国古代的注疏是以研究理解和解释为主的一门学问。诠释学作为一门指导文本理解和解释规则的科学，它的工作就是一种语言的转换，一种从一个世界到另一个世界的语言转换，一种从神的世界到人的世界的语言转换，一种从陌生的语言世界到我们自己的语言世界的转换[①]。在这种转换之中，理解、解释和应用一起构成了诠释学的三大基本概念。诠释学最初是作为局部的诠释学，但是到了 18 世纪，德国学者施莱尔马赫认为"误解"是经常发生的，解释与理解就成了普遍的现象，这样施莱尔马赫就把局部诠释学发展为普遍诠释学或一般诠释学。狄尔泰继承了施莱尔马赫的诠释学思想，提出了"自然科学需要说明，而精神科学或人文科学需要理解"的观点，并认为"体验"是人文科学的认识方式，这样就为人文科学的方法论奠定了基础。海德格尔把作为方法论的诠释学改造为本体论的诠释学——也就是哲学诠释学，他认为理解就是人的此在的存在方式。作为主体的一种存在方式。伽达默尔继承了海德格尔的思想，强调"参与"是人文科学区别于自然科学方法论的一个重要特点，并强调语言和对话对理解的重要性，并把"应用"重新纳入诠释学的三要素，强调理解、解释和应用的同时性和统一性。

---

① 洪汉鼎著.《诠释学：它的历史和当代发展》（修订版），北京：中国人民大学出版社，2018 年版，第 2 页。

哲学诠释学与中国古代文化在以下几个方面是至少是相通的。第一，中国是"天人合一"的文化或"主客合一"的文化，这同样是哲学诠释学提倡的。第二，中国古人对事物的理解在大多数情况是凭借自己内心的体验来实现的，哲学诠释学也强调体验对理解的重要性。第三，中国古人在知行观上，主张积极地参与或者说躬行，这与伽达默尔所强调的精神科学或人文科学区别于自然科学的研究方式之一就是依靠"参与"的方式是一致的。第四，中国古代哲学强调价值和意义的重要性，而哲学诠释学同样重视价值和意义。第五，中国古代数学强调应用，按照哲学诠释学的观点应用也是一种理解方式。第六，中国古代数学强调对话的重要性，而哲学诠释学同样提倡通过对话的方式来更好地理解文本或传承物。第七，中国古代数学的语言表达不是现代汉语，而是文言文。现代人如果想理解古代的书籍文献，就需要进行翻译或解释。事实上，现当代人对中国古代文化的认识都是建立在哲学诠释学的基础上的。通过以上七点，读者可以看出中国古代文化与哲学诠释学有着密不可分的关系，关系是十分契合的。

哲学诠释学最初主要是应用于文学艺术、历史和哲学等人文科学领域的。《真理与方法》全书的基本内容和线索可以用伽达默尔自己在该书导言中的话来概括："本书的探究是从对审美意识的批判开始，以便捍卫那种我们通过艺术作品而获得的真理的经验，以反对那种被科学的真理概念弄得很狭隘的美学理论。但是，探究并不是一直停留在对艺术真理的辩护上，而是试图从这个出发点开始去发展一种与我们整个诠释学经验相适应的认识和真理的概念。"[①]这就是说，伽达默尔试图以艺术经验里真理问题的展现为出发点，进行探讨精神科学的理解问题，并发展一种哲学诠释学的认识与真理的概念。与这种思考线索相对应，《真理与方法》一书分为三个部分：1）艺术经验里真理问题的展现；2）真理问题扩大到精神科学里的理解问题；3）以语言为主线的诠释学本体论转向。这三个部分分别构成三个领

[①]［德］汉斯-格奥尔格·伽达默尔著，洪汉鼎译：《诠释学 I：真理与方法》（修订译本），北京：商务印书馆，2010 年版，第 vii 页。

域，即美学领域、历史领域与语言领域①。可见，伽达默尔的哲学诠释学适用范围主要是人文科学领域。从这个视角来讲，哲学诠释学的视角是可以用来研究中国古代数学史和中国古代数学教育的，因为中国古代数学史属于历史领域的，是属于人文领域的；而中国古代数学教育则是属于人文科学领域，毕竟中国古代数学教育是教育学的一个分支，教育的对象就是人，从这个视角来讲用哲学诠释学研究中国古代数学教育是没有问题的。事实上，教育学界把哲学诠释学应用于教育理论的研究已经是屡见不鲜了，哲学诠释学在教育学中得到了广泛的应用②，甚至有的学者提出了"哲学解释学教育学"的理论体系③。

至于能用哲学诠释学研究中国古代数学教育哲学吗？中国古代数学教育哲学是属于哲学的，而哲学是典型地属于人文科学领域，从这个意义上用哲学诠释学研究中国古代数学教育哲学是没有问题的。而且现代哲学诠释学的应用范围发展到了科学诠释学，例如参考文献④。从这个意义上讲，即使在中国古代数学教育哲学研究中，遇见了数学问题，也同样可以用哲学诠释学的视角去研究。中国古代数学在某种程度上是应用数学，这就说明了中国古代数学更像或者说就是人文科学，中国古代数学几乎都是用汉字表达的，而没有专门独立的抽象的符号作为工具，从这个意义上讲，中国古代数学就是人文科学；另外，对中国古代数学的研究主要就是对中国古代文言文写成的数学著作如何翻译成现代汉语，让更多的人看懂，这种翻译的过程其实也是一种诠释的过程；而且更为重要的是中国古代数学都已经过去了，我们对它的研究仍然是属于对中国古代数学史的研究或者说诠释。从这个意义上讲，中国古代数学就更适应于用哲学诠释学来研究。因此，不用担心中国古

① [德] 汉斯-格奥尔格·伽达默尔著，洪汉鼎译：《诠释学 I：真理与方法》（修订译本），北京：商务印书馆，2010 年版，第 vii 页。

② 冯苗著．《教育场域中的对话——基于教师视角的哲学解释学研究》，北京：教育科学出版社，2011年版。

③ 邓友超，李小红：《哲学解释学教育学三题》，《外国教育研究》2003 年第 10 期。

④ 桂起权：《科学解释学及其阐释逻辑》，《学术研究》，2020 年第 1 期。

代数学教育哲学用哲学诠释学视角研究的可行性。

就像洪汉鼎先生所说："诠释学作为一门指导文本理解和解释的规则的学科，在以前类似于修辞学、语法学、逻辑学，从属于语文学。可是在 20世纪，由于解释学问题的普遍性——这种普遍性不仅表现在人文科学领域，而且也表现在自然科学领域，甚至像卡尔·波普尔这样的认识论哲学家以及托马斯·库恩这样的科学史家也主张科学理论总是被解释，观察对象具有理论负载，科学不是像实证主义者所认为的那样限制于描述事实，而是必须组织它们，概念化它们，换而言之，科学必须解释它们——诠释学已把自身从一种理解和解释的方法论发展成一种哲学理论。"[①]这就说明在进行数学教育哲学研究的时候，即使针对中国古代数学问题，哲学诠释学仍然是有效的。

1.1.4 理解中国古代数学教育的视角

长期以来，一些学者对中国古代数学教育在认识论上存在误解，一些观点对中国古代数学教育的理解是失之偏颇的。这些学者对中国古代数学教育的理解或者说观点建立在以古希腊数学或西方数学为标准的基础上，这种西方中心主义的观点从后现代主义或后现代性的观点来看也是很偏激的，甚至是错误的。在这里需要解释一下什么是"后现代性"。"后现代性"是作为 20世纪后期西方哲学广为关注的概念。1979 年利奥塔在《后现代状况：关于知识的报告》中将"后现代"定义为"对元叙事的怀疑"，因此后现代的最重要的特征之一是非确定性，而迦达默尔为代表的哲学诠释学就具有明显的后现代性的特征[②]。一些人对中国古代数学教育缺乏全局性的、普遍性的、系统性的认识。例如，有些学者认为中国古代数学教育提倡死记硬背，主张满堂灌，而不是理解，没有主动学习的思想，仅提倡实用等。首先，普遍的观点认为，中国古代数学是以实用为目的，讲究的是学以致用，这种观念若按

---

① 洪汉鼎著.《诠释学：它的历史和当代发展》（修订版），北京：中国人民大学出版社，2018 年版，前言第 1 页。

② 张煦春：《哲学诠释学的后现代性》，《学术界》2009 年第 6 期。

照哲学诠释学的观点看，应用本身其实也是理解。就像洪汉鼎先生所说"诠释学传统从词源上至少包含三个要素的统一，即理解、解释（含翻译）和应用的统一。其次，中国古代数学教育提倡自学的文化也揭示中国古代是以"学"为主的文化，而不是以"教"为主的文化，中国古代数学教育在学习上不是被动地接受，而是主动积极地学习。南宋数学家、数学教育家杨辉的"好学君子自能触类而考，何必轻（尽）传"①就是重视主动学习的一个重要的体现。最后，在古代数学教育的目的上，虽然不否认以实用为主要目的，但是也必须承认中国古代数学教育不仅仅是为了实用，在很多情况下也是像古希腊数学一样，是数学家的一种精神追求。从文化的概念来讲，就不能把中国古代数学教育仅作为物质层面来理解，更应该从文化的精神层面来理解，因为文化更多地涉及的不仅是物质层面的东西，而是精神层面的东西。

哲学在某种程度上讲是质疑、反思和批判的学问，中国古代数学教育哲学在某种意义上讲，就是用哲学的质疑、反思和批判精神去审视中国古代数学教育问题，只有这样才能更好地理解中国古代数学教育，减少对中国古代数学教育的误解；另外，对中国古代数学教育的理解也应该不是一成不变的，而是与时俱进的，随着时代的发展，中国古代数学教育也应该以新视角进行研究。柏拉图曾讲过，教育从最高意义上讲就是哲学，这也告诉我们认识中国古代数学教育，从数学教育哲学的视角分析是很有必要的。王宪昌、王文友教授认为，数学教育哲学是数学教育学研究者必备的理论武器②。总之，只有站在中国古代数学教育哲学的高度，才可能更好地理解中国古代数学教育发展的最普遍、最基本的规律，从而比较客观地认识中国古代数学教育。

---

① 孙宏安译注：《杨辉算法》，沈阳：辽宁教育出版社，1997年版，第425页。
② 王宪昌、王文友：《关于中国数学教育学研究的问题探析》，《数学教育学报》2004年第1期。

1.1.5 传承文化的视角

实现中华民族的伟大复兴，不只是经济和军事等方面的复兴，更重要的是文化的复兴。作为一个具有悠久历史和灿烂文化的东方大国，应以文化的复兴作为自己的首要任务，这其中，即包括数学文化的复兴。在对传统数学文化的研究中，有关中国古代数学教育哲学的研究应成为一个重要的研究方向。从增强文化自信和文化自觉的角度来说，中国数学教育工作者有义务和责任从本民族的数学教育哲学思想中汲取积极的内容和养分，以构建新的、具有中国特色的古代数学教育哲学体系。文化的传承是这个民族的优秀品格。正如北宋大儒张载的"为往圣继绝学"①，作为一个学者就应该秉承这种精神肩负文化传承的使命。作为中国古代最优秀的文化之一的中国古代数学文化也应该是"往圣"的"绝学"，是今天继承并弘扬光大的学问。中国古代数学文化是一个比较宽泛的概念，其内容肯定包括中国古代数学教育哲学，从这个意义上讲，研究中国古代数学教育哲学就是弘扬或传承中国古代优秀的数学文化，就是秉承了一种"为往圣继绝学"的精神。另外，新中国成立以来，数学教育哲学的研究得到了迅速的发展，但迄今为止，这些研究所采取的路径大多是基于从外到内的视角，主要引进的是国外的一些数学教育哲学理论，并继而应用于中国现当代的数学教育之中。这种横向的研究，虽然在数学教育必须走向现代和世界的意义上来说是不可缺失，但是对中国古代数学哲学，对中国古代数学教育哲学的研究却寥若晨星。这种尴尬的局面与一个具有五千年灿烂文化的文明古国的地位是不匹配的。因此，我们更应该传承自己民族的优秀数学文化，在这之中一个重要的方面就是对中国古代数学教育哲学的研究。从文化史的角度来说，中国数学教育也应当从本民族丰富的数学文化资源内部挖掘其优秀的基因，以拓展现代数学教育的深度和广度。在当今中国学术界，对中国古代数学教育的研究虽然很多，但很少

---

① 郭齐勇编著.《中国哲学史》，北京：高等教育出版社，2006 年版，第 254。

把这种研究提高到哲学的层面，中国古代数学教育哲学的研究也几乎还是一块"荒地"，很少有人去开垦。从这个意义上说，中国古代数学教育哲学发展可以说是方兴未艾，具有巨大的研究空间或者说具有无穷的研究潜力。而且，中国至少有三千年的文明史给我们留下了丰富的研究资料，随着中国古代数学史和中国古代数学教育史的进一步研究，中国古代的数学教育哲学研究也将成为一个前景广阔的研究领域。从传承中国古代数学文化的角度来讲，研究中国古代数学教育哲学都是很有必要的。就像曹一鸣、黄秦安、殷丽霞教授编著的《中国数学教育哲学研究 30 年》正文中有这样一段话："与中国数学史研究的红火场景和西方数学史的哲学观照相比，对中国古代数学的哲学透视就显得不够了。尤其是在文化层面上对中国古代数学哲学的研究，还有待于进一步地深入。"[1]这就说明了中国古代数学教育哲学研究的必要性和紧迫性。数学家、数学教育家齐民友先生说："历史已经证明，而且将继续证明，一个没有相当发达的数学的文化是注定要衰落的，一个不掌握数学作为一种文化的民族也是注定要衰落的。"[2]因此研究中国古代数学教育哲学从这个意义上讲是时不我待的大事。

1.2　研究意义

以上仅论证了研究中国古代数学教育哲学的必要性和可以采用哲学诠释学的视角研究中国古代数学教育哲学。下面主要讲哲学诠释学视角下研究中国古代数学教育哲学的理论意义、实践意义和文化弘扬方面的意义。研究中国古代数学教育哲学本身就有理论建构的意义，但是作为一种文化传承，实际上也是具有很强的实践意义的，故此单独列出来作为与理论意义和实践

---

[1] 曹一鸣，黄秦安，殷丽霞编著.《中国数学教育哲学研究 30 年》，北京：科学出版社，2011 年版，第 24 页。

[2] 齐民友著.《数学与文化》，长沙：湖南教育出版社，1991 年版，第 12-13 页。

意义并列的内容呈现。

1.2.1　理论意义

对于数学教育哲学的研究目的而言，郑毓信教授强调，数学教育哲学是为数学教育提供一个必要的理论基础①。本书也秉承了这一精神，中国古代数学教育哲学同样也要为中国古代数学教育提供一个必要的理论基础。从这个意义上讲，本书至少有以下几点意义。

首先，可以彰显中国古代数学教育的理论价值。对中国古代数学教育哲学的研究，不仅涉及到数学教育的理论与实践，而且更为重要的是涉及数学教育的价值和意义。中国古代数学教育哲学从根本上讲是一种以意义追求为主的实践哲学。在这之中，数学观、数学教育的目的、学习观、教学观、课程观等成为了中国古代数学教育哲学的主要理论内容。本书用哲学诠释学的视角回溯中国古代数学教育的现场，按照现象学"回到事情本身"的原则②，描述现象，解释文本，阐述意义，以此还中国古代数学教育一个真实的本来面目的同时，可能会更为深刻地理解中国古代数学教育所包含的、丰富的生活意义和价值内容。

其次，可以对中国古代数学教育一些问题产生新观点和新思想，从而可以更好地解释在中国古代数学教育研究中的一些问题、观点和存在的学术分歧，更有利于学术的繁荣。很多学者总是喜欢拿中国古代数学（教育）和古希腊数学（教育）作比较，如果能够站在哲学诠释学的视角来比较，那么得到的结果也许更为客观公正一些，至少是一种新的尝试。

再次，可以丰富中国古代数学教育哲学的研究内容。用哲学诠释学的视角研究中国古代数学教育哲学，就是为中国古代数学教育哲学的研究提供一种新视角，这就丰富了对中国古代数学教育研究在视角方面的内容。从不同的视角研究中国古代数学教育可能会得出不同的结论，可以相互比较，分析

---

① 郑毓信著.《数学教育哲学》，成都：四川教育出版社，2001 年版，参见序言。
② 洪汉鼎著.《重新回到现象学的原点——现象学十四讲》，北京：人民出版社，2008 年版，第 128 页。

其差异产生的原因，从中得到更好的研究效果和研究成果。

最后，可以丰富中国古代哲学理论研究体系。中国古代哲学主要是人文科学的哲学，而很少有自然科学哲学和中国古代数学哲学的分额，更没有学科交叉所产生的哲学思想，这就反映了中国古代数学教育哲学建设的必要性。按照哲学是研究自然、社会和思维科学的普遍的一般规律的科学定义来讲，中国古代哲学体系应该把中国古代数学教育哲学纳入自己的范围，至少从理论建构和学科建设的角度来讲是这样的。

1.2.2 实践意义

本书虽然立足于中国古代数学教育哲学的理论建设，但绝不是忽视中国古代数学教育哲学的实践性。相反，中国古代数学教育哲学就是实践哲学。中国古代数学教育具有很强的应用性，中国古代数学教育哲学是面向现实生活的哲学。

本书从哲学诠释学的视角展开对中国古代数学教育哲学的研究，其实践意义主要是针对当代中国数学教育而言的，这就需要从中国古代数学教育哲学中汲取那些在观念和精神层面上的启发和建议。在中国传统数学教育中，那些根深蒂固地影响教育精神层面的因素，对于今天的数学教育还会产生持续的影响。认识中国古代的数学教育对当代数学教育的影响，与认识西方数学教育对中国现代数学教育的影响至少是同样的重要。伽达默尔曾提出"效果历史"的概念，这个概念也可以翻译成"作用的历史"，也就是起作用、发生效果的意思。什么是效果历史？就是历史事件虽然已经过去了，但是它的效果还在，而且还在不断地影响着后人，而且后人也在不断对它加以重新解释，这种不断解释就是它在历史中的效果①。事实上，中国古代数学教育对今天中国数学教育的影响起到了这种效果历史的作用。因此，认识中国古代数学教育对今天数学教育的影响，对今天的数学教育是有积极的实践指引

---

① 邓晓芒著.《哲学史方法论十四讲》，重庆：重庆大学出版社，2015 年版，第 81 页。

意义的。朱雁、鲍建生教授就强调将中国数学传统文化精髓编制为教材，列入中小学必修或选修课程①。这种观点就肯定了中国古代数学教育的实践价值。

研究中国古代数学教育哲学对今天数学教育是有很强的实践指导意义的。中国古代数学家、数学教育家几乎都是有反思、质疑和批判精神的，这些宝贵的精神财富就是中国古代数学教育哲学精神之一，这是值得今天数学教育继承和发扬的。祖冲之在《辩戴法兴难新历》说："迟疾之率，非出神怪，有形可验，有数可推""夫为合必有不合，愿闻显据，以核理实""浮辞虚贬，窃非所惧。"②"亲量圭尺，躬察仪漏，目尽毫厘，心穷筹策"等。③《周髀算经》上认为"日影一寸，地差八千"④这种观点很早就遭到数学家的质疑。公元 422 年（南北朝文帝元嘉十九年）数学家、天文学家何承天通过测量影长来否定这一说法⑤。"日影一寸，地差八千"到了唐代也遭到数学家刘焯⑥、李淳风⑦与僧一行⑧的质疑和否定。这就是中国古代数学家的科学精神，中国古代数学家的这种反思、质疑、实践、批判的精神，用祖冲之的话说就是"不虚推古人"的精神。王孝通在"上《缉古算经》表"中说："其祖暅之《缀术》，时人称之精妙，曾不觉'方邑进行'之术，全错不通；'刍亭方亭'之间，于理未尽。"⑨可见王孝通对《缀术》是有微词的。虽然很多的学者认为王孝通是看不懂《缀术》而错误地批判《缀术》，

---

① 朱雁，鲍建生：《从"双基"到"四基"：中国数学教育传统的继承与超越》，《课程·教材·教法》2017 年第 1 期。

② ［梁］沈约撰：《宋书》（一），北京：中华书局，1999 年版，第 212-213 页。

③ ［梁］萧子显撰：《南齐书》（第三册），北京：中华书局，1996 年版，第 904 页。

④ 李迪主编：《中华传统数学文献精选导读》，武汉：湖北教育出版社，1999 年版，第 29 页。

⑤ 吴文俊主编：《中国数学史大系：西晋至五代》（第四卷），北京：北京师范大学出版社，1999 年版，第 254 页。

⑥ 吴文俊主编：《中国数学史大系：西晋至五代》（第四卷），北京：北京师范大学出版社，1999 年版，第 254 页，第 254 页。

⑦ 郭书春著．《中国古代数学史话》，北京：中国国际广播出版社，2012 年版，第 89 页。

⑧ 吴文俊主编：《中国数学史大系：西晋至五代》（第四卷），北京：北京师范大学出版社，1999 年版，第 251-256 页。

⑨ 李迪主编：《中华传统数学文献精选导读》，武汉：湖北教育出版社，1999 年版，第 171 页。

但是中国古代数学家敢于质疑、反思、批判的精神也是值得肯定的。数学家李淳风对刘徽有微词，同样这种观点在郭书春教授看来也是不正确的[①]。即使是当过老师的数学家刘焯为推行自己的《皇极历》多次参加辩论[②]。杨辉对《九章算术》很崇敬的，把它称为"黄帝九章"又说它是"圣贤之书"，但是杨辉仍然敢于批判《九章算术》，他认为《九章算术》的章节安排不合理，所以重新调整了九章的内容，使它更合理一些[③]。另一个具有批判、反思、质疑精神的数学家是李冶，在读书笔记《敬斋古今黈（tǒu）》中，他对前秦以来三十多位名家观点提出了自己的不同认识[④]。这种对前人的反思、批判、质疑精神就是一种哲学精神。对于今天数学教育实践有着很强的参考意义。

1.2.3　文化弘扬的意义

文化是一个宏大的概念，文明虽然有粗野之分，但是文化无优劣好坏之分[⑤]。研究中国古代数学教育哲学本身就是弘扬中国传统文化。中国当代的数学教育一方面要学习与借鉴外国先进的数学教育理念，另一方面要从中国古代数学教育中汲取营养成分。从文化史的角度来说，国外的数学教育理念是扎根于西方主流文化之下的，即使是西方社会先进的数学教育理念，被引进中国教育课堂首先遇到的问题是这种理念是否适应于中国教育文化的土壤。在一种文化中是先进的教育理念，但是到了另一种文化就未必还是先进的教育理念，在这里面就有个文化中的教育观念差异性的问题。西方的教育理念在中国也可能由于文化不同的原因而犯有水土不服的毛病，

---

① 郭书春著.《中国古代数学史话》，北京：中国国际广播出版社，2012年版，第90页。

② 吴文俊主编：《中国数学史大系：西晋至五代》，第四卷，北京：北京师范大学出版社，1999年版，第183-184页。

③ 代钦，松宫哲夫著.《数学教育史——文化视野下的中国数学教育》，北京：北京师范大学出版社，2017年版，第53页。

④ 周瀚光，孔国平著.《刘徽评传》，南京：南京大学出版社，1994年版，第132页。

⑤ 邓晓芒著.《邓晓芒讲演录》，吉林：长春出版社，2012年版，第92页。

而且也不是拿过来就能用的。诚如郑毓信教授所强调的，即使是一个在西方十分有效的改革措施，也不能采用简单的"拿来主义"，而必须认真研究是否适合中国的社会文化环境①。朱哲、张维忠教授也强调从文化传统的关联来探索中国数学教育的现代化②。中西文化的融合是一个漫长的过程，不可能一蹴而就，这就像历史上佛教传入中国、到中国化的佛教经历了近千年的磨合才融入民族文化，并成为民族文化的一部分一样。人们经常提到是中西文化的"融合"或"汇通"之类观念。诚然，这类观念是必要的，但是更应该古今会通，因为中华民族的文化在纵向上是一脉相传的，如果再不古今会通，中国的文化传统就可能产生"断崖"的危机。中国当代数学教育与中国古代数学教育在文化上具有一脉相承的关系，更具有传承性，这种传承性本身就是融合性，而不像接受西方教育理念可能会产生抗体。从中国古代数学教育哲学中汲取的营养是很容易消化吸收的，而且更能有效地服务今天的数学教育。从增强民族文化自信和文化自觉的角度来说，弘扬和发展中国古代数学教育哲学应该是一个重要方面。在今天随着世界上各个民族交往活动日益频繁，文化的交流与融合也成为了一个时代的主题。但是一个民族也可能濒临文化灭亡的边缘，因为文化不仅有融合，而还有碰撞和冲击，甚至还有文化侵略。对数学教育哲学的研究，从 20 世纪 90 年代欧内斯特《数学教育哲学》的诞生和郑毓信教授《数学教育哲学》的问世以来就开始了，但是近 30 年来，国人研究的都是西方数学教育哲学或现代数学教育哲学，而很少有人研究中国古代数学（教育）哲学。从这个意义上说，本书的研究也可以说是传承中国古代数学教育文化思想的一种尝试。

---

① 郑毓信：《文化视角下的中国数学教育》，《课程·教材·教法》2002 年第 10 期。
② 朱哲，张维忠：《数学教育现代化研究综述》，《浙江师范大学学报》（自然科学版）2003 年第 4 期。

1.3 文献综述

国外学者对中国古代数学教育的研究很少，对中国古代数学教育哲学的研究可能没有。有一些西方学者对中国古代哲学和中国古代数学的存在性都表示质疑，当然这种观点肯定是错误。后现代主义哲学家德里达在与王化元教授的谈话中就认为在中国古代有思想而没有哲学。事实上，这涉及一个如何定义哲学的问题，标准决定存在。另外，美国著名数学史家莫里斯·克莱因影响极广的《古今数学思想》没有把中国古代数学写成一章，甚至就没有几句话说中国古代数学。当然，这可能是克莱因不了解中国古代数学，也可能是国际交流太少。国外的学者对哲学诠释学的研究可以说是声势浩大，但是由于与中国古代数学教育关系不大，笔者就不作介绍，哲学诠释学对中国现当代教育研究的影响是存在的，但是对数学教育的影响不是太大，尤其是对中国古代数学教育的影响更小。至于诠释学在数学课程改革中对课程、教学与学生有什么作用限于研究主题的需要，笔者在这里就不作文献梳理。因此，下面主要评述的是国内学者对本主题相关内容的研究现状。

1.3.1 数学教育哲学的概念、方法、路径和内容的研究现状

郑毓信是中国教育哲学研究的开创者，他认为数学教育哲学即是关于数学教育的哲学分析[1][2]。基于研究数学教育哲学的学者一般都具有数学背景，所以以郑毓信为首的学者也是从数学哲学的视角来研究数学教育哲学的。吴晓红、谢明初对郑毓信的"数学教育哲学就是对数学教育的哲学分析"中"哲

---

① 郑毓信：《数学教育哲学概论》，《数学教育学报》1996 年第 2 期。

② 郑毓信：《数学哲学、数学方法论与数学教育哲学——兼论数学哲学研究的方法论问题》，《南京大学学报》1995 年第 3 期。

学分析"进行了追问①，哲学分析是哲学理论分析？还是哲学话语分析？还是哲学思维方式进行分析？可以像吴晓红、谢明初所强调的运用哲学思辨、批判和反思的思维方式研究中国古代数学教育。吴晓红、谢明初进一步阐述数学教育哲学的快速发展与用哲学思维方式分析数学教育问题是有关联的。这种研究即是运用哲学思辨、批判、反思的思维方式，审视数学教育现实，揭示数学教育现象背后的深层次问题，促进对数学教育的理性思考，实现数学教育实践的理论升级②，这种观点指出了研究的方法。从黄秦安教授对"数学教育哲学"所下的几种定义中也可以看出③，研究数学教育哲学应该是多种路径的，而且黄秦安强调了可以从教育哲学的角度来研究数学教育哲学，从这个角度能够研究中国古代数学教育哲学。因为关于中国古代教育哲学的专著与学术论文早已证明中国古代教育哲学的存在性。谢明初认为，数学教育哲学就是运用哲学方法对数学教育基本问题进行研究④。按照谢明初教授的这个定义，人们可以对中国古代数学教育哲学进行研究，因为可以不考虑哲学的本体论、认识论等，只需要运用哲学的方法论研究中国古代数学教育的问题就可以了。徐文彬、彭亮强调对数学教育哲学研究的两种路向：一种是数学的教育哲学研究；另一种是数学教育的哲学研究⑤。

林夏水强调有数学就有数学哲学，并说："不过，它与任何事物一样，有其从孕育到独立发展的过程⑥。更为重要的是一些学者在研究中国古代数学哲学，例如，郭书春的《关于中国古代数学哲学的几个问题》⑦，周瀚光的《中国古代的数学与哲学》⑧，代钦的《中国古代先哲对数学的哲学

---

① 吴晓红，谢明初.《数学教育哲学的哲学意义及研究路径》，《江苏教育》2018 年第 3 期。

② 同上。

③ 黄秦安：《关于数学教育哲学的研究对象与学科特征》，《数学教育学报》2008 年第 6 期。

④ 谢明初：《走向数学教育哲学研究》，《数学教育学报》2011 年第 2 期。

⑤ 徐文彬，彭亮：《中国数学教育哲学研究的回顾与反思（2000——2015）——兼论数学文化的教育哲学探索》，《数学教育学报》2017 年第 2 期。

⑥ 林夏水著.《数学哲学》，北京：商务印书馆，2003 年版，第 6 页。

⑦ 郭书春：《关于中国古代数学哲学的几个问题》，《自然辩证法》1988 年第 3 期。

⑧ 周瀚光：《中国古代的数学与哲学》，《哲学研究》1985 年第 10 期。

思考》①。黄秦安认为，中国古代数学教育哲学具有一种流变的、混杂的和多样的特点和价值取向，这与中国古代哲学思想本身的混沌性有关，并强调用单一的哲理性或技艺性似乎都不能完全刻画中国古代数学教育哲学的全部特点。黄秦安也认为在形而上层次上，中国古代数学也曾达到过相当高级的层次②。以上这些至少对中国古代数学哲学进行了初步的探讨。一个民族有没有哲学，关键看如何给哲学下定义。哲学这个概念，有很多种定义，甚至有种观点认为哲学无定论。有些学者强调哲学本体论的重要性，一个民族或国家有没有哲学关键看有没有本体论③，如果连本体论都没有，一个民族或国家的哲学也就无从谈起。中国古代数学哲学是存在本体论的，例如上面郭书春的文章就谈到中国古代数学哲学的本体论的相关内容。

需要注意的一个重要问题是中国古代数学教育哲学的存在性与中国古代数学教育哲学研究是两个概念。上面强调郑毓信、黄秦安、谢明初、吴晓红、徐文彬用哲学的方法、视角研究中国古代数学教育问题并不等于中国古代数学教育哲学的存在性。也就是说，在这种情况下，中国古代数学教育哲学可能是不存在的，本书不是这种意义上的研究，而是用哲学诠释学的视角以此论证中国古代数学教育哲学的存在性和相关的一系列的内容。从这个意义上讲，就必须把中国古代数学教育哲学的研究建立在对中国古代文化、尤其是对中国古代哲学、中国古代数学哲学、中国古代教育哲学等研究的基础上，并以中国古代数学史和数学教育史的史料为论证的材料。但是以上这些学者思想观点都为本书提供了研究的方法和路径方面的参考。

数学教育家弗赖登塔尔在 20 世纪 70 年代正式提出"数学教育哲学"这一概念。数学教育哲学于 20 个世纪 80 年代在国际数学教育界产生。1980年，Higgison 在他的"数学教育基础"（On the Foundation of Mathematics

---

① 代钦：《中国古代先哲对数学的哲学思考》，《内蒙古师范大学学报》（哲学社会科学版）2004 年第 2 期。

② 黄秦安：《论中国古代数学文化与教育的特点及对当代的启迪》，《数学教育学报》2014 年第 4 期。

③ 俞宣孟：《中国传统哲学中没有本体论》，《探索与争鸣》1987 年第 6 期。

Education）一文中确立了一些包括哲学在内的数学教育的学科基础，他强调数学教育的哲学观重要，综合了从不同视角所看到的诸多问题，自此以后引起很多学者的关注[①]。英国数学教育哲学家欧内斯特于 1991 年出版的《数学教育哲学》标志着数学教育哲学的系统研究开始，其《数学教育哲学》主要围绕数学哲学、学习的本质、教育目的、教学的本质等问题展开[②]。作为我国数学教育哲学研究的开创者，郑毓信强调数学教育哲学研究的内容就应该包括什么是数学、为什么要进行数学教育、应当怎样去进行数学教育等问题[③]，同时强调"数学教育哲学的最终目标就是要为数学教育奠定必要的理论基础。"[④] 可见，郑毓信探索数学教育哲学思想的起点是从数学哲学对实际数学活动的指导意义开始的。

黄秦安强调数学教育哲学主要研究以下问题：（1）数学教育目的论；（2）数学课程（目标、内容、和步骤）建立与设置的标准和依据；（3）数学教学活动的本质；（4）数学学习活动的本质；（5）数学教育评价的依据和理由；（6）数学教育的价值问题[⑤]。谢明初认为，数学教育哲学应该考虑 5 类问题：（1）数学是什么？即所谓的数学观的问题；（2）什么是数学学习？即所谓数学学习观的问题；（3）如何进行数学教学？即数学教学观的问题；（4）数学教育的目的与价值；（5）怎样进行数学教育研究[⑥]。

以上学者对数学教育哲学的研究方法、路径和主要的内容框架进行了分析，这些都为本书的写作奠定了理论基础，也指明了研究的方向。

---

① 张晓贵：《数学史在数学教育中价值的哲学阐释及应用》，《曲阜师范大学学报》（自然科学版）2002 年第 2 期。

② Paul Ernest：Mathematics Education and Philosophy：An International Perspective，London：The Falmer Press，1994。

③ 郑毓信：《由数学哲学到数学教育哲学》，《科学技术与辩证法》1994 年第 5 期。

④ 郑毓信著.《数学教育哲学》，成都：四川教育出版社，2001 年版，参见序言。

⑤ 黄秦安：《关于数学教育哲学的研究对象与学科特征》，《数学教育学报》2008 年第 6 期。

⑥ 谢明初：《走向数学教育哲学研究》，《数学教育学报》2011 年第 2 期。

1.3.2　中国古代数学观的研究现状

中国古代数学观宏观方面的研究现状。数学观简单地说就是人们对数学的认识。梁贯成认为数学观与数学在中国传统社会的地位是相关的，他基本上同意了王鸿钧、孙宏安对中国古代数学的几大特征的概括，这几大特征为实用思想、神秘思想、算法化、数值化和离散化的计算思想，朴素的辩证思想及正统思想；梁贯成也赞同中国古代数学具有大众数学的特点，中国古代数学的方程发达，机械化的思想也是存在的[①]。黄秦安强调中国古代数学史是东方经验数学的一个典范，神秘主义、实用主义和君权政治等都对中国古代数学文化的形成与发展有很大的影响[②]。冯晓华、杨静认为中国数学教育形式完全运用了西方数学教育模式，而且文化心理上却不自觉地运用传统中国古代数学文化观。中国文化传统强调文化中的德育精神，强调智德统一，以德统智与育德寓于一切文化中的思想[③]。事实上，这就是中国传统文化对数学教育的影响，西方的数学教育理论是扎根于西方社会文化的土壤，但是在中国的文化环境下未必适应。

中国古代数学观微观方面的研究现状。李吉敏、温新苗、佟健华认为，《周髀算经》中周公和商高、陈子和荣方的两段对话，揭示了人物对话中蕴涵的数学观、数学思想和数学教育方法[④]。孔国平认为墨子实现了从实践到认识的飞跃，并认为墨子对事物的认识是具体经过抽象之后形成思维中的具体，并举例了墨子在很多的具体的圆形的物体中抽象出来"圆"的概念，这就是第一次飞跃，从具体到抽象的飞跃，但是墨子并没有停留在这个层面，而是进一步地从抽象到具体的飞跃。孔国平也强调了墨家下定义的目的不是

---

① 梁贯成：《中国传统的数学观和教育观对新世纪数学教育的启示》，《数学教育学报》2001 年第 3 期。
② 黄秦安：《论中国古代数学文化与教育的特点及对当代的启迪》，《数学教育学报》2014 年第 4 期。
③ 冯晓华，杨静：《从文化传统角度看数学课程的内容设置和教育目的》，《课程·教材·教法》2006 年第 6 期。
④ 李吉敏，温新苗，佟健华：《中国古代数学教育的珍贵文献——两个对话的诠释》，《纪念〈教育史研究〉创刊 20 周年论文集（2）——中国教育思想史与人物研究》，中国会议，2009.9.1。

为了下定义而下定义，而是为了进一步地进行判断推理[①]。佟健华认为数学家赵爽在数学上是自然数学观，并强调赵爽在数学起源上秉持的观点是实践或经验的数学观[②]。汤彬如认为赵爽的数学哲学思想主要是数学起源于人类的实践活动，数形统一的思想，归纳、演绎辩证统一的思想，变中不变的辩证思想和实用的思想[③]。有学者强调，刘徽认为数学研究的对象是自然[④]。郭书春认为，刘徽在《九章算术注序》的观点强调数学的来源于客观世界的空间形式和数量关系[⑤]，其实就是"数"与"形"。冯礼贵教授已经认识到北宋数学家沈括的"算术不患多学，见简即用，见繁即变，不胶一法，乃为通术"的重要性[⑥]。事实上，这是沈括在数学方法论上的重要贡献。郭金彬、孔国平强调沈括对数学的认识主要集中在"大凡物有定形，形有真数。方圆端斜，定形也；乘除相荡（又作荡），无所附益，泯然冥会者，真数也""予占天候景，以至验于仪像，考数下漏，凡十余年，方见真数""耳目能受而不能择，择之者心也"[⑦]。这三句话中第一句涉及到沈括对数学本体论的认识，沈括已经认识到了数学的研究对象是"形"与"数"；第二句沈括认为自然科学或数学真理的得到需要依靠实践；第三句话说明了自然科学或数学真理的获得并不是仅仅依靠实践。而且即使是依靠实践的，但是最终还是不能依靠感官做出判断，而是需要思维，依靠心智作出判断，这就是沈括的第三句话蕴含的数学思想。事实上，这也是中国古代数学认识论的内容之一，这也与古希腊数学中强调数学是心智的科学大体上是一致的。佟健华、刘善修认为杨辉数学观的天人相应的神秘主义的思想主要体现在杨辉的《日用算法》序中的："万物莫逃于数，是数也，先天地而已存，后天地而已立，盖一而二，

---

① 孔国平：《墨子的数学思想》，《曲阜师范大学学报》（自然科学版）1990 年第 4 期。

② 佟健华：《算学宗师赵爽的数学教育思想》，《纪念〈教育史研究〉创刊 20 周年论文集（2）——中国教育思想史与人物研究》，中国会议，2009，09，01。

③ 汤彬如：《赵爽的数学哲学思想》，《南昌教育学院学报》2009 年第 2 期。

④ 叶新涛，张开良：《刘徽数学成就的哲学观与数学发现》，《绍兴文理学院学报》2008 年第 4 期。

⑤ 郭书春：《关于中国古代数学哲学的几个问题》，《自然辩证法》1988 年第 3 期。

⑥ 冯礼贵：《试论沈括的数学思想》，《东北师大学报》（自然科学版）1987 年第 3 期。

⑦ 郭金彬，孔国平著：《中国古代数学思想史》，北京：科学出版社，2007 年版，第 176-177 页。

二而一者也。"①查有梁认为南宋数学家秦九韶的自然观、科学观与方法论三者具有一致性，并强调有什么样的自然观、科学观，就有与之对应的方法论，同时他又强调秦九韶的六点数学思想分别是数学应用的普遍性、数学与哲学的一致性、数学继承与发扬的必要性、"内算"与"外算"统一性、应用"数学建模"的综合方法与不断虚心学习、方能有所创新的观念和"问答术草图"的思维模式②。佟健华、杨春宏、催建勤等认为宋元数学家李冶的数学观：一是"施之人事，最为切务"——数学的应用性，二是"推自然之理，以明自然之数——数理可知，三是"道即术，术即道也"——"道技统一"的观点③。也有学者认为李冶提出了自己一套独特的数学观和认识论，形成了相对完备的数学课程论和学习论④。

1.3.3　中国古代数学教育目的研究现状

中国古代数学教育具有实用目的的研究现状。谭晓泽强调中国数学教育文化的实用倾向限制了学生对数学知识的理性的想象，削弱了学生的求知欲望⑤。王信伦认为中国传统数学教育的基本特点有三方面：第一方面是非制度化的民间传授数学在数学教育中起到了主导的作用；第二方面是中国古代数学教育表现出强烈的实用性；第三方面是中国古代数学教育的儒家化特征⑥。张奠宙认为儒家文化、科举考试意识和古代的"算法传统"是中国数学文化的特点，同时也强调数学应用的广泛性⑦。王健强、王黎辉强调我国虽然自西周就形成了数学教育，但是在整个古代数学教育还没能从诸如政治、

---

① 佟健华，刘善修：《杨辉的数学教育思想方法》，《数学教育学报》1997 年第 3 期。

② 查有梁：《秦九韶数学思想方法》，《自然辩证法研究》2003 年第 1 期。

③ 佟健华，杨春宏，催建勤等著.《中国古代数学教育史》，北京：科学出版社，2007 年版，第 227-229 页。

④ 朱海涛：《李冶的数学教育思想初探》，《纪念〈教育史研究〉创刊 20 周年论文集（2）——中国教育思想史与人物研究》，中国会议，2009，09，01。

⑤ 谭晓泽：《论数学教育文化的实用倾向》，《科技信息》（学术研究）2007 年第 5 期。

⑥ 王信伦：《中国古代数学教育的基本特点》，《华东师范大学学报》（教育科学版）1991 年第 1 期。

⑦ 张奠宙：《中国数学教育的文化传统和未来走向》，《川东学刊》（高教研究专号）1994 年第 4 期。

经济、道德、宗教、文化教育中分离出来，数学教育仅作为经学教育的一部分，如《周易》与数学关系较为密切。学习《周易》的同时也学习了数学。《春秋》中许多天文历法离不开数学，为了通天文历法也必须先学数学。另外，古代数学教育对象是官府中极少数官吏，官府中的各级官吏作为各种部门的管理任务，必须懂得许多数学知识以及把数学知识应用于实践的"技艺"，数学教育成为官吏教育的一部分[①]。朱水根强调中国古代正规数学教育没有培养出数学家的一个原因是数学教育作为技艺训练而不是作为思维训练的。中国古代数学是"济世之术"，学习数学的目的是"经世致用"的，但很少关注学生的思维训练[②]。黄艳玲、喻平认为中国古人对数学教育的看法：第一，数学是需要的，学会了可以"用世"，天道、颁历、丈量土地等都需要数学；第二，数学的基本运算学会以后就足矣，没有必要，也没有价值深究。官办数学教育的目的是培养政府业务行政部门的专门计算人才，所学内容都是反映当时社会政治、经济、军事、文化等方面的实际情况和需要的遵从问题集解题的教科书。古代中国学习数学均以实用为目的，将掌握算法技术当作谋生的手段。低级官员为了在为官时要用到计算，而不得不学习数学，唐代皇帝钦定教程"算经十部"中《五曹算经》就是一部为地方行政职员编写的应用算术书，而商人为记账而学习数学，明代中期以后普及的珠算教育更是直接为商业应用服务；算命先生为了通过计算（包括占星术）来算命而学习数学；中国古代数学教育指导思想的核心是"经世济用"以满足社会生活需要为目的，突出数学的应用功能[③]。黄秦安认为中国古代数学从开始就有明显的政治功利性[④]。王茹强调经世致用是我国古代数学教育遵循的教育思想，强调教育目的是掌握与现实生活、产生密切相关的数学知识和

---

① 王健强，王黎辉：《古代数学教育思想回顾及启示》，《连云港教育学院学报》1996 年第 2 期。

② 朱水根：《关于中国古代数学教育的几个问题及思考》，《天津师大学报》（社会科学版）1997 年第 5 期。

③ 黄艳玲，喻平：《中西古代数学教育的比较及思考》，《上海师范大学学报》（哲学社会科学·教育版）2002 年第 4 期。

④ 黄秦安：《论封建政治皇权对中国古代数学发展的影响》，《陕西师范大学学报》（哲学社会科学版）1997 年第 4 期。

基本技能，并能灵活加以应用。数学教育意在为现实的生产生活所服务的，具有实用性和功利主义色彩，提出了这种教育理论类似于教育家斯宾塞所提出的"教育是个人完满的生活的准备的"的功利主义课程论①。

中国古代数学教育对当代数学教育具有借鉴意义的研究现状。张孝达强调中国古代数学思想对当代数学教育具有重要的借鉴意义，想建构中国当代数学大众教育的体系，并认为中国古代数学在某种意义上讲就是大众数学②。傅海伦强调了私学中的数学教育的指导应用，培养数学人才，促进数学发展等各方面的积极影响③，傅海伦认为要辩证地看待儒学与古代数学教育的发展的关系，这对今天继承与弘扬中国古代数学教育的思想与精神有积极的影响④。仲广群也主张采用了辩证的思想看待了中国古代数学教育，并认为我国古代数学教育的目的、思想和方法对当代数学教育的重要借鉴意义，中国古代数学作为官方培养和选拔人才的重要手段，政府管理各项事务的工具以及教育贵族子弟的所不可缺少的学习科目，具有明显的实用性和官方性。中国古代数学与祭祀、天文学紧密结如，被蒙上了一层神圣的色彩，数学又是农民手工业者和商人应用的工具等，并说墨家与科学技术（包括数学）关系是最为密切的学派，强调了中国古代数学是工匠精神⑤。彭毅力提出了批判继承中国古代数学教育的遗产，为发展今天的数学教育服务，并强调科举制度对数学教育的影响，实际上反映了当时社会的政治、经济、文化对数学教育的制约的作用⑥。黄秦安、邹慧超强调数学作为连接自然科学与人文科学的纽带，在消除对峙以促进融合，实现数学教育中人文主义和科学主义目标的结合起到了积极的影响⑦。傅海伦、郭书春认为刘徽所秉持的精神就是"为

①　王茹：《从古代数学教育思想 看今日之数学课程改革》，《河北理科教学研究》2008 年第 1 期。

②　张孝达：《大众数学与中国古代数学思想——21 世纪的中国数学教育》，《课程·教材·教法》1993 年第 8 期。

③　傅海伦：《论中国古代私学中的数学教育》，《湖南师范大学社会科学学报》1994 年第 4 期。

④　傅海伦：《儒学与古代数学教育的发展》，《自然辩证法通讯》2001 年第 2 期。

⑤　仲广群：《略论我国现代数学教育对传统的扬弃》，《教育实践与研究》2005 年第 1 期。

⑥　彭毅力：《略论中国古代数学教育》，《玉溪师专学报》（综合版）1987 年第 3 期。

⑦　黄秦安，邹慧超：《数学的人文精神及其数学教育价值》，《数学教育学报》2006 年第 4 期。

数学而数学"的精神，这就是刘徽科学价值观的体现①。

1.3.4 中国古代数学学习观的研究现状

中国古代数学学习观宏观方面的研究现状。梁贯成教授强调了中国古代数学观和教育观对新世纪数学教育有着积极的影响给予了肯定，也承认了《九章算术》是开放的归纳体系，算法化的内容、模型化的方法，强调了中国古代数学教育是很适合于大众数学教育的，并举例说明了中国传统社会也是重视知识的②。黄燕玲、喻平教授强调中国民间数学的学习内容是凭借个人爱好的，没有官方数学学习死记硬背之苦，也无考试出路之忧，而且学习方法是灵活的③。

中国古代数学学习观微观方面的研究现状。佟健华认为三国时期数学家赵爽的学习程序理论为：审问、累思、所学、通类和精习五个环节，体现了数学学习由感性认识到理性认识的一个过程④。郭书春认为数学家刘徽在学习《九章算术》过程中积累了宝贵的学习经验，并强调了刘徽认为在学习数学的过程中，要学会给数学概念下定义，对数学中没有证明的命题或公式要给予证明⑤。甘向阳认为，祖冲之的科学精神主要体现为锲而不舍、钻研继承的求知精神，求真求实、理性批判的怀疑精神，开拓进取、超越前人的创新精神和接受批判、维护科学的奋斗精神⑥。数学学习一方面要提倡自学，例如赵爽、王孝通，另一方面要拜师向高人学习，例如僧一行曾经千里拜师学习数学⑦。王延源、殷启正认识到北宋数学家沈括的"算术不患多学，见

① 傅海伦，郭书春：《"为数学而数学"——刘徽科学价值观探析》，《自然辩证法通讯》2003年第1期。

② 梁贯成：《中国传统的数学观和教育观对新世纪数学教育的启示》，《数学教育学报》2001年第3期。

③ 黄燕玲，喻平：《中西古代数学教育的比较及思考》，《上海师范大学学报》（哲学社会科学·教育版）2002年第4期。

④ 佟健华：《算学宗师赵爽的数学教育思想》，《纪念〈教育史研究〉创刊二十周年论文集（2）——中国教育思想史与人物研究》，中国会议，2009，09，01。

⑤ 郭书春：《谈谈刘徽的数学教育思想》，《人民教育》1981年第2期。

⑥ 甘向阳：《祖冲之科学精神刍论》，《云梦学刊》2002年第5期。

⑦ 是伯元：《我国著名数学家、天文学家张遂》，《武当学刊》（自然科学版）1995年第2期。

简即用，见繁即变，不胶一法，乃为通术"这种思想的重要性[①]，这就是沈括的数学学习观一个重要体现。佟健华、杨春宏、催建勤把李冶的数学学习观总结为四点：第一点是树立信念，不畏艰险；第二点是合乎自然，勇于探索；第三点是持之以恒，循序渐进；第四点是追根求源，深求其故，并强调了李冶的"学者有三：积之之多不若取之之精，取之之精不若得之之深。"[②]佟健华、刘善修教授对中算史料进行了分析，探索了杨辉这位伟大数学教育的数学观、课程观、数学学习论和数学方法论，也强调了中国古代数学教育是具有提倡自学的优良文化的传统，例如杨辉的"好学君子自能触类而考，何必轻（尽）传"的重要性[③]，提倡数学学习者是具有自学数学的优秀品质，这更能发挥学生学习的主观能动性。

1.3.5　中国古代数学课程观的研究现状

中国古代数学课程观宏观方面的研究现状。数学在中国历史上是作为官方儒家教育"六艺"之一的学问，在西周时期是作为小学课程内容的。西汉时期张苍、耿寿昌编著《九章算术》，这是在中国传统社会影响最为深远的数学教科书。隋唐时期国家开始在科举考试中把数学纳入考试的内容，把数学当作官方选拔人才的依据，李淳风等编著《算经十部》作为教材，甚至建立了数学专科学校，官方的数学课程在设置上增多了，规模也扩大了。两宋时期算学在招生人数上比隋唐时期要多，重新刊刻了《算经十部》，颁布了数学教育的法规性文件的"算学条例""算学令"和"算学格"，这对学校的机构、编制、课程设置、教学内容、考试方法等都做出了规定，这些制度也为数学课程观的产生发展提供了基础。钟善基、丁尔升、曹才翰、孙瑞清认为今天的数学教育要体现中国古代数学教育的特点，一方面强调古希腊数学

---

① 王延源，殷启正：《谈沈括的数学思想和方法》，《临沂师专学报》1994 年第 6 期。

② 佟健华，杨春宏，催建勤等著.《中国古代数学教育史》，北京：科学出版社，2007 年版，第 231-232 页。

③ 佟健华，刘善修：《杨辉的数学教育思想方法》，《数学教育学报》1997 年第 3 期。

家欧几里得的演绎化的公理化体系的重要性，另一方面也要认识到《九章算术》的观察—分析—归纳—概括的思想与中国古代数学实用性的思想对今天数学教育在一定程度上是有积极影响的[①]。张维忠认为当代数学课程内容必须植根于民族文化传统之中[②]。张维忠、章勤琼强调数学课程中的文化取向[③]。

中国古代数学课程观微观方面的研究现状。孔凡哲强调数学教科书是数学课程的主要载体，认为《九章算术》通常先举出某一社会生活领域中的问题，从中归纳出某一类问题的解法，即算法（术），再把各类算法综合起来，得到解决该领域中各种问题的方法，从而构成一章，这样一共九章。根据解决问题的不同方法进行归纳，并强调中国古代数学最本质的方法是归纳，认识过程是由特殊到一般，在数学的方法上强调启发式，强调对一些典型问题反复思考，举一反三，从中体会到一般法则[④]。西汉末年，儒学大家、数学家刘歆重视数学教育，他指出应用数学的算术应宣示于天下，作为小学的课程。刘歆明确地提出在小学开设算术课程，这对当时数学教育的发展起到积极的作用[⑤]。张永春教授认为《习算纲目》是杨辉对数学课程论的重大贡献[⑥]。佟健华、杨春宏、崔建勤认为，杨辉的《详解九章算法》是以贾宪《皇帝九章算经细草》为底本写的，是学习《九章算术》及贾本的指导用书；而杨辉撰《日用算法》作为数学启蒙读物；考虑学习者能"变通"撰《乘除通变本末》；为发扬前贤刘益之妙，"以稗后学"而撰《续古摘奇算法》，并强调杨辉"大众数学"的思想，并重点介绍了杨辉的《习算纲目》，认识到"习算纲目"是中国古代的"课程标准""教学大纲"等是属于同一类的"数学课程文献"，并从数学课程理论的视角来分析《习算纲目》包含的六方面内容，

① 钟善基，丁尔升，曹才翰，孙瑞清：《以〈九章算术〉为例谈中国古代数学教育的特点及其在今天数学教育中的体现》，《学科教育》1992 年第 2 期。

② 张维忠：《文化传统与数学课程改革》，《教育研究》1996 年第 5 期。

③ 张维忠，章勤琼：《论数学课程中的文化取向》，《数学教育学报》2009 年第 2 期。

④ 孔凡哲：《中国数学教育的传统与发展初探：教科书视角》，《数学通报》2008 年第 4 期。

⑤ 佟健华，杨春宏，崔建勤等著．《中国古代数学教育史》，北京：科学出版社，2007 版，第 86 页。

⑥ 张永春：《〈习算纲目〉是杨辉对数学课程论的重大贡献》，《数学教育学报》1993 年第 1 期。

同时还根据《习算纲目》剖析了杨辉数学教育思想观点的主要倾向[1]。佟健华、杨春宏、崔建勤认为李冶的课程论主要包括课程目标、教学内容、课程体系、编写课程和课程的实施与评价[2]。

1.3.6 中国古代数学教学观的研究现状

中国古代数学教学观宏观方面的研究现状。中国古代数学教育最初是在西周时期官方儒学教育中作为"六艺"之一的学科内容的形式出现的，在后来的两千多年数学教育的发展中不断地丰富完善，留下了丰富的有待后人研究的历史史料。罗晓芳强调了中国古代数学的教学思想的重要性，并从精思、累思、举一反三，从深入浅出、从简到繁，从析理以辞、解体用图，从源于实际、联系实际四个方面谈论中国古代数学的教学思想[3]。实际上这就是四种教学方法，但是这个教学方法也是一个数学教学观的反映。张有德、宋晓平强调儒家教学观对我国数学教学有着积极的影响，并强调加以传承和发扬的重要性，也认识到儒家教学观与现代数学教育理念相结合的重要性[4]。蔡文俊认为数学教学是一种数学为载体的传承文化的精神活动，并从中国传统教学文化的视野认识数学教学观，其目的在于为当今更好地改进数学教学的建议开辟了新的途径[5]。代钦也肯定了中国古代数学教学重要性，尤其对培养中国古代数学家的重要性，并强调了传统与现代是不可分割的[6]。汤先键授强调中国古代数学教学其实并非落后，也说明了中国古代数学教学观念不落后的原因[7]。肖学平在《中国古代数学教学概论》一书对中国古代数学教学进行了详尽的论述，该书的目录中都是一些中国古代数学的教学方法。例

① 佟健华、杨春宏，崔建勤等著.《中国古代数学教育史》，北京：科学出版社，2007 年版，第 276-78 页。
② 同上，第 229-231 页。
③ 罗晓芳：《中国古代数学的教学思想》，《杭州教育学院学报》（自然科学版）1996 年第 4 期。
④ 张有德，宋晓平：《儒家教学观与我国数学教学》，《数学教育学报》2006 年第 4 期。
⑤ 蔡文俊：《中国传统教学文化视野下数学教学观的分析》，《小学教师培训》2008 年第 4 期。
⑥ 代钦：《中国的传统数学教学智慧》，《数学通报》2012 年第 8 期。
⑦ 汤先键：《中国古代数学教学真的就那么"落后"、"陈旧"吗？》，《数学教学研究》2013 年第 2 期。

如，第一章题目就叫"歌诀化的教学方法"；第二章是"'举一反三、事类相推'的教学方法"；第三章就是"由浅入深，循序渐进的教学方法"；第四章就是"数形结合的教学方法"[①]。这些数学教学方法也就是中国古代数学教学观的一种反映。

中国古代数学教学观微观方面的研究现状。冯礼贵强调在《周髀算经》中也包含着丰富的数学教学的思想，例如陈子强调的数学学习态度和学习方法的重要性，学习态度要专心致志，学习方法有归纳和推理的方法等[②]。李吉敏、温新苗、佟健华通过对《周髀算经》中周公与商高、陈子与荣方的对话的现代数学教育观点的解读，揭示了对话中蕴涵的数学观、数学思想和数学教育方法[③]。事实上，周公与商高、陈子与荣方的对话可以看作一个数学教学活动，而是通过对话的方式展开的教学活动，更多地反映了中国古代数学教育中的数学教学观。佟健华认为，赵爽继承和发展了孔子的启发式教学方法，最主要体现在赵爽《周髀算经注》中说："凡教之道，不愤不启，不悱不发，愤之，悱之，然后启发，既不精思，又不学习，故言吾无隐乎！尔固复熟思之，举一隅，使反之以三也。"[④]张有德、宋晓平教授讲到了祖冲之的教育思想对祖暅的成长的影响[⑤]。祖冲之的教学观不仅局限于书本，更多的内容指向了现实生活中的实际问题。很多的学者指出杨辉的"习算纲目"是最早的数学教学大纲。在这个"习算纲目"之中，渗透了杨辉的数学教育思想、原则、方法、态度，尤其是循序渐进、循循善诱、重视计算等方面的思想是很宝贵的[⑥]。佟健华、刘善修也强调杨辉在数学观、课程观、教学学

---

① 肖学平著.《中国古代数学教学概论》，北京：科学出版社，2008 年版，参见目录。

② 冯礼贵：《〈周髀算经〉中数学内容研究》，《教学与管理》1987 年第 7 期。

③ 李吉敏，温新苗，佟健华：《中国古代数学教育的珍贵文献——两个对话的诠释》，《纪念〈教育史研究〉创刊二十周年论文集（4）——中国学科教学与课程教材史研究》，中国会议，2009，09，01。

④ 佟健华：《算学宗师赵爽的数学教育思想》，《纪念〈教育史研究〉创刊二十周年论文集（2）——中国教育思想史与人物研究》，中国会议，2009，09，01。

⑤ 张有德，宋晓平：《祖冲之的数学思想 实践创新与数学教育》，《数学通报》2005 年第 5 期。

⑥ 肖学平著.《中国古代数学教学概论》，北京：科学出版社，2008 年版，第 80 页。

习论和数学方法论方面的重要贡献[①]，在这之中，教学学习论和数学方法论是包含杨辉的数学教学观的。另一位宋元数学家、数学教育家李冶在封龙山学院长达 20 年的教学生涯中，形成了自己独特的数学教学观念。雷兴辉强调儒学文化对李冶及其数学学习理论、教学理念和数学研究有着积极的影响，并强调李冶几条朴素的数学教学观。一是李冶强调"读书者贵在反复求进步"，并提出了"积之之多不若取之之精，取之之精不若得之之深"的观念，他教育学生"得之之深"是学习的根本，所谓"深"就是深求其故，就是理解。李冶同时也有孔子"有教无类""因材施教""学思结合"等教育观念。李冶抨击"惟务隐互错糅，故为溟涬黭黮"的教学方法，提倡"晓然示人"的治学态度。他讲天元术先从浅显的"方圆幂积"入手，力求做到"其理独属易见"，从而能够使初学者把握要领，然后再以"此法步为演草"，学习更加深入的方程学知识。另外在传授"天元术"的时候，当他发现天元术比较抽象而传播速度较慢时，就借助于形象直观的几何条段来进行解释，以此印证"天元术"的一般规律，他在教学中也提倡不要迷信于古人的教学观念[②]。

1.3.7 哲学诠释学在数学教育中的研究现状

哲学诠释学在数学教育中的研究不是太多。国外学者加拉格尔认为，教育就是诠释，就是解释[③]，这种观点就强调了诠释或解释对教育的重要性，这对中国古代数学教育而言解释或诠释是同样的重要的。王鉴认为，从狄尔泰到海德格尔再到伽达默尔诠释学的探索，为人文科社会科学的研究确立了与自然科学认识论不同的解释论哲学基础[④]，这也为用哲学诠释学研究数学教育奠定了基础。解释哲学在教育学上广泛应用而发展成为教育诠释学[⑤]或

---

① 佟健华，刘善修：《杨辉的数学教育思想方法》，《数学教育学报》1997 年第 3 期。

② 雷兴辉.《儒家文化与李冶的数学理念》，《西安文理学院学报》（社会科学版）2011 年第 4 期。

③ Gallagher, S. : Hermeneutics and Education. State university of New York Press，1992，pp.24。

④ 王鉴：《论人文社会科学研究的解释性》，《学术探索》2011 年第 6 期。

⑤ 赵长林：《教育解释学的理论与分析框架》，《教育探索》2004 年第 10 期。

哲学诠释学教育学①。诠释学最初是应用在宗教（尤其是西方的《圣经》）、法律、文学、艺术等人文学科领域，似乎很少用于自然科学或数学领域。也有很少的学者使数学与诠释学发生关系。单妍炎、黄秦安教授认为数学具有"对话"的品质，对"数学对话"深层意涵的觉察和反省，使人们意识到真正的数学对话具有对话主体化、意义多元性和本质无止尽性的独特性格。真正的理解是一种接近诠释循环的对话历程，在视域融合的激荡过程中，人们可以不断地修正自己原先认识的意义与视域内容。在现今的知识社会背景下，深层反省"数学对话"背后的诠释学立场，旨在以开放、包容的实践智慧来促成学生扎根于社会和文化的知识理念。数学对话是学生、文本与教师之间达成多重"视域融合"的理解性事件，视域融合应该成为检验数学对话有效性的重要维度②。黄秦安教授认为数学证明是一种其意义和性质处于不断变化之中的辩证的和多元的具有数学共同体约定色彩的特殊科学叙事。在数学证明中并不存在置于一切数学知识之上的"元叙事"模式。数学证明并不是从严格前提到严格结论的纯粹逻辑链构成的坚如磐石的完美文本。作为一种特殊的科学叙事，数学证明还显现了知识的相对独立性、真理的相对客观性、方法的自足性与局部性等异于普通叙事的独特学科特征③，这种观点也可以更好地理解中国古代数学中的演绎推理。谢明初认为，后现代主义的影响已从人文学科转到自然学科。作为人类知识典范的数学也受到这个思潮的冲击，不仅数学哲学观正在发生相应的转变，而且数学教育也表现出明显的后现代思维的特点。后现代主义的这种影响既有积极影响也有消极影响。对西方这一思潮进行分析与批判，可以为我国新一轮数学课程改革发展提供有益的借鉴④。哲学诠释学是具有后现代主义的特征的，现代数学教育具有后现代主义的特征，中国古代数学教育事实也是具

①　邓友超、李小红：《哲学解释学教育学三题》，《外国教育研究》2003 年第 10 期。

②　单妍炎、黄秦安：《解释学观照下数学对话的内涵与特征》，《数学教育学报》2017 年第 3 期。

③　黄秦安：《数学证明："元叙事"之解构与其诠释学意义》，《陕西师范大学学报》（哲学社会科学版）2019 年第 4 期。

④　谢明初：《后现代主义、数学观与数学教育》，《教育研究》2005 年第 12 期。

有后现代主义特征的。因此，从这种意义讲，中国古代数学教育就可以用诠释学的视角研究。

1.3.8 对已有研究现状的评价

从以上综述来看，对中国古代数学教育的方方面面，包括对数学教育哲学研究方法、路径和内容的研究现状，中国古代数学观、中国古代数学教育的目的、数学学习观、数学课程观、数学教学观和哲学诠释学在数学教育中的研究现状等，所涉及的内容很丰富，可以说是涉猎庞杂，涉及中国古代数学教育的方方面面，这就为进一步地探讨中国古代数学教育哲学奠定了必要的理论基础和十分可贵的借鉴价值。但是已有的研究也不可避免地具有一定的局限性。

首先，缺乏系统化、理论化对中国古代数学教育的研究，这就导致无法把研究成果上升到哲学文化的空间，很多以西方中心主义甚至现代中心主义为视野，对中国古代数学教育的认识仅停留在现代标准来评价，而不是像施莱尔马赫所说"设身处地"地体验一下文本的作者的想表达思想的处境，更缺乏伽达默尔哲学诠释学所强调的解释的创造性。缺乏对中国古代文化，尤其是对中国古代哲学的深刻系统的认识，从而造成研究的视角过于狭小。其次，在研究中缺少分析的思想。以上很多研究没有对中国古代数学教育分成若干的部分，分别去研究各个部分，笛卡尔提倡的分析的观念却很少被应用于研究。以上综述仅就中国古代数学教育而研究中国古代数学教育，这本身就受到中国古代主客不分文化的影响，因此缺乏分析的思想。没有分的观念，就容易导致研究的结果是似是而非，含糊其辞，不能量化，更不能精确，研究的科学性受到大打折扣。再次，对中国古代数学的性质缺乏完整的把握，对数学在古代社会的定位缺乏理解。想认识中国古代数学，而不理解中国古代数学成长的文化土壤这就很难达到目的，这就容易造成对中国古代数学的评价忽高忽低，甚至过于极端化。最后，对中国古代数学教育的认识缺乏新的视角和方法意识。研究中国古代数学教育应该有很多方法和视角，也不应

该拘泥于已有的方法与视角，但以上文献中有很多的类似的观点。换一种视角或方法研究中国古代数学教育也许是一种冒险行为。但是科学的进步与人类的发展、学术的创新，冒险无处不在。在某种程度上可以说，创新就是冒险，换一种视角或方法研究中国古代数学教育可能是另一番风景，另一番天地，也许对中国古代数学教育的研究有理论的突破。本书研究就秉承了这样一种精神。

数学教育哲学研究方法是多方面的，但是如果用哲学分析的方式去研究中国古代数学教育哲学，那么并不等于中国古代数学教育哲学的存在性，而是在视角上或方法上采用哲学来研究教育问题。这种方法的应用性极为广泛，不考虑中国古代数学教育哲学的存在性，但是应该甚至必须沿着另一条研究路径走下去，这条路径就是假设中国古代数学教育哲学是存在的，笔者去研究它。这条研究路径需要根据现当代的数学教育哲学的基本框架为标准，从历史资料文本中挖掘出中国古代数学教育哲学思想放在这个基本框架上来衡量，以此证明我们中国古代数学教育哲学是存在的——因为符合现代数学教育哲学的标准。最初中国哲学的研究就是采用这样的方法。中国古代没有"哲学"这个词，这个词是日本学者从西方的"Philosophy"翻译过来的。20 个世纪初，一些中国学者，例如王国维、胡适、熊十力、金岳森、冯友兰等以西方哲学为标准，在假设中国古代有哲学的前提下，以中国古代的思想为原料，建构"中国哲学"的历史，或对中国哲学作出"哲学式"的诠释。就像冯友兰先生所强调的，中国哲学的建立是以西方哲学为筛子去"筛"（或者说以西方哲学为标准），看中国古代思想中那些是哲学的内容。一百年左右的时间过去了，在中国哲学家前辈辛苦的耕耘下，中国古代哲学得到了茁壮的成长，并显示了勃勃的生机。中国古代哲学建构的成功对中国教育哲学的建构奠定了哲学的理论基础。事实上，20 世纪八九十年代中国古代或传统教育哲学也是建立在中国古代哲学的理论基础上，或者说中国古代教育哲学按照上述的方法，参照西方的教育哲学为标准，以中国古代哲学思想为原料，建构"中国教育哲学"的历史或对中国教育作出"教育哲学"式的表达。同样本书建构"中国古代数学教育哲学",也是首先假设数学教育哲学存在的前提下,以中国古代的思想为原料,参照西方或现代数学教育哲学的形式,建构"中国古代数学教育哲学"的历史或对中国数学教育作为"教育哲学式"的表达。另外,本书根据以上的方式,也如法炮制地建构了中国古代数学教育哲学。这里"建构"也可以理解为伽达默尔哲学诠释学中的"诠释"。

中国古代数学教育哲学的研究同样需要从浩如烟海的古籍文献中搜寻符合现当代数学教育哲学标准的思想文字。如果能够搜集到符合现代数学教育哲学思想的文字,那么中国古代数学教育哲学就是存在的,否则就是不存在的。事实上,这个问题很复杂。因为由于时代相隔甚远,而且文言文和现代汉语相差还是巨大的,而且不同的人对相同的中国古代数学史资料可能作出不同的解释或诠释,这就造成诠释的多元性,这也需要诠释学发挥作用。可以这样讲,中国古代数学教育哲学的存在性除了取决于它的定义之外,另外一方面取决于我们是如何诠释它。事实上,定义在某种程度上也是诠释的。笔者的一个观点是人类的一切理论都是诠释或解释的结果。从这个观点讲,中国古代数学教育哲学如果从哲学诠释学的视角来讲,肯定是存在的。本书就是用哲学诠释学根据相关的中国古代文化与近现代研究成果来诠释一个中国古代数学教育哲学。

1.4 研究问题

研究中国古代数学教育哲学即使是无意识的,但是偏见或成见还是存在的,这个偏见或成见就是打上现代数学教育的烙印。中国古代数学教育哲学的研究内容与我们经常所说的所谓现代数学教育哲学的研究内容应该具有密切的联系,甚至应该在研究内容上具有一致性。换句话说现代数学教育哲学在理论上有什么内容,中国古代数学教育哲学就应该有相应的内容,至少这是我们期望的，而且即使有差别，但是也不会过大。现代数学教育哲学按照欧内斯特、郑毓信和黄秦安等学者来看内容大致包括数学哲学、数学教育的目的、数学观、数学学习观和数学教学观等相关的内容，而且这些内容在前面文献综述中都有所提及。所以说本书的研究内容主要是中国古代数学哲学，中国古代的数学观，中国古代数学的教育目的，中国古代数学学习观、课程观与教学观等相关内容。这些是本书研究的内容，这些内容也是研究的问题。例如，中国古代数学哲学是什么？有哪些内容？中国古人的数学观是什么？中国古代数学的教育目的是什么？中国古代数学学习观、课程观与教学观又是什么？对这些问题的回答就是对这些问题的研究，但是我们不仅局限于对问题的回答，本书要深入中国古代哲学的层面来进一步地剖析这些问题。具体来说研究的问题主要包括以下几个部分：

中国古代数学教育哲学是何以可能的？在何种意义上讲中国古代数学教育哲学是存在的？它的存在方式和标准是什么？本书的回答是中国古代数学教育哲学至少在哲学诠释学意义上是存在的，其依据就是以现代数学教育哲学的一些基本理论为标准，以中国古代哲学、中国教育哲学、中国古代数学史和数学教育史等一些相关的史料为事实，以哲学诠释学为推理的理论依据。也就是说中国古代数学教育哲学至少在哲学诠释学意义上是存在的，这是本书研究的核心问题。

本书提出了中国古代数学哲学是何以可能的问题，如何把中国古代哲学、中国古代数学史和数学教育史等思想内容诠释为中国古代数学哲学？在哲学诠释学中，有哪些理论内容与中国古代文化，尤其是与中国古代哲学（包括中国古代教育哲学）有着密切的联系？

如何根据现当代已有的数学观、数学教育目的、数学学习观、数学教学观和数学课程观，并根据哲学诠释学与中国古代哲学的密切联系，并以中国古代数学史和数学教育史来建构中国古代数学教育哲学的相关理论内容？

1.5　研究思路

本书虽然写的是中国古代数学教育哲学，但是立足点是站在现代数学教育哲学的立场上，根据现代数学教育哲学中的相关理论内容，从中国古代数学史和数学教育史中挖掘与现代数学教育哲学相关内容一致的地方，换句话说就是以现代数学教育哲学的基本理论框架内容为基础，在中国古代数学史和数学教育中挖掘数学教育哲学思想，来建构中国古代数学教育哲学体系的基本理论。现代数学教育哲学的理论比较成熟完善。欧内斯特认为，数学教育哲学的基本任务是分析数学观念对实际数学教育产生的影响，对数学的认识是对数学教育认识的基本前提[①]。上文说过国外的欧内斯特，国内的郑毓信、黄秦安等学者都把数学哲学、数学观（或者说什么是数学）、数学教育的目的、数学学习观、数学课程观和数学教学观作为数学教育哲学的基本内容。曹一鸣、黄秦安、殷丽霞也基本上认为以上几部分是数学教育哲学的核心内容[②]。那么作为中国古代数学教育哲学，也应该包括以数学哲学、数学观、数学教育的目的、数学学习观、数学课程观和数学教学观等几方面的内容，这就是本书主要的研究内容，也是本书研究的问题。

在以上中国古代数学教育哲学研究内容与问题既定的情况下，为什么选择哲学诠释学的视角呢？因为哲学诠释学很多理论与中国文化，尤其是与中国哲学（包括中国教育哲学）具有高度的一致性。主要体现为：主客合一、参与和体验的理解方式，强调应用的重要性，重视对话对理解的重要性，主张理解的价值和意义等，这就是笔者选择哲学诠释学作为中国古代数学教育

---

① 曹一鸣，黄秦安，殷丽霞编著.《中国数学教育哲学研究30年》，北京：科学出版社，2011年版，第90页。

② 郑毓信著.《新数学教育哲学》，上海：华东师范大学出版社，2015年版，第39页。

哲学研究视角的主要原因。那么如何基于哲学诠释学的视角进行分析的呢？如果用一句话来说就是把哲学诠释学的相关理论作为一种方法融入对中国古代数学教育哲学相关内容的研究之中。例如中国古代数学家的一些数学观是笔者利用哲学诠释学相关理论进行诠释的结果，也是中国古人对数学研究体验感悟的结果，这就是一种哲学诠释学的视角；再例如中国古代数学哲学也是笔者根据古人的对数学哲学诠释学意义上的再诠释，中国古代数学教育的目的也是笔者对中国古代数学教育目的的一种哲学诠释学意义上的诠释；中国古代数学学习观、课程观和教学观同样是笔者针对古人思想观点的再诠释。其实人类的一切理论都是诠释的结果。用哲学诠释学研究中国古代数学教育哲学本身就是一种新的视角，本书用这种新的视角研究中国古代数学教育哲学得到了一些创新性的研究成果；本书内容围绕着中国古代数学教育哲学的基本理论框架展开了论述，回答了中国古代数学教育哲学在哲学诠释学视角下是何以可能的这个问题。可以这样讲，中国古代数学教育哲学至少在哲学诠释学这个意义上是存在的，并且包含了丰富的思想内容。中国古代数学教育哲学建立在中国古代哲学、中国古代数学哲学、中国古代教育哲学和哲学诠释学为理论的基础上，充分反映了中国古人对数学观理解的多元性、数学教育目的人文主义精神，以及学习即理解、教学即对话、课程即生活的丰富内涵等，这些都是值得当代数学教育借鉴和学习的。

具体来讲，第一章是绪论，就是本章。第二章题目是"哲学诠释学：中国古代数学教育哲学理解的新视角"，主要讲诠释学的内涵与演进、哲学诠释学的内涵、哲学诠释学与中国古代数学教育哲学相关的理论，以及哲学诠释学与中国古代数学教育哲学的联系，这种联系主要集中在二者都是具有主客合一、参与、体验、应用等多种理解方式，以及对对话的重视，都强调意义和价值的重要性，这些都是哲学诠释学与中国古代数学教育哲学的共同特点。这就为以后各章的内容展开而奠定了哲学诠释学的理论基础。

郑毓信在《新数学教育哲学》第一部分的第二章谈到了数学本体论和认

识论①，这些是属于数学哲学的内容。这就说明了郑毓信教授实际上是把数学哲学作为数学教育哲学的组成部分，融入了他的《新数学教育哲学》。不仅郑毓信教授是这样做的，即使欧内斯特也是把数学哲学作为重要的内容，纳入数学教育哲学的领域之中②。因此，把中国古代数学哲学的本体论、认识论和方法论也融入本书。但是考虑到本书逻辑结构体系的完整性，没有按照郑毓信教授在《新数学教育哲学》先写数学观，后写本体论和认识论的顺序，而是先写中国古代数学哲学，然后再写数学观。这样安排顺序主要是强调中国古代数学哲学对中国古代数学教育哲学的奠基作用，而且保持了中国古代数学教育哲学的其余部分的完整性。有鉴于此，把中国古代数学哲学写入第三章，该章主要按照林夏水《数学哲学》中把数学哲学分为"本体论""认识论""方法论"的模式来写的③。第三章题目是"哲学诠释学视角下的中国古代数学哲学"，内容基本上是建立在中国古代哲学与哲学诠释学的相关理论的基础上的；首先，中国古代数学哲学在本体论上不是柏拉图在数学上的"实在论"的思想，而是类似于亚里士多德在数学上"反实在论"的观点。中国古代数学的研究对象不是在另一个远离人类现实生活世界的所谓在柏拉图"理念世界"里的东西，而是为了实现日用之繁的现实生活社会的需要，数学的研究对象就应该在应用中得到体现，应用数学的过程本身就是一种伽达默尔所强调的参与数学活动和狄尔泰所强调的体验数学活动的过程，在这个过程中数学研究对象只能是抽象地存在于具体或可感的事物之中，而不是数学研究对象与事物相分离的本体。从中国古代哲学中的"道在器中""体用不二""道器一体"等哲学观念看来，中国古代数学的研究对象就是在具体的应用或实践的事物之中，而不是在另一个脱离现实社会的理念世界中存在的。中国古代哲学在认识论与方法论上主要类似于以上哲学诠释学所强

---

① 郑毓信著.《新数学教育哲学》，上海：华东师范大学出版社，2015年版，第39页。

② ［英］Paul Ernest 著，齐建华，张松枝译：《数学教育哲学》，上海：上海教育出版社，1998年版，第1页。

③ 林夏水著.《数学哲学》，北京：商务印书馆，2003年版，第255页。

调的参与、体验等人文科学的认识论和实践活动的自然科学认识论。一些学者说中国古代的认识论或方法论不太发达[①]，笔者也是承认的。但是，那种所谓不发达的认识论和方法论仅仅是适用于数学科学和自然科学的方法论，而中国古代数学知识的获取更多的是像哲学诠释学所强调的具有人文科学的方式，中国的文化主流是主客不分的文化，在这种观念下，人们认识事物主要凭借的是参与、体验、应用等多种认识方式。这样就为中国古代数学教育哲学奠定了理论基础。即使是写中国古代数学哲学，其实也是站在哲学诠释学的视角。

郑毓信的《新数学教育哲学》第一部分题目就是"什么是数学"。郑毓信教授说："数学观，这即是关于"什么是数学？"的具体解答[②]。仿照郑毓信教授的写法，本书的第四章题目就是"中国古代数学观：诠释的多元性"，中国古代的数学观是笔者依据伽达默尔哲学诠释学诠释或解释的结果。托姆说："事实上，无论人们的意愿如何，一切数学教学法根本上都是出自于数学哲学，即使是很不规范的教学法也当如此。"[③]赫什（Reuben Hersh）说："问题并不在于教学的最好方式是什么，而在于数学到底是什么，……如果不正视数学的本质问题，便解决不了关于教学上的争议。"[④]因此，本书首先探讨的不仅是中国古代数学的学习观、课程观和教学观，而更多的是中国古人对"数学是什么"这一本质问题的认识，也就是以中国古代数学家为代表学者的数学观，这就为中国古代数学的学习观、课程观和教学观奠定了理论的基础，这是本书第四章的内容。该章主要考察以中国古代数学家为代表的学者对中国古代数学的诠释或理解。由于中国的文化是"天人合一"的文化，在这种文化之下人们对事物的认识主要像伽达默尔哲学诠释学提倡的依靠

---

① 邓晓芒著.《哲学史方法论十四讲》，重庆：重庆大学出版社，2015 年版，第 15 页。

② 郑毓信：《数学哲学、数学方法论与数学教育哲学——兼论数学哲学研究的方法论问题》，《南京大学学报》(哲学社会科学版)1995 年第 3 期。

③ Thom,R.:(1973). 'Modern mathematics: does it exist ?' in Howson (1973), pp.194-209。

④ Hersh,E.:(1979). 'Some proposals for Reviving the Philosophy of Mathematics', Advances in Mathematics, 31, pp.31-50。

内心的体验或参与的方式认识数学，而不仅是像西方社会一样在主客二分的情况下依靠逻辑推理来认识数学的。中国古人这种认识事物的方式反映在数学观上，就是对数学理解或认识主要是依靠主体的参与和体验等多种方式。中国古人的数学观事实上是中国古代学者对数学在认识上的一种诠释，这种诠释或理解具有多元性，与伽达默尔哲学诠释学所强调是以"不同的方式在理解"[①]思想是一致的，因为不同的人对"什么是数学"是凭借自己参与或体验的，不同的人参与程度或体验的方式是不同的，当然对数学的理解或诠释是多元的。这种"不同的方式在理解"数学就体现了伽达默尔哲学诠释学所强调的创造行为，也揭示了中国古代数学观是具有开放性、发展性和多元性的特点，在某种程度上，具有后现代性思想的特点。黄秦安认为，中国古代数学教育哲学具有一种流变的、混杂的和多样的特点和价值取向，这与中国古代哲学思想本身的混沌性有关，并强调用单一的哲理性或技艺性似乎都不能完全刻画中国古代数学教育哲学的全部特点。黄秦安也认为在形而上层次上，中国古代数学也曾达到过相当高级的层次[②]。这些都说明了中国古代数学教育哲学具有后现代主义的思想，具有哲学诠释学所强调的理解的多元性。当然这也是本书对前人在数学观上的一种哲学诠释学的阐释，在此基础上认为中国古代数学是自然科学、社会科学和人文科学兼有的数学科学，并强调中国古人对数学的理解更多地强调数学的生活性、主观性、相对性和诠释性。

"数学教育的目的"无论在数学教育哲学中还是在数学教育中都是一个很重要的内容。虽然欧内斯特提出了三种数学教育目的，但是那是在西方文化的语境之下提出的，而不是在中国古代文化的语境之下提出的。中国古代文化与西方文化毕竟是不同的两种文化。中国古代科学不发达，中国古代教育甚至中国古代哲学都是以人为中心的哲学，这与强大的西方科学主义传统

---

① 洪汉鼎著.《诠释学：它的历史和当代发展》（修订版），北京：中国人民大学出版社，2018 年版，第 171 页。

② 黄秦安：《论中国古代数学文化与教育的特点及对当代的启迪》，《数学教育学报》2014 年第 4 期。

不可同日而语。笔者把欧内斯特三种数学教育的目的用哲学诠释学的方式诠释为中国古代数学教育的三种目的，并把这三种目的统一为人本主义的教育目的，其原因是在中国文化的语境之下，这三种目的具有很强的兼容性和统一性。中国古代数学教育目的深深地扎根于中国古代文化中，与中国哲学、中国古代教育哲学及哲学诠释学有着十分密切的联系。哲学诠释学与中国古代哲学（甚至中国古代教育哲学）都强调价值与意义的重要性，而价值与意义的重要性就体现在中国古代数学教育目的之中和中国古代数学课程观和教学观等一些内容之中。当然，这种价值与意义也是对中国古代数学教育目的根据哲学诠释学的思想进行诠释的结果。

第六章题目是"中国古代数学学习观的诠释：学习即理解"。笔者提出了"学习即理解"观点。其核心思想也是哲学诠释学强调的，在主客不分的情况下依靠参与、体验和依靠实践活动等多种理解方式来获取数学知识。实用主义的数学学习观按照哲学诠释学的理解和应用的关系来讲，实用数学也是一种对数学的理解方式；理论联系实际的数学学习观强调数学理论与实践活动都是数学的理解方式。质疑、反思、批判的数学学习观是以多种方式理解数学，而注解经典数学著作的学习观按照哲学诠释学的观点，注解的过程是理解的过程也是数学创造的过程，符合伽达默尔强调理解是一种再创造的行为的观点，而且这种对数学的理解是系统的理解。心智数学学习观反映了理解的内在性或抽象性，说明中国古代数学还具有思维科学的属性。以上数学学习观都是以不同的方式理解中国古代数学的，这种理解的过程像狄尔泰体验诠释学所说，是一种内心体验的理解方式，也是伽达默尔所强调的参与的理解方式，这就说明了中国古人对数学的理解是与哲学诠释学强调的理解方式相一致的，并且这种理解的学习方式具有多元性。

第七章题目是"中国古代数学课程观的诠释：课程即生活"。提出了"课程即生活"观点，强调在主客一体观念下，中国古代社会不存在胡塞尔所强调的科学世界和生活世界的冲突，而是强调二者统一为生活世界，强调价值与意义的重要性，这也是哲学诠释学强调的内容。中国古人对课程的认识主要是基于现实物质生活和精神生活需要为目的。该章主要讲四种中国古代的数学课程观，这些数学课程观反映了中国古代数学课程观具面向现实生活世界的特点，说明中国古代数学教育与生活是融合在一起的。中国古代数学教育或教学不存在西方意义上的"课堂中心""教师中心""教材中心""儿童中心"，而是以"现实生活"为中心。教育的意义与价值也在生活世界中得到体现，强调中国古代数学课程观的生活世界和意义世界的统一。

第八章题目是"中国古代数学教学观的诠释：教学即对话"。笔者提出了"教学即对话的"观点。教学的过程就是一种教师和学生"主""客"相融的过程，就是一种教师、学生参与，并深刻体验数学教学的过程。中国古代数学教学重视对话的重要性，这对数学教学有着积极的影响。中国古代数学教学强调对话的重要性，不仅仅因为在中国数学教育史上的确存在数学教学对话，更为重要的是通过对中国古代文化的理论分析得出的，或者说这是由于中国古代文化的特质决定的中国古代数学教学的本质就是对话。"主客二分"下的实践的真理观依靠的是实践的事实结果，在很多情况下是不需要语言的，这就是人们经常说的"事实胜于雄辩"；而中国古代文化主要不是在"主客二分"观念下依靠实践活动获取对事物的认识，而是在主客不分的情境下把自己参与进去，依靠内心的体验去获得的知识或真理的。但是参与进去依赖体验获取的知识，一般具有很强的主观性，都是需要语言来表达的，为了更好表达或解释或与别人交流的需要，对话的重要性就凸显出来了。

事实上数学教育哲学是一种实践哲学，就是要服务当代的数学教育。但是中国古代数学教育哲学更是实践哲学，更具有广泛的应用性。中国的文化就是实用的文化，哲学、数学哲学与数学教育哲学在中国古代社会就是实用的，就是具有很强的实践性的，因此，就不再写这部分的内容。另外，在前面几乎所有的章节也强调了中国古代数学教育哲学的实践性。按照中国文化传统应该在本书的结尾写一些对当代数学教育的启示或借鉴之类的文字。笔者思考的结果是通过中西数学教育思想的比较来实现对现代数学教育"以史为鉴、古为今用"的效果。这就是第九章"跨越中西：哲学诠释学视角下的中西数学教育观比较"，主要从数学观、数学学习观、数学课程观和数学教学观的视角进行展开的。中国古代数学观是一种相对主义的数学观，是一种"可误主义"的数学观，具有建构主义数学观的思想。中国古代数学学习观中含有认知主义学习观、人本主义数学学习观与建构主义数学学习观的思想。中国古代数学教学不存在西方意义上的所谓"教师中心"或"学生中心"或"课堂中心"或"教材中心"的说法，而是以"现实生活"为中心，这是中国古代哲学的性质决定的。中国古代数学教学观本质反映了教学与生活的关系。中国古代数学课程观不是斯宾塞的唯科学主义至上，而是人文精神和科学精神的融合，中国古代数学课程观包含了较多的人本主义、社会改造主义数学课程观的思想。该章得出的结论与前面的各章结论并不矛盾，而是对以前各章结论的深化与延拓。以上说明中国古代数学教育与西方数学教育有共性的一面。这就启迪人们，教育不仅要面对世界，从文化传承性来说也更应该面向过去，从几千年生生不息的民族文化中汲取营养。比较的目的一方面挖掘中国古代数学文化的优秀基因，更好地弘扬民族优秀的数学文化，另一方面对中小学数学教育具有一定的借鉴意义，对树立民族文化自信与文化自觉也有积极的意义。

第十章题目是"结束语：结论与展望"，本章也提到了本书写作的缺点和不足之处。

以上各章就是本书的主要内容，读者可以清楚地看到，哲学诠释学的相关内容已经融入了中国古代数学教育哲学研究之中，并成为中国古代数学教育哲学研究的一个重要视角。

1.6 研究视角与方法

为了更好地研究中国古代数学教育哲学，选择一个恰当的视角是很有必要的。由于哲学诠释学与中国古代文化具有很强的契合性，因此，本书选择

了哲学诠释学的视角来研究中国古代数学教育哲学。关于数学教育哲学的研究方法，一些学者在这方面有一些探讨。普遍的观点认为，从批判范式着手建立数学教育哲学理论，从分析现实问题入手在哲学层面上建构理论，从数学哲学的现代发展出发探索数学教育活动的本质属性等[①]，本书在一些方面也是秉承了这样一种精神。本书在方法上主要是文献分析法、比较法、综合归纳法以及其他的方法。也不否认可以用实证的方法研究中国古代数学教育哲学，但是从宏观上讲更多的应该是思辨的研究方法。

1.6.1　研究视角

本书的题目是"中国古代数学教育哲学研究——基于哲学诠释学的视角"，"哲学诠释学"主要是对文本或传承物的理解和解释为研究对象，用哲学诠释学的视角来研究中国古代数学教育哲学就是对中国古代数学教育中的文本或传承物的教育哲学思想进行诠释，在这里文本或传承物主要是以数学家、数学教育家的数学著作为主作为研究对象，研究方式就是一种对中国古代数学教育文本的哲学诠释学的解读。为了更好地完成这项研究工作，笔者把哲学诠释学与中国古代数学教育哲学的联系比较详细地给予说明，集中体现在本书的第二章。本书虽然借鉴了欧内斯特、郑毓信教授等学者强调的基本理论框架内容，但是是基于哲学诠释学的视角。这个视角覆盖了中国古代数学教育哲学的范围是很广泛的。无论是"什么是中国古代数学"或中国古代的数学观，还是中国古代数学教育的目的，无论是中国古代的学习观，还是课程观或教学观，都是有对应的哲学诠释学视角。总体上来说，本书的视角是哲学诠释学的视角，而且这里的哲学诠释学当然不是指作为方法论的施莱尔马赫的普遍解释学，而主要是以狄尔泰的体验诠释学、海德格尔的此在诠释学，尤其是以伽达默尔的语言诠释学为主。另外，对中国古代数学教育哲学思想的挖掘和诠释在年代上，从中国古代历史开始主要是到宋元数学为止的一段

---

① 曹一鸣，黄秦安，殷丽霞编著.《中国数学教育哲学研究30年》，北京：科学出版社，2011年版，第91-95页。

时间内的中国古代数学教育哲学的发展状况，至于元明清后期中国古代数学
衰落直到中西数学教育汇通那一段时间关于数学教育方面的基本上不是本
书所涉及的内容。教育学者布伦多（E.Bredo）和费恩伯格（W.Feinberg）提
出，在教育研究中可供选择的范式有三种：实证主义视角、诠释学取向和批
判的视角①，本书的视角是诠释学取向，更准确地说是哲学诠释学取向。

有学者可能认为本书的题目是"中国古代数学教育哲学研究——基于哲
学诠释学的视角"在这里面有两个哲学是不是矛盾呢？问题是这样的，根据
欧内斯特、郑毓信、黄秦安等学者对数学教育哲学的定义，并结合中国古代
数学教育的基本情况来看中国古代数学教育哲学是存在的，即使不存在也可
以把数学教育哲学的定义放宽，让它存在。它存在与否关键是如何定义。如
果秉持着施莱尔马赫的一般诠释学的思想，非要设身处地地追求唯一正确的
原文意思，中国古代数学教育哲学是可能存在的，如果用伽达默尔所强调的
对文本的解释不仅是复制或模仿，而是创造的行为，那么就可以创造一个中
国古代数学教育哲学，当然这种创造也必须建立在对古代数学教育著作的文
本正确的理解或注解的基础上的。因此，至少从伽达默尔哲学诠释学的观点
来看中国古代数学教育哲学是可以通过哲学诠释的方式创造出来的。至于哲
学诠释学能不能用于中国古代数学教育哲学研究。前文已经说过，中国古代
数学教育哲学是属于人文科学，是可以用在哲学诠释学视角来研究的。海德
格尔和伽达默尔的诠释学都是属于本体论诠释学或哲学诠释学。他们不再把
诠释学仅当作一种工具，而是当作一种存在的本体，在这个基础上自然科学
和人文科学的方法就结合起来了，这种结合不是从方法论本身里面去寻找某
种调和，而是从根本上找到它们两种方法共同的根据统一起来，那么这个共
同的基础就是人的存在，就是人的语言，语言本身的意义。从这点来讲，哲
学诠释学就把自然科学研究的方法也纳入了自己研究范围。本书的哲学诠释
学视角有双重意义，第一层意义是行文思想都是建立在中国古代数学教育文

---

① W. H. Schubert. Curriculum: Perspective, Paradigm and Possibility. New York: Macmillan Publishing Company, 1986, pp.181。

本解读的基础上的，也就是引用古代学者的文本来阐释他们的数学教育哲学思想，这是微观的层面，也就是说中国古代数学教育哲学是笔者诠释出来的，其实我们对中国古代数学和数学教育的一切理解和观点思想都是建立在诠释学的基础上的，因为中国古代数学与数学教育已经离我们远去了，即使是在古籍文献中以文字的形式保留下来的，但是那是以文言文的形式出现的，而不是现代汉语。我们对中国古代数学与数学教育的认识是建立在由文言文翻译成现代汉语的基础上的，换句话说仍然是建立在诠释的基础上。所以说对古代数学和数学教育的一切观点思想都是诠释学意义上的，并非是真实的中国古代数学和数学教育，我们的研究只是近似地逼近真理而已，一切理论都是诠释的结果。从宏观的精神层面来讲，本书秉承了伽达默尔哲学诠释学强调的不仅是复制与模仿，而是一种创造性行为的精神。

董洪亮认为，哲学诠释学构成了教学解释现象研究的一般的、普遍的哲学背景。哲学诠释学之"解释"与教学解释之"解释"之间，是一般与个别、普遍与特殊的关系，这种关系决定了教学解释研究中的任何一个命题和判断都不可能越过哲学诠释学的原理体系①。这个观点可以推广哲学诠释学中的解释（理解）与数学教育中的解释（理解）的关系，也就是说哲学诠释学中的解释（理解）与在数学教育中的解释（理解）虽然是有区别和联系的。但从诠释学发展三个阶段的视角来看，在哲学诠释学阶段时，它的研究对象是必然地包含教育解释之"解释"的对象，这也保证了这个视角的选取是全覆盖，而不会有遗漏之处的。而且中国古代数学教育哲学是哲学诠释研究的人文科学领域，从这个意义也保证了从哲学诠释学研究中国古代数学教育哲学的可行性。

---

① 董洪亮著.《教学解释：一般问题的初步探讨》，北京：教育科学出版社，第66页。

1.6.2 研究方法

本书主要采用下列研究方法：文献分析法、比较法、综合归纳法及其他的方法等。其他的方法主要是现象学的方法、辩证的思想方法等。在这里需要说明的是现象学早已引入教育哲学的视野[①]，当然作为数学教育哲学的研究方法也是很正常的。虽然这些方法在文中应用得不是太多，但是从一个侧面也能说明中国古代数学教育的一些性质。由于本书题目是"中国古代数学教育哲学研究——基于哲学诠释学的视角"，哲学诠释学视角本身就是一种重要的方法，因此这种方法贯穿本书的所有各章的内容之中。

对已有的文献进行梳理分析是完全必要的。只有对已有文献进行充分研究，才能了解本研究领域中的现状，才能更好地找到本领域需要研究的问题。文献分析主要剥壳资料的搜集、整理、加工、归纳、比较等具体环节。由于中国古代哲学、中国古代数学（教育）史、中国（古代）教育哲学、数学教育哲学、数学哲学、数学课程、数学教学与数学学习理论等研究比较成熟与完善，这就为文献分析方法的使用提供了充足的分析资料。

比较法是贯穿本书始终最重要的方法之一，本书的比较方法大多数是历史研究法。所谓历史研究法就是运用历史资料，按照历史发展的顺序对过去事件进行研究的方法，也称纵向研究法。本书通过对数学史、数学教育史和一些学者观点思想等资料的考察，挖掘中国古代数学教育思想观点，提升到哲学的高度，这种方法就是历史研究法。徐文彬、彭亮认为，应发挥数学史与数学教育哲学之间的互动关系[②]，本书的写作也是秉承了这样一种精神，研究中国古代数学教育哲学，当然离不开历史资料。事实上，中国古代数学教育至少发展了两千五百年的历史，各个时期的数学教育情况虽然各不相同的，但是留给后人的资料也可谓相当丰富，是这个民族的宝贵遗产，充分弘

[①] 高伟：《论现象学引入教育哲学视野之意义》，《海南师院学报》1999 年第 4 期。

[②] 徐文彬，彭亮：《中国数学教育哲学研究的回顾与反思（2000—2015）——兼论数学文化的教育哲学探索》，《数学教育学报》2017 年第 2 期。

扬和继承发扬以这些资料为代表的传统文化我们是义无反顾的责任；而以古希腊为主的西方数学教育也同样发展了很长的一段时间，也积累了丰富的资料，这就为本书采用比较的方法提供了素材上的便利。

从视角大小的角度来说，本书的比较法有三个层次：第一个层次的比较法是在本书应用中极为广泛的，贯穿全文的方法是用中国古代数学（教育）哲学与以古希腊数学（教育）哲学为代表的西方古代数学（教育）哲学进行比较，这种比较方法广泛地散布在本书的各个章节之中；第二个层次的比较法是仅存在第九章，对中国古代数学教育观与近现代西方数学教育观进行比较分析；第三个层面的比较法是中国古代数学教育与中国现代数学教育的比较，这个层次的比较很少。通过以上三种比较方式让我们更加清楚和比较深刻地认识中国古代数学教育，而且只有比较才可能有更深刻的认识。

人们一般认为，通过对众多特例进行观察与综合，以发现一般规律的推理方法称为综合归纳法，这种方法最初来源于数学的归纳法。本书第四章对中国古代数学观的描述，就是采用综合归纳法，这种方法尽量地罗列更多的古代学者对数学的看法，然后进行归纳总结出中国古代数学观的基本情况，当然其他各章也是存在的，但是最典型的还是第4章。

1.7　关于几个概念的界定

在本书中有一些重要的概念需要界定清楚，"数学教育"与"数学教育哲学"的区别与联系及"中国古代数学教育"与"中国古代数学教育哲学"的区别或联系。掌握好"数学教育"与"数学教育哲学"二者的关系的前提是理解"教育"与"教育哲学"的关系。理解"教育"与"教育哲学"的关系的前提是必须掌握"教育"与"哲学"的关系。其实教育哲学的思想在中国古代的孔子、孟子与古希腊的苏格拉底、柏拉图那里早就存在了。但是教育哲学这门课真正诞生于 20 世纪初的西方社会。西方社会在 19 世纪自然科学方法应用于教育研究中，形成了"教育科学"，教育科学虽然使教育科学化了，但是教育科学不能解决所有的教育问题。例如教育目的和理想的问题就不是教育科学可以解决的。正如有的学者所说："科学给我们以事实，事实本身是很重要的；可是科学不能给我们以理想，亦不能教我们如何选择理想。理想的选择不是科学家的事，而是哲学家的事，所以，除教育科学外，应有教育哲学与它并行。"[①]这就说明了教育哲学诞生是有教育科学不能替代的价值的。

由于本书研究主旨不是哲学，在哲学史上"哲学"的概念虽然有很多种[②]，但是本书仅借用学者的观点给哲学下一个定义：哲学即是对于宇宙与人生的批判的综合的理论。以哲学的方法或态度应用于教育哲学的探究，那么教育哲学便是对于教育的批判的综合的理论，所以教育哲学是教育学的一个部门，是教育的研究上一个综合的阶段[③]。可以这样讲，哲学是教育的一般理论，而教育是哲学的实践。更深一层来讲教育学也是哲学。当然教育哲学是哲学的一个分支这也是问题的另一方面。下一个问题就是"中国古代教育"与"中国古代教育哲学"二者的关系实际上就是上面的教育与教育哲学的关系是很类似的，同样"中国古代数学教育"与"中国古代数学教育哲学"的关系也类似于"教育"与"教育哲学"的关系，只不过前者添加了更多的限定词而已。中国古代教育或中国古代数学教育涉及的是具体的微观的局部的教育问题，但是中国古代教育哲学或中国古代数学教育哲学涉及抽象的宏观的全局的教育问题，更具有一般性、综合性、概括性和根本性，更是从文化的视角或哲学的视角分析研究教育问题。

---

① 范寿康著.《教育哲学大纲》，福州：福建教育出版社，2007 年版，第 5 页。

② 宋志明著.《中国传统哲学通论》（第 3 版），北京：中国人民大学出版社，2013 年版，第 1-4 页。

③ 张栗原著.《教育哲学》，福州：福建教育出版社，2010 年版，第 7 页。

第 2 章　哲学诠释学：中国古代数学教育哲学理解的新视角

　　哲学诠释学作为当代一种新的哲学理论，是西方诠释学发展历程中最有影响力的部分，它将理解视为人的存在方式，进一步分析了"理解"的历史性、条件性、语言性和应用性，强调了参与、体验对理解的重要性，提出了"理解"的视域融合及有效理解的原则和意义，旨在探索人类理解何以可能的基本条件，在世界范围内引起了广泛的关注，并对哲学、文学、法学、历史学、语言学等产生了深远的影响。近年来，诠释学被应用在自然科学领域和作为人文科学的教育学领域。本书主要借助哲学诠释学的基本理论来探索中国古代数学教育哲学是何以可能的，从而更深刻地理解、解释中国古代数学教育哲学的博大精深的思想内涵。

2.1　诠释学的内涵及演进

　　诠释学（Hermeneutics）又称"解释学"或"阐释学"。是一门以研究理解和解释为主要内容的理论。从词源学的角度来讲，它来源于古希腊语的"hermeneuein"。作为词根的 Hermes（赫尔墨斯），原意是希腊神话中足上生翼的信使之名，他所做的事情就是把神谕用人间的通俗易懂的语言解释和传送给人类。诠释就有着理解和解释的意味。按照伽达默尔的观点来说："诠释学的工作就总是这样从一个世界到另一个世界的转换，从神的世界转换到人的世界，从一个陌生的语言世界转换到另一个自己的语言世界。"①诠释以多种不同的方式存在于西方古代文本中。在亚里士多德的《论工具》中，其中一篇直接以《诠释学》命名。"在色诺芬、普鲁塔克、欧里屁得斯、伊比鸠鲁、卢克莱修和朗吉努斯等古代思想家那里，都能找到该词语的许多不同形式"②。在帕尔默看来，作为诠释学基本范畴的"诠释"在不同的语境关联中有着"言说""说明"和"翻译"三个向度的词语意义。在中国古代典籍中，段玉裁《说文解字注》中记载："诠，就也。就万物之指以言其征。事之所谓，道之所依也，故曰诠言。"③《淮南子·兵略训》中记载："发必中诠，言必合数。"颜师古在《策贤良问五道·第一道》中言："厥意如何，伫问诠释。"④这里诠释充分代表着解释、说明的意思。从诠释的中外词源来看，都有着理解、解释的含义。西方的诠释学还含有应用的要素，而中国古代的诠释更多关注的是解释和说明。

1629 年，丹恩豪尔（J.Dannhauer）第一个使用"诠释学"这个术语，如果说丹恩豪尔只是使用了"诠释学"这个词，那么这个事实的意义是不大的。但是他的意义却远远超过了这一偶然事件。1630 年，在一部鲜为人知的论著《好的解释者的观念》（Die Idee des Guten Interpreten）中丹恩豪尔就已经在标题下提出了一种普遍的诠释学。

从诠释学的定义来说，学界至今没有达成统一的共识。在《韦伯新国际辞典》第三版中，认为"诠释学研究的是诠释和解释之方法论原则；特别是对《圣经》诠释的一般原则之研究"。在海德格尔那里，诠释学就是此在的

---

① [德] 汉斯-格奥尔格·伽达默尔著，洪汉鼎译：《诠释学Ⅱ：真理与方法》，北京：商务印书馆，2010年版，第 115 页。

② [美] 理查德·E. 帕尔默著，潘德荣译：《诠释学》，北京：商务印书馆，2012 年版，第 24-25 页。

③ 李秀娟著.《哲学诠释学视域下马克思主义整体性研究》，北京：中国社会科学出版社，2019 年版，第 16 页。

④ 商务印书馆辞书研究中心编：《古今汉语词典》，北京：商务印书馆，2004 年版，第 1193 页。

现象学。其后，伽达默尔秉承了海德格尔的思想，认为"诠释学是宣告、翻译、说明和解释的艺术"。利科则把诠释学定义为"是关于与'文本'的解释相关联的理解程序的理论"①。帕尔默在考察诠释学的发展历史后，用六个定义界定诠释学，即"圣经注解的理论""语言学的方法论""语言学的理解之科学""精神科学方法论的基础""此在的和存在论的理解之现象学""以及一种诠释体系：意义的恢复与拆毁之对峙"。在他看来，每一个定义都指向着诠释学发展的不同时期，都代表着一种观察诠释学的立场，随着诠释学立场的变化，诠释学的内容也随之变化②。而他本人最终给诠释学的定义则是"对理解尤其是对理解文本之任务的研究"③。潘德荣教授在综合各家定义的基础上将诠释学定义为："是（广义上的）文本意义的理解和解释之方法论及其本体论基础的学说。"④从以上诸多定义中可以发现，不管是哪一种定义，其实都涉及三个要素，即作者、文本、理解者，每一个定义中都包含着诠释问题的一种或多种要素。因而，从这一点讲，把诠释学在广义上理解为关于理解和解释的学问得到了普遍的认可的。

赫尔墨斯的故事说明了诠释学是把隐晦的神谕转换为可理解的语言的技术。中世纪的欧洲是基督教神学的天下，诠释学就被用来解释《圣经》中的一些宗教教义。当然在古希腊之后的罗马时期甚至到后来中世纪的欧洲，在法律的实施过程中，法律条文的解释中诠释学也占着十分重要的地位。18世纪以前，诠释学主要应用于古典文献的理解和解读，包括对《圣经》神学解释和理解，对法典的法律解释和对古希腊文献的解读。这些宗教神学诠释学、法律诠释学对诠释学的产生和发展起到积极的影响，但是它还仅是一种实用的解释技巧或技艺，是一种狭义的文本解释的方法论。近代诠释学源于施莱尔马赫，他扩大了诠释学的领域，把诠释学作为一种普遍的理解和解释

---

① 潘德荣著.《西方诠释学史》（第二版），北京：北京大学出版社，2016年版，第2-3页。

② [美] 理查德·E. 帕尔默著，潘德荣译：《诠释学》，北京：商务印书馆，2012年版，第24-25页。

③ 同上，第19页。

④ 潘德荣著.《西方诠释学史》（第二版），北京：北京大学出版社，2016年版，第4页。

的理论从而摆脱了独断论和偶然因素①。在施莱尔马赫之前，人们认为误解是个别的、偶然的，正常的情况是直接理解。但是施莱尔马赫认为误解才是正常情况，因此这就扩大了理解的必要性的范围。他的一句名言就是"哪里有误解，哪里就有诠释学"，他强调理解和解释是密不可分的，它们不是两种活动，而是一种活动②。施莱尔马赫强调了理解与解释的同一性，并提出了"理解者比作者更好地理解作品"的著名观点，其实这句话是康德最早提出的③，强调诠释学是一门理解的艺术，理解方法是心理学与语法解释学的方法。施莱尔马赫强调读者应该"设身处地"地站在作者的立场上进入作者创造"文本"时的心境，并以此进入作者，通过这种依靠深度移情的方法才能达到对"文本"比较好的理解④。事实上，施莱尔马赫是把以前的诠释学研究的重心转移到了理解本身，而不是被理解的文本，从而使得诠释学转变为一种具有认识论意义的、普遍的方法论。另外，施莱尔马赫强调对话对于理解的重要性。"施莱尔马赫强调，我们永远要依赖于相互对话——以及与我们自己对话，以便找到某个时刻不再是争论对象的可共享的真理"⑤。这种重视对话对于理解重要性的思想在后来的海德格尔、伽达默尔那里得到了进一步的强调。施莱尔马赫还有一些观点被后来的学者进一步发扬，例如，他提出了"诠释学预先假设的一切东西不过只是语言"，这种思想被后来的伽达默尔拓展为"能被理解的存在就是语言。"⑥

　　继施莱尔马赫之后狄尔泰的诠释学被后人称为"体验诠释学"。狄尔泰为精神科学（类似于今天的人文科学）奠定了认识论的基础，将诠释学归为

---

①　［德］汉斯-格奥尔格·伽达默尔著，洪汉鼎译：《诠释学Ⅱ：真理与方法》，北京：商务印书馆，2010年版，第 97 页。

②　洪汉鼎著.《诠释学：它的历史和当代发展》（修订版），北京：中国人民大学出版社，2018 年版，第 57 页。

③　洪汉鼎编著.《〈真理与方法〉解读》，北京：商务印书馆，2018 年版，第 190 页。

④　洪汉鼎著.《诠释学：它的历史和当代发展》（修订版），北京：中国人民大学出版社，2018 年版，第 58 页。

⑤　［加拿大］让·格朗丹著，何卫平译：《哲学解释学导论》，北京：商务印书馆，2009 年版，第 124 页。

⑥　洪汉鼎编著.《〈真理与方法〉解读》，北京：商务印书馆，2018 年版，第 333 页。

精神科学的方法论，狄尔泰强调精神科学与自然科学相比更具有精确科学的特点，并给出了精神科学与自然科学的区别，在此基础上强调了两者方法论的不同，即自然科学说明自然的事实，而精神科学则理解生命和生命的表现。自然科学用因果律解释事实，而精神科学却使用不同的范畴，如意义、目的、价值。狄尔泰强调理解是一种通过外在符号进入内在精神的过程，理解的对象应该说是符号或形式，即精神的客观化物，而不是直接的自然事物[1]。狄尔泰强调体验是精神科学的方法论，活生生的体验是不可重复的，因为体验是直接给予个别意识的东西。认知主体体验某物，某物就成了被体验物，被体验物作为一个结果或收获，是从已逝的经历中得到连续的，这深刻揭示了"体验"一词的这样一个本性：它表示某个东西不仅被经历过，而它的被经历还获得一种使自身具有持续存在的特征，这种东西作为体验而被保存下来。狄尔泰还强调人被看成依赖于对过去不断诠释的东西，是"诠释学的动物"，人被依赖对过去遗产的诠释和对过去遗留给他的公共事件的诠释来理解他自己[2]。狄尔泰将诠释学融入了人类的历史和生活，从而使诠释学成为精神科学的普遍方法论。

20世纪，海德格尔开启了诠释学的第二次转向，把以前作为方法论和认识论的诠释学，改造成为本体论的诠释学——此在诠释学。理解按照施莱尔马赫的看法，就是一种深度的移情，与作者的思想取得一致，而按照狄尔泰的看法，理解不同于说明，它是深入个体内心的行为，如理解一幅画、一首诗、一个事实，不同于科学地说明，它是把握生命的表现，而海德格尔把理解视为人的存在方式。他认为，人最基本的特性就是他对存在的理解，这是他区别于别的存在者的地方。理解就是此在把自己的可能性投向世界，即'筹划'自己。理解就在这个筹划之中。如何筹划自己、安排自己的将来，本身就包含着对生活的理解是如何，而且是根据这种理解进行筹划和安排。理解就是这种此在的一种存在。任何此在作为当下的一种存在，就已经筹划了自

---

[1] 洪汉鼎编著.《〈真理与方法〉解读》，北京：商务印书馆，2018年版，第81-83页。
[2] 同上，第91页。

己[①]。因此，在海德格尔看来，人们的一切理解现象及一切意义的发生，都是根源于人的生活本身。对于海德格尔来讲，哲学诠释学的真正问题不是"存在如何理解"，而是"理解如何存在"，即不是去问"我们怎样知道"，而是要问"只有在理解中才存在的那个存在者的存在方式是什么"。在海德格尔这里，理解的本质首先而且最终是作为此在的人对存在本身的理解。每个人的现实的生存方式，实际上就表达出一种他（她）对生活和世界的意义的理解。简单说，一个人有一个人的"活法"，这个"活法"实际上就是一种对生活意义的理解。一个虔诚的宗教徒，与一个铤而走险的银行抢劫犯，从根本上讲，是他们对于生活意义的理解不同，他们选择的行为方式或生存方式，是根据他们对于现实生活和人生意义的不同理解。这就是人们通常所说的世界观的不同。总之，在海德格尔这里，理解实际上就是此在的存在方式本身，而不是一种方法。洪汉鼎先生也强调在海德格尔这里，"诠释学的对象不再单纯是文本或人的其他精神客观化物，而是人的此在本身，理解不再是对文本的外在的解释，而是对人的存在方式的揭示。"[②]在海德格尔后期的著作《走向语言之途》中却认为诠释学并不意指解释，而最先是指带来福音和消息，也就是说解释学的意思是对要求倾听的消息的说明[③]，当然这种带来的消息只有通过语言才可能被理解。

伽达默尔的诠释学又被称为"语言诠释学"，伽达默尔继承了海德格尔本体论重构诠释学的工作，强调语言对理解和解释的重要意义，提出了"人是一种具有语言的生物"[④]，认为世界的存在就体现在语言中，人类在语言中存在，语言代表了一种"世界性"，语言就是人类的本质与寓所，是科学、

---

① 章启群著.《意义的本体论——哲学解释学的缘起与要义》，北京：商务印书馆，2018 年版，第 47-48 页。

② 洪汉鼎：《诠释学与中国》，《文史哲》2003 年第 1 期。

③ ［加拿大］让·格朗丹著，何卫平译：《哲学解释学导论》，北京：商务印书馆，2009 年版，第 124 页。

④ Hans-Georg Gadamer, Philosophical Hermeneutics, translated by Joel C. Weinsheimer, Yale University Press, 1994, p.60。

历史、文明之母，语言是一切理解的基础，自然科学与人文科学只有在语言中才可能达到统一，人通过语言来理解，一切科学都包含诠释学的组成部分，而且认为理解与解释组成了人类的整个世界经验，理解现象不仅渗透到人类世界的一切方面，而且在科学领域也有独特的意义。在伽达默尔的思想中，有一种以精神科学为基础建立统一科学的倾向①。伽达默尔强调理解作为真理和意义的显示是一个对话的过程②，是一个理解者或解释者与文本之间的双向互动的交流活动。这说明伽达默尔哲学既是一种对话哲学，也是一种实践哲学，即在哲学诠释学中，人与人、人与物、人与世界之间的关系可以概括为理解和对话的关系。伽达默尔所强调的理解不是施莱尔马赫强调的更好的理解，而是强调总是以不同方式在理解，这就是说解释或理解文本或传承物不仅仅是一种简单的复制或模仿，而是一种创造性或生成性的行为，这在某种程度上反映了哲学诠释学既有以史为鉴的作风，又有与时俱进的理论品格。在理解、解释与应用三者的关系上，伽达默尔强调应用不是理解之外、之后的行为，而是理解本身的一个要素，理解与解释本身就是应用。并且，能被理解的只能是语言，能用于解释的也是语言，理解与解释的过程是语言的"运用"过程③。伽达默尔还提出了"效果历史"和"视域融合"的概念。"效果历史"也可翻译成"作用的历史"，也就是起作用、发生效果的意思。历史事件实际上是效果历史。什么是效果历史呢？就是历史事件虽然已经过去了，但是它的效果还在，而且还在不断地影响后人，而且后人呢，也在不断地对它加以重新解释，这种不断解释就是它在历史中的效果④。施莱尔马赫强调要想正确解释古代作者的作品，我们要设身处地于传承物的时代，我们才能达到对传承物的理解。理解者或解释者并非仅仅从自身的视域出发去理解文本的意义而置文本自己的视域而不顾，反之，理解者或解释者也不只

---

① 潘德荣著.《西方诠释学史》（第二版），北京：北京大学出版社，2016 年版，第 326 页。

② 同上，第 328 页。

③ 潘德荣著.《西方诠释学史》（第二版），北京：北京大学出版社，2016 年版，第 340 页。

④ 邓晓芒著.《哲学史方法论十四讲》，重庆：重庆大学出版社，2015 年版，第 81 页。

是为了复制与再现文本的原意而将自己的前见和视域舍弃。这种既包含理解者或解释者的前见和视域又与文本自身的视域相融合的理解方式，被伽达默尔称之为"视域融合"，这就是所谓的在伽达默尔看来，理解永远是陌生性和熟悉性的综合、过去和现在的综合、他者与自我的综合①。伽达默尔与他的老师海德格尔的本体论诠释学或哲学诠释学遭到了后来的贝蒂、利科、哈贝马斯、德里达等学者的批判或挑战，这种批判或挑战，促进诠释学的繁荣，出现了方法论诠释学、反思诠释学、批判诠释学等不同向度的诠释学，这些在不同程度上完善与发展了伽达默尔哲学诠释学。

2.2　哲学诠释学的内涵

哲学诠释学作为当代诠释学的主流，主要是以伽达默尔发表的《真理与方法》为标志的。哲学诠释学作为一个正式的哲学理论，虽然在狄尔泰那里就有开始萌芽的气象，但是却是以海德格尔、伽达默尔、利科和德里达的诠释学为代表。可以这样讲，哲学诠释学就是围绕着诠释（理解）本身而建立起来的一门本体论哲学。它关注的绝不是一种方法，而关注的是理解本身的哲学。伽达默尔对哲学诠释学所给予的定义是："哲学诠释学乃是探究人类一切理解获得以可能的基本条件，试图通过研究和分析一切理解现象的基本条件找出人的世界经验，在人类有限的历史性的存在方式中发现人类与世界的根本关系。"②正如伽达默尔所强调的"我本人的真正主张过去是、现在仍然是一种哲学的主张：问题不是我们做了什么，也不是我们应当做什么，而是什么东西超越我们的愿望和行动与我们一起发生"③。对于伽达默尔来说，

---

① 洪汉鼎著.《诠释学：它的历史和当代发展》（修订版），北京：中国人民大学出版社，2018 年版，再版序第 9 页。

②［德］汉斯-格奥尔格·伽达默尔著，洪汉鼎译：《诠释学 I：真理与方法》，北京：商务印书馆，2010 年版，第 vii 页。

③［德］汉斯-格奥尔格·伽达默尔著，洪汉鼎译：《诠释学 II：真理与方法》，北京：商务印书馆，2010 年版，第 552-553 页。

他特别强调了哲学诠释学要关注的是人的世界经验和生活的实践问题，也就是理解何以可能的问题。在他那里，理解就是人类存在的基本事件，是人与自然、人与社会，以及人与人之间的根本交往形式，简言之，理解就是人的存在方式。他多次强调："无论如何，我的探究目的绝不是提供一种关于解释的一般理论和一种关于解释方法的独特学说，有如 E.贝蒂卓越地做过的那样，而是要探寻一切理解方式的共同点，并要表明理解从来就不是一种对于某个被给定的'对象'的主观行为，而是属于效果历史，这就是说，理解是属于被理解东西的存在。"①在他看来，理解作为人的存在方式，其本身是一个过程，而理解的过程本质就是一个视域融合的过程。理解的视域，有时被称为"先入之见""前见"，在海德格尔那里称为"前结构"，包括"前有""前见""前设"。"前结构""先入之见"是理解得以可能的前提和条件。由于理解对象已不再是单纯的文本，而是人与人的一切活动，而这些对象都是作者自己的"历史视域"的产物。因此，当理解主体在理解文本时，必然会发生自己的视域与文本的视域之间的紧张关系。要消除这种紧张关系，只有将这两种视域相融合，才会创生出新的意义。此外，理解还是一个动态的变化过程，正是在不断的新旧视域的循环往复的融合中，理解不断达到更高的水平，而这种理解的循环就是一种真正的无限的对话过程，在你—我的对话过程中，通过语言来建构人自身和世界的经验。

随着伽达默尔哲学诠释学影响的扩大，在西方世界也引起了许多争论，并遭到了许多诠释学家的公开批判，如利科的文本诠释学、哈贝马斯的批判诠释学等对伽达默尔哲学诠释学作出了尖锐的指责，伽达默尔也对此都作出了积极的回应。今天，哲学诠释学已成为当代诠释学的主流，在哲学舞台上扮演着重要的角色。海德格尔曾断言：哲学本身就是（或应当是）"诠释学的"。可以说，"当代诠释学理论给我们提供了一个重要的启示是，任何文本在意义上都是开放的，而不是封闭的。也就是说，不同时代的人们完全能够从自己时代的生活世界的本质出发，对前人留下的文本作出新的诠释。源

---

① 李秀娟著.《哲学诠释学视域下马克思主义整体性研究》，北京：中国社会科学出版社，2019 年版，第 19 页。

源不断的、富有新意的诠释，不但从深度和广度上揭示出来的文本丰富的内涵，而且也使人类的文化学术传统得以延续下去，并在与新的现实生活的碰撞中焕发出新的生命的活力"①。本书主要借助伽达默尔哲学诠释学的思想展开对中国古代数学教育哲学进行理解或诠释。

2.3　哲学诠释学的主要理论

诠释学由作为精神科学方法论发展到本体论的哲学诠释学已经回答了一个重要的问题,也就是人的理解能力是何以可能的问题。如果说康德在《纯粹理性批判》中所强调的是人的认识能力是如何可能的话,那么伽达默尔哲学诠释学与一般诠释学的不同之处在于,它剖析和回答的是人的理解是何以可能的问题,也正是在回答这一问题的过程中建构了他自己独特的思想大厦。他的哲学诠释学有着丰富的内容,如理解的历史性、理解的语言性、诠释学经验和问答逻辑、理解的循环,以及理解、解释和应用的统一性,可以说其思想要旨在于探究人类理解何以可能的基本条件。洪汉鼎强调哲学诠释学有十方面的主要内容:(1)解释学循环;(2)前理解;(3)事情本身;(4)完全性前把握;(5)时间距离;(6)效果历史意识;(7)视域融合;(8)应用;(9)问答结构;(10)诠释对话②。由于本书是借助哲学诠释学的视角来研究中国古代数学教育哲学的,而非是对哲学诠释学理论进行专门研究。在这十方面的内容中,根据中国古代数学教育哲学研究的需要,笔者有选择地保留几项内容(视域融合、应用、诠释对话)并把解释学循环、完全性把握、时间距离合并为"理解的客观性和历史性",而且还添加了哲学诠释学一贯主张的主客不分、依靠参与和体验的方式理解精神科学和哲学诠释学强调意

---

① 俞吾金著.《实践诠释学：重读马克思哲学与一般哲学理论》,昆明：云南人民出版社,2001年版,第13页。

② 洪汉鼎编著.《〈真理与方法〉解读》,北京：商务印书馆,2018年版,第328页。

义和价值的重要性，即使是笔者添加的内容也是哲学诠释学中强调的重要的思想或概念。之所以选取了哲学诠释学的个别思想理论来具体解读或诠释中国古代数学教育哲学问题，就是因为哲学诠释学在这些方面与中国古代文化，尤其是与中国古代哲学、中国古代数学史、中国古代数学教育和数学教育哲学有着密切的相关性。

2.3.1 理解的客观性

用哲学诠释学的视角来论证中国古代数学教育哲学，首先的一个问题是哲学诠释学具有客观性吗？甚至是具有科学性吗？如果没有客观性或科学性，论证中国古代数学教育哲学的一些思想观点是站不住脚的，这就是论证哲学诠释学客观性的原因。客观性也说明了哲学诠释学这个视角是有标准的，不是随意想当然地想怎么说就怎么说。中国古代数学或中国古代数学教育都已经属于历史，而历史属于哲学诠释学的核心的研究对象，而中国古代数学教育哲学也是以历史的形态呈现的，更可以用哲学诠释学去分析研究。

从诠释学发展历史来看，客观性问题始终是诠释者关注的焦点。伽达默尔是否主张过理解的客观性，长期以来一直遭到人们的争议。笔者认为伽达默尔虽然强调理解的历史性、条件性、语言性，但是他并没有否认理解的客观性，只不过他更看重历史性、语言性。哲学诠释学在批判一般诠释学对理解历史性忽略的基础上，强调了诠释学和人的世界经验以及生活实践之间的内在关联，把理解视为人的存在方式，认为理解的过程不是去追求具有客观的文本的作者原意，而是诠释主体依据自身的历史性使文本意义得以不断创生和更新的过程，正确地揭示理解的相对性。在伽达默尔那里，作者通过文本所表达的思想、主观意图即文本意义并不是固定不变的，诠释者所得到的文本意义不仅受到诠释者主体前见的影响和制约，而且文本意义是由诠释者赋予的，并且会超出文本原意。这种"文本的意义超越了它的作者，这并不只是暂时的，而是永远如此的，因此，理解就不只是一种复制的行为，而始终是一种创造性的行为"①。但是正是这种观点，遭到了一些学者的批评，其中有贝蒂、哈贝马斯、赫施、德里达等国外学者。针对国外学者们的指责，国内的学者却出现了不同的观点。例如陈海飞教授认为，哲学诠释学坚持了理解的主观性、对否定了理解的客观性等观点作出了批评②。洪汉鼎强调的观点是，哲学诠释学主张意义的多元化，但并不是绝对的相对主义。诠释学主张意义的相对性，并不是否定真理的客观性。在他看来，诠释学其实是主张和坚持理解的客观性原则的，它强调理解的相对性，说明意义是开放性的；它强调理解的多元性，说明意义是具有创造性的③。因此，在伽达默尔那里，是主张理解的相对性与绝对性是统一的。此外，彭启福教授也持有类似观点，并认为伽达默尔也在积极地努力地寻找理解的客观因素和主观因素的统一④。

那么伽达默尔究竟有没有摒弃理解的客观性呢？伽达默尔坚决主张理解的目的不在于追求和复原作者的本意，复原作者的本意是徒劳的，但是我们并不能据此就得出结论，其否认理解的客观性，主张诠释者可以任意制造文本的意义。彭启福教授认为，在伽达默尔的哲学诠释学中，他从来没有否认过文本有其自身内在的含义的，也没有如他人所批评的那样否认作者原意的存在，甚至他也从来没有否认过理解是可以把握文本的含义及作者原意的⑤。伽达默尔在《真理与方法》中强调："谁想理解，谁就从一开始便不能因为想尽可能彻底地和顽固地不听文本的见解而囿于他自己的偶然的前见解中——直到文本的见解成为听见的并且取消了错误的理解为止。谁想理解一个文本，谁就准备让文本告诉他什么。因此，一个受过诠释学训练

---

①［德］汉斯-格奥尔格·伽达默尔著，洪汉鼎译：《诠释学 I：真理与方法》，北京：商务印书馆，2010年版，第419-420页。

②陈海飞：《论理解的"客观性"与马克思主义研究的解释学立场》，《扬州大学学报》（人文社会科学版）2008年第2期。

③洪汉鼎编著.《诠释学——它的历史与当代发展前言》（修订版），北京：中国人民大学出版社，2018年版，第5页。

④彭启福：《伽达默尔与哲学诠释学中的相对主义》，《天津社会科学》2004年第4期。

⑤彭启福：《伽达默尔与哲学诠释学中的相对主义》，《天津社会科学》2004年第4期。

的意识从一开始就必须对文本的另一种存在有敏感。"[①]这里伽达默尔是承认并肯定文本自身的意义（思想、内容）的客观性的，而且还特别指出，一个文本或一部艺术作品含有的真正意义是永无止境的，对文本或艺术作品的把握是一个无限的开放的过程，正是通过不断地理解，使文本的真正意义得以不断地显露，在过滤或剔除掉一切混杂的东西后，将会创新出更多的理解，会有更多的新意不断展现。可以这样讲，伽达默尔力图在尊重文本意义客观性的同时更侧重于强调诠释主体依据其主体性而对文本真实意义的追求和创新。

任何理解都是理解者前见中的理解，理解都是有着特定的、明确的对象的理解，没有理解的对象的客观存在，就无所谓理解活动的展开。如果没有伽达默尔及其《真理与方法》的客观存在，也就不会有关于哲学诠释中理解客观性的辩论。因此，理解对象是具有客观性的。理解作为人的存在方式，当理解对象在纳入理解的过程之时，就已经和理解主体存在着一定的意义关系。当然，文本意义并不是自显的，而是在理解者与文本的对话过程中显示出来的，"任何文本想要道出自己的意义就必须捕捉理解者，而理解者以为自己已经完全客观地道出文本本身意义时，他说出来的却只是自己对文本意义的理解"[②]。这也就是说这种在对话过程中显现出来的意义其实也就是文本原意和理解者的前见视域融合的结果，这也就为我们指明了理解者理解文本意义的过程是一个有限和无限、绝对与相对的辩证统一过程。

2.3.2　理解的历史性

在伽达默尔哲学诠释学中，理解的历史性是其理论体系建构的核心。伽

---

① [德]汉斯-格奥尔格·伽达默尔著，洪汉鼎译：《诠释学 I：真理与方法》，北京：商务印书馆，2010年版，第382页。

② 俞吾金著．《实践诠释学：重新解读马克思哲学与一般哲学理论》，昆明：云南人民出版社，2001年版，第35页。

达默尔对历史性曾明确言明："历史性这个概念要说的并不是关于某种的的确确就是如此存在的一种事件的联系，而是关于人的存在方式，这样的人生活于历史之中，在他的存在中，从根本上说只有通过历史性这个概念才能被理解。"①这也就是说历史性是人类生存的基本事实，人的思想和经验是由历史决定的，人是无法摆脱历史的，因而在人的存在中，理解自始至终都是在历史之内进行的。海德格尔认为，历史是存在者的历史，伽达默尔则认为真正的历史对象是自己与他者的统一体，或者可以说是一种包含着历史的实在和历史理解的实在的关系，理解从本性上来说就是一个"效果历史事件"②。在这里，伽达默尔把历史视为构成历史诸种要素相互作用的历史，是一种过去与现在、可能与现实的统一过程和关系，是主客体的相互融合与统一的效果历史。这样伽达默尔就把历史引入本体论的领域，实现了历史哲学的本体论转变。

　　既然人的理解都是历史中的理解，每一个理解都不能脱离其所处的历史处境来理解理解的对象。因而，从这个方面来说理解也是具有历史性。简言之，理解的历史性，主要指的就是"理解者所处的不同于理解对象的特定的历史环境、历史条件和历史地位，这些因素必然要影响和制约他对文本的理解"③。就理解者而言，是有历史性的。黑格尔曾说："每个人都是他那时代的产儿。"④但是理解者的这种历史性，只是在伽达默尔这里得到了开拓性的提升。在施莱尔马赫那里，他将理解所要达到的目标设为理解和把握作者的原意，并时刻提醒人们注意，所有的文本都是文本作者写于不同解释者的生活时代和条件的，解释的任务就是要重新认识作者和他的听众之间的原始关

---

① 李秀娟著.《哲学诠释学视域下马克思主义整体性研究》，北京：中国社会科学出版社，2019 年版，第 27 页。

②［德］汉斯-格奥尔格·伽达默尔著，洪汉鼎译：《诠释学 I：真理与方法》，北京：商务印书馆，2010 年版，第 424 页。

③ 刘放桐等编著.《新编现代西方哲学》，北京：人民出版社，2000 年版，第 496 页。

④ 李秀娟著.《哲学诠释学视域下马克思主义整体性研究》，北京：中国社会科学出版社，2019 年版，第 28 页。

系，而不是按照解释者的现代思想去理解古代文本。这也就意味着要使作者原意得到显现，就要通过心理移情的方法，将理解者置于文本的历史处境来更好地理解文本意义，这种"作者中心论"的做法，极大地忽视了或消解了理解者自身的历史性，其实也未必能正确地理解作者的原意。作者的原意只有作者最清楚，但作者与理解者之间的历史距离是无法通过心理移情的方法来克服的；就理解的对象而言，任何理解都是指向一定的文本的，不论这个文本是人还是历史流传物，它们"从形式到内容都是或者将是历史的，它属于一定的语言系统，两者作为统一的整体被纳入一个更大范围的历史文化传统之中。因此，一定要把'文本'置于它所属的文化传统，历史地考察文本，不忽视文本书以外的社会历史因素，总之，理解者必须进入历史，在历史的视界中理解历史的产物，同时，通过这种被历史的理解了的文本深化人们对历史本身的理解"①。历史学家克罗齐曾提出一个这样的命题："一切历史都是当代史。"在克罗齐看来，任何有关历史文化的描述和理解都是与研究者本人的现实生活内在地关联在一起，那种为研究历史而研究历史的情形是不可能有的，人们总是把现实活动的需要、兴趣和观念像酵母一样放在历史材料的面团之中，以致过去的历史被赋予了时代的意义②。事实上，克罗齐的观点与伽达默尔对理解的认识具有类似性。理解的历史性的具体表现就在于"前见"和传统对理解的制约作用。在伽达默尔看来，任何理解都是从历史给定的条件下开始的，都会受到传统与历史的制约，可以说，传统与历史自始至终是先于理解者的。正如美国学者特雷西认为的那样："对语言进行诠释意味着发现自己置身于被人称为历史的偶然性之中。所谓置身于历史之中意味着一个人从生到死都被束缚在特定的性别、人种、阶级和教育之中。"③因而，人的理解必然带有自己的"前见"。"前见"又称"前理解""前结构"

① 潘德荣著.《西方诠释学史》（第二版）北京：北京大学出版社，2016 年版，第 268 页。

② 胡木贵，郑雪辉著.《理解——现代人的困惑》，南京：江苏人民出版社，1989 年版，第 107-108 页。

③ ［美］特雷西著，冯川译：《诠释学·宗教·希望：多元性与含混性》，上海：上海三联书店，1998 年版，第 107 页。

或"成见"，是理解得以可能的前提和条件，而不是传统诠释学所认为的理解应该清除的障碍。伽达默尔认为，"前见"只是一种预设，它"规定了什么可以作为统一的意义被实现，并从而规定了对完全性的前把握的应用"①，而传统是先于我们而存在的，是被给定的存在，是我们必须要接受的存在，它也是我们存在和理解的基本条件。但是传统也并不是我们想象的那样存在的旧东西，它对人们的生活起何种性质的作用取决于传统的所有人对传统的态度。传统需要保存，但是历史有选择地主动地保存，是一个"理性的行动"。我们不仅不能摆脱传统，反而始终处于传统中。因而，伽达默尔强调，理解者不可能脱离传统来理解文本，文本也还是理解者的世界的一部分，所以理解是人的存在方式。正是传统使理解者的"前见"得以调动起来，从而生成更多的积极的理解。

2.3.3 主客合一的理解方式

哲学诠释学不提倡"主客二分"观念，例如德罗伊森、狄尔泰、海德格尔、伽达默尔等提倡的是"主客合一"或"主客不分"的思想。"德罗伊森已经开始意识到，自然领域中的主客二分的观点，不适合历史领域，例如，历史不可能作为一个整体与我们相对（而认识一个自然对象时，如一个杯子、一棵树，是可以将其对象化的），因为我们始终在历史中，历史向着未来总有一个未封闭的缺口，我们就站在这个缺口上，这种处境有两个方面的意义：一个方面意味着我们永远在传统内；另一个方面意味着我们又是向着未来开放。我们只能在历史中去理解历史，并站在历史中去走向未来，因此，我们对历史的理解永远既不完整，又在不断地更新。这一观点，可以说，开启了后来的解释学中的视域或地平线的思想的先河"②。狄尔泰强调"体验"在精   神

---

① ［德］汉斯-格奥尔格·伽达默尔著，洪汉鼎译：《诠释学 I：真理与方法》，北京：商务印书馆，2010 年版，第 417 页。

② ［加拿大］让·格朗丹著，何卫平译：《哲学解释学导论》，北京：商务印书馆，2009 年版，第 312 页。

科学认识论中的重要性，"体验"就不是一个主客二分可以达到的状态，因此，狄尔泰也是强调主客相融的观念的。海德格尔《存在与时间》的基本观点是，对世界的认识是不能与在世界中的存在相分离的，主体不能与客体相分离①。伽达默尔更是在精神科学领域中反对这种主客二分的观念，伽达默尔认为，"精神科学是一门大全的科学，这个大全永远不能被对象化，因为我们生存于它里面，隶属于它，并是它的部分。正是语言才能启示这个大全，因为语言与世界的关系不是对象化的。语言世界经验是先于一切能被认识和讲说为存在的东西，因此，语言与世界的根本关系并不指世界变成语言的对象。知识和陈述的对象所是的东西其实总已经存在于语言的世界视域之内。'人类世界经验的语言性并不意指世界的对象化'。语言超出了意识，这不仅是因为它能使世界内的一切存在、意识的一切可能对象对象化，而且也因为它开启了绝对，非相对的世界，这个世界不是意识的对象。语言世界可以被理解，但只能从内部，通过生存于它里面，因而对它的理解不是客观对象化的"②。可见德罗伊森、狄尔泰、伽达默尔和海德格尔等人提倡的不是主客二分，而是主客不分或主客相融的，这种观念与中国古代主客合一的文化是相吻合的，也印证了在中国古代社会有发达的人文科学，而不是发达的自然科学。

2.3.4　参与的理解方式

一般地讲，自然科学的认识论是依靠主客二分下的实践活动中而获取知识或真理的，而精神科学或人文科学是如何认识事物获取知识或真理的呢？上面仅讲到了人文科学的认识方式是主客合一的方式，但是这种说法太笼统了，是否可以具体一些呢？狄尔泰认为"体验"是精神科学区别于自然科学认识论的重要方式之一。伽达默尔继承了狄尔泰的思想，并认为，理解就是

---

① 洪汉鼎编著.《〈真理与方法〉解读》，北京：商务印书馆，2018年版，第225页。
② 同上，第412页。

直接参与生命，而无需任何通过概念的思考中介过程①。"这里伽达默尔实际
上区分了两种对真理的认识或经验方式：一种是受科学方法论指导的所谓科
学之内的对真理的认识方式，另一种是超出科学方法论控制的所谓科学之外
的对真理的经验方式。按照伽达默尔的看法，一般自然科学都可以说是前一
种认识方式，它们客观化它们的对象，尽量使主体不参与和影响客体，以便
获得关于对象的客观知识和客观真理。反之，在一般精神科学或人文科学中，
对象并不是与主体无关的，主体也不是与客体分离的，往往正是主体对客体
的参与才使得客体能被认识，其真理能被经验"②。"历史传承物的意义和真
理，正如艺术作品和哲学作品的意义和真理一样，它们绝不是我们可以一劳
永逸地获得的，它们需要我们不断地参与其中去不断地获取。历史正如艺术
和哲学一样，永远是意义和真理取之不尽的源泉。综上所述三个领域的对真
理的经验，可以看出他们的这种对真理的经验与一般自然科学受方法论指导
的对真理的认识的本质差别，就在于它们是主动地参与所要把握的对象，而
不是被动地静观所要把握的对象。这里存在有'参与的理想'和'客观性的
理想'的区别。伽达默尔在一篇题为'论实践哲学的理想'的论文里曾经这
样写道，'我要宣称：精神科学中的本质性东西并不是客观性，而是同对象
的先在关系，我想用参与的理想来补充知识领域中这种由科学性的伦理设定
的客观认识的理想。在精神科学中，衡量它的学说有无内容或价值的标准，
就是参与到人类经验本质的陈述之中，就如在艺术和历史中所形成的那样'"
③。这样伽达默尔就提出了"参与"是精神科学区别于自然科学的认识论重
要的思想之一。洪汉鼎认为，"在伽达默尔看来，我们对历史传承物的经
验——这种经验超越了我们对历史传承物的任何研究——都经常居间传达了
我们必须一起参与其中去获得的真理，这也就是说，历史传承物的真理不是

---

① ［德］汉斯-格奥尔格·伽达默尔著，洪汉鼎译：《诠释学 I：真理与方法》，北京：商务印书馆，2010
年版，第 303 页。

② 洪汉鼎编著．《〈真理与方法〉解读》，北京：商务印书馆，2018 年版，导言第 3 页。

③ 同上，第 3 页。

一成不变的，而总是与我们自己的参与相联系，真理都是具体的和实践的。……在精神科学中衡量它的学说有无内容或价值的标准，就是参与到人类经验本质的陈述之中，就如在艺术和历史中所形成的那样。我曾试图在我的其他著作中指出，交互方式可以阐明这种参与形式的结构，因为对话也是由此表明，对话者并非对对话中出现的东西视而不见并宣称唯有自己才掌握语言，相反，对话就是对话双方在一起相互参与着以获得真理。"[①]这种"参与"实际上类似于一种主客不分的思想，或者说主体和客体是主体间性的关系。这在数学教育，甚至在教育的实践活动中，尤其是教学实践活动中，作为老师与学生的关系就不是一种主客二分的关系，就应该理解为一种教师参与进去与学生融合在一块共同学习共同研究的方式。

2.3.5 体验的理解方式

一方面"体验"这个词是由德文"经历"的再构造，是从分析"经历"这个词中构造出来的。"经历"这个词首先指发生的事情还继续生存着。"体验"这个词是先于解释、处理或传达而存在的，并且只是为解释提供线索、为创作提供素材；另一方面是由直接性中获得的收获，即直接性保存下来的结果。传记的本质就是作者对自己生命的一种体验，是从他们的生活出发去理解他们的传记作品的，而不是像自然科学一样通过做实验的方式来说明自然的各种客观规律。也就是说西方"体验"一词的意义是，如果某个东西不仅被经历过，而且它的经历存在还获得一种使自身具有继续存在意义的特征，那么这种东西就属于体验。

狄尔泰把体验的思想融入他的生命哲学，他强调"体验概念首先就表现为一个纯粹的认识论概念。这个概念在他们（另一个是胡塞尔）两人那里都是在其目的论的意义上被采用的，而不是概念上被规定的。生命就是在体验

---

① 洪汉鼎编著.《〈真理与方法〉解读》，北京：商务印书馆，2018 年版，第 9 页。

中所表现的东西，这将是说，生命就是我们所要返归的本源"①。体验可以说是活生生的经验，而不是科学的经验，前者指个体的独特的体验，后者指一般的普遍的经验。科学经验一般指它的可重复性和可证实性，反之，活生生的体验则是不可重复的。理解就是直接地参与生命，而无需任何通过概念的思考中介过程。概念的东西都是人为地创造出来的，束缚想象力的枷锁。"狄尔泰从生命出发。生命本身指向反思。我们感谢格奥尔格·米施对于狄尔泰哲学思维的生命哲学倾向所作出的有力的说明。他的说明依据于这样的事实，即生命本身中就存在知识。甚至表明体验特征的内在存在也包含某种生命返回自身的方式。'知识就存在于这里，它是无须思考就与体验结合在一起的'。但是生命所固有的同样的反思性也规定了狄尔泰那种认为意义是从生命联系中产生的方式。因为意义被经验，只有当我们从'追求目的'走出之后。当我们使自己与我们自己的活动的处境有一种距离时，这样一种反思才有可能。……艺术之所以是生命理解的某种特殊通道，是因为它的'知识和行为的边界'中生命以某种观察、反思和理论所无法达到的深度揭示了自身"②。这就是深刻揭示了自然科学方法论的局限性，自然科学方法论在精神科学领域中应用的无能为力。以上这段话反映了狄尔泰所强调的依靠生命的体验来认识事物的重要性。

伽达默尔在《真理与方法》的第一部分，他也同样区分了精神科学与自然科学的方法之后，认为人文主义传统对精神科学具有异常重要的意义。伽达默尔在《真理与方法》第 I 卷中用了很长的篇幅（85 页到 120 页）讲"体验"。"体验"这个词在 19 世纪 70 年代的德国才成为普通的用词。尼采说："在思想深刻的人那里，一切体验是长久延续的。"他的意思就是：一切体验不是很快地被忘却，对它们的领会乃是一个漫长的过程，而且它们的真正存在和意义正是存在于这个过程中，而不只是存在于这样的原始经验到的内容

---

①［德］汉斯-格奥尔格·伽达默尔著，洪汉鼎译：《诠释学 I：真理与方法》，北京：商务印书馆，2010 年版，第 100 页。

② 同上，第 336-337 页。

中。因而我们专门称之为体验的东西，就是意指某种不可忘却、不可替代的东西，这些东西对于领悟其意义规定来说，在根本上是不会枯竭的。[①]可以说伽达默尔更是强调体验对人文科学发展的重要性。海德格尔在《存在与时间》中虽然没有用"体验"或"参与"这样的字眼，但是他用了一个与"体验"相近的词叫"领会"，这个词也含有理解或解释的意思[②]。

以上体验式的认识方式和参与式的认识方式及主客合一的认识方式，三者是由密切联系的。依靠内心的体验来认识事物当然自己也参与进去了，而且只有自己参与进去了，才可能更好地依靠内心体验；另外主客不分的观念与参与、体验也是有关系的；只有主客不分才可能把自己（主体）参与研究对象（客体）之中，否则一旦主客分离就不允许主体参与进去，当然依靠主体的体验来获取知识或真理的方式更不可能。以上三种哲学诠释学强调的人文科学的理解方式，在中国古代文化中，尤其是在中国古代哲学、中国古代教育，甚至在中国古代数学中都是存在的，这就为用哲学诠释学研究中国古代数学教育哲学奠定了一定的基础。

2.3.6 理解、解释与应用三者的统一

在西方古代诠释学中，理解和解释仅仅作为一种技艺或工具而存在的方法，后来的虔诚信派又添加了应用的技巧作为第三种要素，但是随着诠释学的发展，应用渐渐走出了诠释学的视野，只是强调了理解和解释的同一性。"应用"在哲学诠释学中地位的恢复肇始于海德格尔。"在海德格尔那里，'世界'绝不是像科学家所认为的那样，意指可考察的环境或宇宙，也绝不是像我们通常所认为的那样，意指所有存在物的整体。按照海德格尔的观点，世界乃是先于这种主—客二分的观点，世界既先于所有的客观性，又先于所有

---

① [德] 汉斯-格奥尔格·伽达默尔著，洪汉鼎译：《诠释学Ⅰ：真理与方法》，北京：商务印书馆，2010年版，第101-102页。

② [德] 马丁·海德格尔著，陈嘉映，王庆节合译，熊伟校，陈嘉映修订：《存在与时间》，北京：生活·读书·新知 三联书店，2014年版，第166-180页。

的主观性。世界是在我们认识一个事物的行为中所预先假设的东西，世界中的每一事物都必须依据世界来把握，理解必须通过世界来进行，如果没有世界，人就不可能在其现实中看到任何事物。但是，尽管人必须通过世界来观看一切，世界却如此的封闭，以致它往往逃避人的注意，我们往往不是在知中而是在用中才注意到它。例如，书本、钢笔、墨水、纸张、垫板、桌子、灯、家具、门窗，只有在属于用具的世界里才能是其所是……"①事实上，中国古代数学是通过应用而被人们所认识的和理解的。

伽达默尔继承了他老师海德格尔的思想，进一步恢复了诠释学的应用性，把应用、理解、解释视为诠释学过程不可缺少的组成部分，并且认为理解包含了解释，解释是理解的表现形式，而解释总是包括应用的要素。伽达默尔认为，理解一个文本包含将它应用于理解者的历史处境，他将理解、解释和应用统一起来，从而表达了他不同于近代哲学的知识态度：真正的知识是改变事物，而不是客观地表象或反映。在这里，伽达默尔其实就把他的哲学诠释学认为是实践哲学，强调哲学诠释学的实践性，它要通过向实践哲学伸展，超越狭义的文本解释理论，成为直接关注当代问题的哲学。他所强调的哲学诠释学问题是现实的、开放的、多元的，当代人类社会面临的诸多问题并不是一个人、一个群体就能解决得了的。因此，他强调通过各种对话来消除具体的问题，恢复由亚里士多德那里延续下来的人类实践的智慧。

伽达默尔用效果历史的思想讲应用的重要性。"应用的发生并不需要有意识地进行，它也是由效果历史推动的。理解，或相同的活动，应用与其说是一种自主的主体性活动，不如说是'参与传统的一个事件、一个转换的过程，在这个过程中，过去与现在不断地调和'。理解一个来自过去的文本意味着将它转换到我们的处境中，在它里面倾听一种对于我们时代的问题的回答。……伽达默尔将理解描述为参与一个传统的发生，其意思是主体并不能

---

① 洪汉鼎编著.《〈真理与方法〉解读》，北京：商务印书馆，2018 年版，第 531 页。

完全控制某种特殊的作为意义或无意义的东西的领悟"①。"效果历史概念揭示了诠释学另一重要功能，即应用功能。按照浪漫主义诠释学的看法，诠释学只具有两种功能，即理解功能和解释功能，而无视它的应用功能。伽达默尔根据古代诠释学，特别是法学诠释学和神学诠释学的实践，强调了应用在诠释学里的根本作用。他认为，我们要对任何文本有正确的理解，就一定要在某个特定的时刻和某个具体的境况里对它进行理解，理解在任何时候都包含一种旨在过去和现在进行沟通的具体应用。伽达默尔写道：'历史视域的筹划活动只是理解过程中的一个阶段，而且不会使自己凝固成为某种过去意识的自我异化，而是被自己现在的理解所替代。在理解过程中产生一种真正的视域融合，这种视域融合随着历史领域的筹划而同时消除了这视域。我们把这种融合的被控制的过程称之为效果历史意识的任务。虽然这一任务曾经被由浪漫主义诠释学所产生的美学—历史学实证主义所掩盖，但它实际上却是一般诠释学的中心问题。这个就是存在于一切理解中的应用问题。'但要注意的是，伽达默尔对'应用'的理解。按照伽达默尔的看法，应用并不是某种一成不变的原理或规则对任何具体情况的所谓放之四海而皆准的运用，而是相反，对具体情况的应用乃是对一般原理或规则的修正和补充。伽达默尔特别援引了亚里士多德关于纯粹科学和实践智慧的重要区分，认为诠释学知识是与那种脱离任何特殊存在的纯粹理论知识完全不同的东西，诠释学本身就是一门现实的实践的学问，或者说，理解本身就是'一种效果，并知道自身是这样一种效果。'②。总之，哲学诠释学强调应用对理解的重要性，强调理解者处境的对理解的重要性，这种思想与教育学中的建构主义很类似，建构主义对知识体系的建构是带着自己以往的经验背景和已有的知识建构的；而哲学诠释学强调的应用对理解的重要性，也是考虑到了理解者的处境问题。

---

① ［加拿大］让·格朗丹著，何卫平译：《哲学解释学导论》，北京：商务印书馆，2009 年版，第 185 页。
② 洪汉鼎编著.《〈真理与方法〉解读》，北京：商务印书馆，2018 年版，第 559-560 页。

2.3.7 语言与对话

哲学诠释学强调语言与对话对理解的重要性。哲学诠释强调理解只能是语言的理解，或者说理解是以语言为载体的。而对话是理解的重要手段，通过对话可以获取知识或真理，通过对话才能够更好地理解。"辩证法作为一门进行谈话的艺术，同时是那种在某个统一方面通观事物的艺术，也就是说，它是阐明共同所指的概念构成的艺术。这一点正构成谈话的特征——相对于那种要求用文字写下来的陈述的僵硬形式——即这里语言是在问和答、给予和取得、相互争论和达成一致的过程中实现那样一种意义的沟通，而在文字传承物里巧妙地作出这种意义沟通正是诠释学的任务。因此，把诠释学任务描述为与文本进行的一种谈话，这不只是一种比喻的说法——而是对原始东西的一种回忆。进行这种谈话的解释是通过语言而实现，这一点并不意味着置身于陌生的手段中，而是相反地意味着重新产生原本的意义交往"①。"……一切理解都是语言问题，一切理解都在语言性的媒介中获得成功或失败。一切理解现象，一切构成所谓诠释学对象的理解和误解现象都表现为语言现象。我打算在下面所讨论的论点则更为激进一步。我的论点是，不仅人与人之间的相互理解过程表现为语言现象，而且当理解过程的对象是语言以外的领域，或者倾听的是无声的书写文字的时候，理解过程本身也表现为一种语言现象，一种被柏拉图描述为思维之本质的灵魂与自身的内心对话的语言现象。一切理解都是语言的理解，这是一个挑战性的断定"②。这就揭示了理解离不开语言，也说明了语言的重要性。伽达默尔认为，理解绝不是重新领会他人的原始意见或重构他人的原本观念，理解乃是与某人在某事上取得相互一致意见，理解总是相互理解。因此，伽达默尔说："所谓理解某人所说

---

① [德] 汉斯-格奥尔格·伽达默尔著，洪汉鼎译：《诠释学 I：真理与方法》，北京：商务印书馆，2010年版，第 520 页。

② [德] 汉斯-格奥尔格·伽达默尔著，洪汉鼎译：《诠释学 II：真理与方法》，北京：商务印书馆，2010年版，第 230 页。

的东西，就是在语言上取得相互一致意见，而不是说使自己置身于他人的思想之中并重新地领会他人的体验"①。

伽达默尔也强调对文本理解与时俱进的性质。伽达默尔多次提出，我们不能把文本所具有的意义等同于一种一成不变的固定的观点。在理解中所涉及的完全不是一种试图重构文本原义的所谓历史理解，而是理解文本本身，这也就是说，在重新唤起文本意义的过程中，解释者自己的思想总是已经参与了进去②。伽达默尔认为，如果我们了解了语言与书写文字的差别，那么话语一旦变成了文字，它所包含的作者思想就已不是原先的思想。他说道："通过文字固定下来的东西已经同它的起源和原作者的关联相脱离，并向新的关系积极地开放。像作者的意见或原来读者的理解这样的规范概念实际上只代表一种空位，而这空位需不断地由具体理解场合来填补。"③

伽达默尔强调平等对话对理解的重要性。伽达默尔在《真理与方法》的第二部分"真理问题扩大到精神科学里的理解问题"其中的·节"经验概念和诠释学经验的本质"里谈到传承物是可被我们经验之物，但传承物并不只是一种我们通过经验所认识和所支配的事件，而是语言，在这方面，传承物就像一个'你'那样自行对话。一个'你'不是对象，而是与我们发生关系"④。这样伽达默尔就分析了三种我与你的关系——这里我是诠释者，而你是我所诠释的对象——以此来说明我们三种不同的诠释学经验。伽达默尔的"我"与"你"的三种关系概括起来大致的可以这样讲，第一种关系是"你"仅是主客二分下的一个手段或工具，以此达到我的目的，但是正如康德所批判的那样，我们不应该把他人当作工具来使用，而应当经常承认他们本身就是目的；第二种关系是我承认"你"是另一个主体——人，而不是典型的一个对象，每个人都有自己的见解，但是双方固执己见，这种关系被伽

① 洪汉鼎编著.《〈真理与方法〉解读》，北京：商务印书馆，2018 年版，第 338 页。

② 同上，第 341 页。

③ 同上，第 543 页。

④ [德] 汉斯-格奥尔格·伽达默尔著，洪汉鼎译：《诠释学 1：真理与方法》，北京：商务印书馆，2010年版，第 506-511 页。

达默尔认为是一种反思关系。这种关系虽然比第一种关系有所进步，但是我只肯定我而排斥你，这样就与他人保持了一定的距离；第三种关系是我以完全开放态度承认你是一个人，真正把"你"作为"你"来经验，我不仅不忽视"你"的要求，而且我还要倾听你对我所说的东西，这时候双方都彼此开放。这种我—你关系用于诠释学现象，就是效果历史意识的诠释学经验，也实现了效果历史意识具有对传统的开放性的特点。在这种经验中，诠释学态度表现为让过去或传统与今天对话。伽达默尔把这种彼此相互开放也称之为相互隶属，这种关系也被一些教育界学者称为主体间性的关系，被一些从事教育研究的学者经常引用老师与学生的三种关系，以此说明了老师与学生最好的关系应该是伽达默尔所强调的第三种关系①。

伽达默尔扩大了对话定义的范围，强调理解者与传承物对话的过程就是理解的过程。"在伽达默尔看来，精神科学之理解和传统的继续存在，其根本条件就在于继续不断地与传承物进行攀谈或对话，也就是说，传承物成为我们的攀谈者或对话者。这种看法一般颇不易理解，因为传承物，如历史文献、古董、作品，都是死的东西，它们怎么能与我们对话呢？这里关键在于对传承物的意义的理解，在伽达默尔看来，传承物并没有一种所谓一成不变的客观的意义，它们的意义总是我们尔后与之不断对话所形成的意义，正如他所说的，'历史任务的真正实现仍总是重新规定被研究东西的意义'。这种意义的获得在他看来，乃是通过一种精神的对话——包括提问和回答——而实现的"②。"只要有一篇文本保持沉默，则对它的理解就尚未开始。然而文本是能够开始讲话的。但是文本并非是以无生命的僵死状态说着它的话，始终说着相同的话，相反它总是给向它提问的人以新的回答并向回答它的人提出新的疑问。对文本的理解是一种谈话方式的自我理解。对这一点可以得到

---

① 冯苗著.《教育场域中的对话——基于教师视角的哲学解释学研究》，北京：教育科学出版设，2011年版，第 13 页。

② [德] 汉斯-格奥尔格·伽达默尔著，洪汉鼎译：《诠释学Ⅱ：真理与方法》，北京：商务印书馆，2010年版，第 699 页。

证实，如果在和某件文本的具体交往中，只有当文本中诉说的东西能够以自己的解释语言表达出来时，才可能产生理解。……理解之真正的实现并不在于布道本身，而是在于布道作为一种向每个人发出的召唤让人获知的方式"①。

伽达默尔强调在哲学诠释学中对话的重要性也得到了一些学者的赞同。"伽达默尔诠释学最根本的贡献就在于他努力把诠释学从解释的技艺学或方法论中解放出来，并使理解活动作为一种对话式的并且超主观的过去与现在中介事件。所谓对话式的，就是说理解的每一过去与现在的中介都是理解—解释者与文本的特定对话，所谓超主观的，就是说理解中所发生的过去与现在的中介都是超越理解—解释者的自觉控制。为了说明理解的这种深层因素，伽达默尔探讨了语言，他的结论是：语言是使过去与现在得以中介的媒介，理解作为一种视域融合本质上是一种语言过程"②。

2.3.8 价值与意义

价值与意义是两个具有区别又有密切联系的词。价值一般着重于物质层面，而意义更多地侧重于精神层面；另外，在很多情况下，价值是意义的理论基础，意义是价值的表现形式。虽然伽达默尔在《真理与方法》中对价值的探讨不是太多，但是由于价值与意义的关系，可以推知伽达默尔也是重视价值的。伽达默尔哲学诠释学是强调诠释或理解的价值与意义的与时俱进的性质。同一个传承物或文本在不同的条件下意义是不同的。"在伽达默尔看来，精神科学之理解和传统的继续存在，其根本条件就在于继续不断地与传承物进行攀谈或对话，也就是说，传承物成为我们的攀谈者或对话者。这种看法一般颇不易理解，因为传承物，如历史文献、古董、作品，都是死的东西，它们怎么能与我们对话呢？这里关键在于对传承物的意义的理解，在伽

---

① [德]汉斯-格奥尔格·伽达默尔著，洪汉鼎译：《诠释学Ⅱ：真理与方法》，北京：商务印书馆，2010年版，第163-164页。

② 洪汉鼎编著.《〈真理与方法〉解读》，北京：商务印书馆，2018年版，第572页。

达默尔看来，传承物并没有一种所谓一成不变的客观的意义，它们的意义总是我们尔后与之不断对话所形成的意义，例如他所说的，'历史任务的真正实现仍总是重新规定被研究东西的意义'。这种意义的获得在他看来，乃是通过一种精神的对话——包括提问和回答——而实现的"①。这就是伽达默尔所强调的意义的相对性、开放性和发展性。

伽达默尔已经认识到科学与人文的矛盾所在。"至少就伽达默尔来说，由运用科学方法所提供的确实性不足以保证真理，因为从语言作为一切科学的中介看来，对自然事物进行对象化处置的自然科学知识，以及与这种知识相符合的自在存在概念被证明只是一种抽象的结果，是对存在于我们语言中的原始世界关系的背离，即使我们承认自然科学有助于人类获取自然知识，但不可否认它越来越远离人生，甚至越来越成为异化人和统治人的手段"②。事实上，这种思想早在胡塞尔那里就存在了。这就是科学走到极端就违背了人文精神。这与马克思说资本主义由于科技的进步造成人的异化的思想大体上是一致的。这也说明了作为人类来说，价值与意义的重要性。"对于狄尔泰而言，意义不是一个逻辑概念，而是被理解为生命的表现。生命本身，即这种流逝着的时间性，是以形成永恒的意义统一体为目标。生命本身解释自身。它自身就有诠释学结构。所以生命构成精神科学的真实基础"③。这就强调生命的意义和价值比科学更重要。

以上也揭示了传承物或文本的意义是无穷尽的，不同的时代不同的人对此文本或传承物理解的意义是不同的。对文本与传承物理解的意义应该秉承着与时俱进的观点。中国传统文化就是与时俱进的文化。中国古人认为这个世界是迁流不止的世界，其文本与传承物虽然是死的，但是其价值和意义却是发展的变化的。同样对于中国古代数学与数学教育的一些文本的理解的意

---

① [德] 汉斯-格奥尔格·伽达默尔著，洪汉鼎译：《诠释学Ⅱ：真理与方法》，北京：商务印书馆，2010年版，第 699 页。

② 同上，第 859-860 页。

③ [德] 汉斯-格奥尔格·伽达默尔著，洪汉鼎译：《诠释学Ⅰ：真理与方法》，北京：商务印书馆，2010年版，第 323 页。

义也应该秉持是动态的发展的变化的，而不是永恒不变的观点。

2.4 中国古代数学教育哲学与哲学诠释学的关系

中国文化与西方诠释学有着十分密切的关系。以钱锺书为代表的中国学者最迟在 20 世纪 70 年代就开始引用，介绍西方阐释学（也就是诠释学）理论。20 世纪 80 年代以来，一些学者试图根据西方的诠释学来建立中国诠释学，美籍华裔学者成中英最先提出要建立"本体论诠释学"，20 世纪 90 年代北京大学汤一介又提出建立"中国解释学"的主张[①]。本世纪以来，中国诠释学也得到了快速的发展。这一切都说明了西方诠释学与中国文化有着十分密切的关系。

中国古代文化，尤其是中国古代哲学与哲学诠释学有着十分密切的联系，而中国古代数学教育哲学是中国古代哲学的重要组成部分。从这个意义上讲，哲学诠释学就应该与中国古代数学教育哲学有着密切的联系，这种联系为笔者建构中国古代数学教育哲学提供了相当丰富的资料和奠定了可靠的理论基础。而且中国古代数学教育哲学与哲学诠释学产生的密切关系是多方面的。例如，中国古代文化是"天人合一"或主客合一的文化，而哲学诠释就强调主客不分的思想观念；例如中国古人认识事物获取真理一方面依靠实践经验，另一方面也强调自身参与进去依靠内心体验的方式来认识事物或获取真理，而无论是参与还是体验都是哲学诠释学所强调的人文科学的重要认识方式；例如，中国古代数学与数学教育都提倡应用的重要性，而哲学诠释学，尤其是伽达默尔哲学诠释学是很重视应用对理解和解释的重要性的，中国古代数学是应用为主的数学，这就是在应用中理解、解释数学知识；例如，中国古代数学教育提倡语言和对话对于理解的重要性，重视数学工具的

---

① 李清良著.《中国阐释学》，长沙：湖南师范大学出版社，2001 年版，第 1-2 页。

表达，而这些都是哲学诠释学所强调的核心思想。以上这些都说明了中国古代数学教育哲学与哲学诠释学的相遇不是一件偶尔的事件，而是由它们结合的必然性和客观性的。下面主要从六个方面详细介绍中国古代数学教育哲学与哲学诠释学的密切联系。从这些联系中可以看出，中国古代数学教育哲学的根在中国哲学或中国文化，中国古代数学教育哲学的很多思想都是来源于中国古代哲学。

2.4.1　主客合一的视角

中国古代文化主要是"天人合一"的文化，这几乎是一种民族的共识，在这种"合"的观念之下，中国人的思维方式就很容易形成具有整体性和主客不分的文化观念。诚如代钦教授所强调，中国古人的思维方式是主客体的统一中把握整体系统及其动态平衡，却忽视了主客体的对立及概念系统的逻辑化和形式化，因此缺乏概念的确定性和明晰性[①]，代钦的观点之一就是认为中国文化是主客合一的文化。这种观点与狄尔泰、海德格尔和伽达默尔所主张的主客不分的观念是相同的，也就是说中国古代文化的主客不分的特点与哲学诠释学的思想观点是一致的。中国文化的一个主要特点是"天人合一"的（当然在中国文化中也有"天人相分"的观念，但是那不是主流）文化，这种文化强调"合"而不是"分"，这种观念影响了古人对数学乃至对其他科学研究的时候，往往采用综合的方法，而不是分析的方法。这种观点与伽达默尔所主张的精神科学是在主客合一的情况下的认识方式是类似的，甚至是相同的。中国文化是以"和"为主的文化，人们常说"和气生财""和和美美""家和万事兴""阖家欢乐""以和为贵"，等等，这种文化的观念作用在数学的学习中必然也会导致对数学的理解或认识是一种主客不分认识方式，这就不可能建立从普遍的众多的事物中抽象出共相来建立数学概念，从而进行概念思维。这就是说中国古人的认识方式决定了其概念思维的欠缺，

---

① 代钦著.《儒家思想与中国传统数学》，北京：商务印书馆，2003 年版，第 46 页。

这也就是说中国古人理解事物很少依靠概念，而是在主客一体下方式理解事物的。通常人们认为中国古代数学具有"数形结合"的优点。但是笔者认为，在中国古代数学中，不是"数形结合"，而是"数形未分"。之所以这么讲，就是因为只有经历了"数形分离"这个阶段之后，才可能产生"数形结合"，没有"分离"何谈"结合"？事实上，在中国古代数学上，就没有经历过这样一个"数形相分"的阶段。中国古代数学这种"数形结合"实际上也是受到主客一体文化观念的影响。

"狄尔泰把他的哲学建立在理解的内在经验上，理解为我们解释了放弃概念的现实"[①]。这就是说理解一个东西，未必必须掌握这个东西的概念。从这个意义上讲，中国古代数学中很少给数学概念下定义的文化传统或习惯也是有道理的。中国古人就像狄尔泰所说的那样把对数学的理解建立在内在经验的基础上，也就是说中国古人用人文科学的研究方式去研究数学，这当然不需要概念和概念思维。中国古代文化中没有像西方近代以来一样具有明显的主客二分的特点，而是在主客合一的观念下认识数学或事物，这是不需要给事物或数学概念下定义的。伽达默尔强调精神科学的理解并非同自然科学的理解那样，能够有截然二分的对象化认识，而是当透过主体客体间的融合、过去与现在的综合、陌生与熟悉的综合，方能构成一个理解的事件[②]。这也反映了伽达默尔强调的不是主客二分，而是主客不分的观念。主客不分的文化观念形成了对客观事物的理解凭借的是内心的体验或感悟，这种体验或感悟因人而异，因此这就造成了理解的多元性。这也是中国古代数学观多元性形成原因之一。主客不分的观念是中国古代数学教育哲学学习观的理论基础。

---

①［德］汉斯-格奥尔格·伽达默尔著，洪汉鼎译：《诠释学Ⅱ：真理与方法》，北京：商务印书馆，2010年版，第36页。

② 洪汉鼎编著.《〈真理与方法〉解读》，北京：商务印书馆，2018年版，第20页。

2.4.2　参与的视角

伽达默尔强调人文科学区别于自然科学的方法的一个重要方面是主体参与到客体对象那里，甚至与客体对象融为一体的。"按照伽达默尔的看法，一般自然科学都可以说是后一种认识方式，它们客观化它们的对象，尽量使主体不参与和影响客体，以便获得关于对象的客观知识和客观真理。反之，在一般精神科学或人文科学中，对象并不是与主体无关的，主体也不是与客体分离的，往往正是主体对客体的参与才使得客体能被认识，其真理能被经验"①。"历史传承物的意义和真理，正如艺术作品和哲学作品的意义和真理一样的，它们绝不是我们可以一劳永逸地获得的，它们需要我们不断地参与其中去不断地获取。历史正如艺术和哲学一样，永远是意义和真理取之不尽的源泉。综上所述三个领域对真理的经验，我们可以看出它们的这种对真理的经验与一般自然科学受方法论指导的对真理的认识的本质差别，就在于它们是主动地参与所要把握的对象，而不是被动地静观所要把握的对象。这里存在有'参与的理想'和'客观性的理想'的区别。伽达默尔在一篇题为'论实践哲学的理想'的论文里曾经这样写道，'我要宣称：精神科学中的本质性东西并不是客观性，而是同对象的先在关系，我想用参与的理想来补充知识领域中这种由科学性的伦理设定的客观认识的理想。在精神科学中，衡量它的学说有无内容或价值的标准，就是参与到人类经验本质的陈述之中，就如在艺术和历史中所形成的那样'"②。这样伽达默尔就提出了"参与"是精神科学区别于自然科学的认识论的重要的思想之一。洪汉鼎认为，"在伽达默尔看来，我们对历史传承物的经验——这种经验超越了我们对历史传承物的任何研究——都经常居间传达了我们必须一起参与其中去获得的真理，这也就是说，历史传承物的真理不是一成不变的，而总是与我们自己的参与相

---

① 洪汉鼎编著.《〈真理与方法〉解读》，北京：商务印书馆，2018 年版，导言第 3 页。
② 同上，导言第 4 页。

联系，真理都是具体的和实践的"①。

事实上，中国古人对事物或数学的认识也有通过这种直接参与生命，而无需要通过任何概念的方式理解数学。中国古代数学中为什么很少给数学概念下定义的习惯，可能就是因为中国古人对数学的理解是直接的参与生命。当然笔者也不否认中国古人获取知识研究学问还有其他的理解方式。但是依靠概念思维，毕竟不是中国古代文化的主流。这种参与无疑是获取知识或真理的方式之一。例如，"不入虎穴焉得虎子"这就是一种积极参与的思想，陆游的"纸上得来终觉浅，绝知此事要躬行"反映的是一种体验，更是一种参与的精神。数学不是自然科学，但是也具有自然科学的性质，这就决定了数学一方面是需要依靠实践活动的；另一方面由于中国文化的原因，至少还是需要自己参与进去的。数学贵在做题，而不是夸夸其谈地讲方法，做题作为学习数学重要的一种方式，本身就是一种参与。中国古代是应用为主的数学，应用的过程就是一种参与数学实践活动的过程。"伽达默尔认为艺术、历史或哲学的真理是依赖于外在于它们的或超出它们的科学认识方式。伽达默尔承认艺术、历史或哲学具有真理，但是他认为这种真理却是不能证明的。精神科学之所以不能需要为它们的真理寻找证明，是因为它们本身就是一种先于证明或外在于证明的经验方式"②。王鸿钧、孙宏安认为，中国古代数学倾向于回答"怎么求出结果"和"结果是什么"的问题而不是回答"为什么这样做"的问题③。这就找到了在中国古代数学中为什么很少为真理或结果寻找证明的原因。中国古人可能有这种观念，他们把数学当作像艺术、历史或哲学一样，把数学纳入人文科学的范围，人文科学的真理就像上面伽达默尔所强调的是不能证明的或是先于证明的或外在于证明的经验方式。事实上，中国古人对事物的认识（包括对数学、数学教育和数学教育哲学）一方面像自然科学一样是实践活动的产物，这种实践活动当然需要主客二分的观

---

① 洪汉鼎编著.《〈真理与方法〉解读》，北京：商务印书馆，2018 年版，导言第 9 页。
② 洪汉鼎编著.《〈真理与方法〉解读》，北京：商务印书馆，2018 年版，导言第 5 页。
③ 王鸿钧，孙宏安著.《中国古代数学思想方法》，南京：江苏教育出版社，1989 年版，第 158 页。

念，另一方面中国古代文化中，更多的可能是另外几种理解事物的方式，其中之一就是类似于伽达默尔所强调的主体依靠参与客体之中去。这种理解事物的方式是在主客不分的情况下的，当然在这种情况下主体也是能很容易参与进去，这种认识事物的方式可能在中国古代是较为普遍的。

古代哲学家、思想家老子在《道德经》第二十七章中说："善数不用筹策"。[①]问题是老子用什么他没有给出答案。但是后来的数学家刘徽说："数而求穷之者，谓之情推，不用筹算"。[②]（《九章算术注》商功篇）从刘徽这里可以大致地猜测，在老子那个落后的年代，估计最多也是类似于刘徽的"情推"。刘徽不是不用筹算而是用不上筹算。当然这个情推是不是合情推理呢？笔者不敢肯定，但是应该说有一种估计推算的思想，也可能是逻辑推理。即使是推理，也充满了主观的情感。数学在中国人心目中就不是纯粹客观的像柏拉图所说的在另一个理念世界客观存在的，柏拉图强调的数学是冰冷的美丽——具有很强的客观性，但是中国古人强调的数学是有情感的，即使是推理都充满了感情的色彩，都是情推。这种"情推"不仅是一种内心的个人体验，更多的也是一种把自己的精神世界融入其中，这反映了中国古人学习或研究数学的一种主观的参与精神。老子的"善算不用筹策"至少可以肯定不再依靠外在的工具进行计算，因为在当时最发达的计算工具是筹策，应该说老子最有可能的是发挥主观性而用心算的方式。如果说使用算筹作为计算的工具，在计算时具有客观性，强调的是主客二分；但是当不采用外在的算筹这个工具，而采用心算或"情推"时就是把自己参与了计算，这就是伽达默尔哲学诠释学所强调参与的方式来认识数学。

歌诀是数学表达情感的艺术形式，也是一种伽达默尔哲学诠释学所强调的参与式的认识方式。唐朝数学家张遂（也就是僧一行）在他的《大衍历》中也以诗歌的形式表达了数学问题[③]。宋元之际在杨辉、秦九韶、李冶、朱

---

① 贾德永译注：《老子译注》，上海，上海三联书店，2013 年版，第 61 页。

② 李迪主编：《中华传统数学文献精选导读》，武汉：湖北教育出版社，1999 年版，第 75 页。

③ 胡典顺，邵贵明，姚曼编著：《数学文化的探索之旅：写给中学生的数学文化入门书》，武汉：湖北科学技术出版社，2019 年版，第 37 页。

世杰的数学著作中出现过不少数学歌诀，明朝数学家程大位的《算法统宗》达到了数学用诗歌表达的高潮。程大位在《算法统宗》中说："智能童蒙易晓，愚顽皓首难闻。世间六艺任纷纷，算乃人之根本。知书不知算法，如临暗室昏。谩同高手细评论，数彻无萦方寸。"①这是一个传统数学家学习与研究数学的心得体会，而不仅是依靠实践活动得出的。而且程大位还强调了"算"是人的根本，事实上就是把算融入了自己的人生现实生活之中，甚至融入自己的生命之中。中国古代珠算的操作也是以歌诀的形式进行，许多数学题也是以歌诀形式编写的。这就是民族文化作用于数学上的一个结果。这种歌诀其实也是一种很好的教育形式，反映了中国古代数学教育的科学性与人文性的交融。数学是科学的，歌诀是表达情感的。这样古人就把对诗歌的情感注入数学的血液，这种认识事物的方式就是伽达默尔哲学诠释学所强调的参与的方式。二者的融合说明了科学精神与人文精神在中国古代社会是没有分开的，现代数学教育也同样需要科学精神与人文精神的融合，而不是像西方社会长期以来科学主义一枝独大的局面，导致人文科学的匮乏。从这个意义上讲，中国古代数学的发展是很平衡与和谐的。中国古代的数学歌诀教育直到今天仍然具有很强的影响力。总之，中国古代数学教育中数学歌诀教育也是伽达默尔哲学所强调的主体参与式的理解方式。

2.4.3　体验的视角

中国古人认识事物的方式是多种的，前面重点介绍了主客一体的认识方式和参与式的认识方式。按照狄尔泰体验诠释学其实还有一种认识事物的方式，这就是依靠体验的方式。《汉书·律历志》说："数者，一、百、千、万也。所以算数事物，顺性命之理也。"②句中"算数事物"说明数学与自然科学和社会科学有关，句中的"性命之理"强调数学是狄尔泰认为的精神科学或人文科学。这句话反映了中国古代社会，数学既具有人文科学的性质，也

---

① 代钦著.《儒家思想与中国传统数学》，北京：商务印书馆，2003 年版，第 18 页。
② [汉] 班固撰：《汉书》，北京：中华书局，2007 年版，第 110 页。

具有自然科学和社会科学的性质。这种观点不仅是实践和参与的产物，也是一种依靠内心体验的产物。从这个意义上讲，体验是中国古代数学知识获得一种方式，当然体验与实践是不同的两个概念。

刘徽在《九章算术注序》中说："昔在包牺氏，始画八卦，以通神明之德，以类万物之情；作九九之术，以合六爻之变。幼习九章，长再详览。观阴阳之割裂，总算术之根源，探赜之暇，遂悟其意。"①（翻译为现代汉语大致的意思是：远古时代伏羲氏就始创八卦，用它来表述天道变化的规律，推算万物的规律，并且创造了数与数的运算来表述六爻的变化。）其中的"以通神明之德，以类万物之情"和"探赜之暇，遂悟其意"反映了刘徽对数学的理解方式之一就是依靠内心体验的方式，这与哲学诠释学讲到的依靠内心体验认识人文科学的方式是一样的。"神明之德"与"万物之情"有的学者认为是神秘主义的思想，但是笔者认为，这是中国古人的一种精神生活的需要，而且"神明之德"与"万物之情"主要是依靠参与、体验或实践得到的。《孙子算经序》中曰："夫算者，天地之经纬，群生之元首；五常之本末，阴阳之父母；星辰之建号，三光之表裹；五行之准平，四时之终始；万物之祖宗，六艺之纲纪。稽群伦之聚散，考二气之降升；推寒暑之迭运，步远近之殊同；观天道精微之兆基，察地理从横之长短；采神祇之所在，极成败之符验；穷道德之理，究性命之情。立规矩，准方圆，谨法度，约尺丈，立权衡，平重轻，剖毫厘，析黍絫；历亿载而不朽，施八极而无疆。散之不可胜究，敛之不盈掌握。向之者富有馀，背之者贫且窭；心开者幼冲而即悟，意闭者皓首而难精。夫欲学之者必务量能揆己，志在所专。如是则焉有不成者哉。"②其中的"穷道德之理，究性命之情"这几个字很重要。"道德之理"是属于社会性的问题，这里的"理"不是自然，而是一种社会道德的规范。"性命之情"是人生的问题，这就表达"穷理尽性"的思想。可见这段话仍然了说明了体验是中国古人理解数学的重要方式之一。南宋数学家杨辉在《详解九章

---

① 李迪主编：《中华传统数学文献精选导读》，武汉：湖北教育出版社，1999 年版，第 42 页。

② 同上，第 42 页。

算法序》中说:"《皇帝九章》,备全奥妙,包括群情,谓非圣贤之书不可也。"[①]杨辉的话就是一种对古圣人崇拜的情感,这就是杨辉研究或学习数学的一种内心的体验。秦九韶在《数书九章序》中说:"大则可以通神明,顺性命,小则可以经实务,类万物。"[②]这种思想同样说明体验是理解数学的重要形式之一。数学在以上几处引用,可以看出中国古代数学与古希腊纯粹客观的数学是不同的,而是把自己的情感注入数学,使自己与数学融为一体。数学在中国古代充满了主观性,这体现了狄尔泰哲学诠释学所强调的精神科学知识的获得方式之一就是依靠一种生命的体验,也是海德格尔所强调的是此在的一种存在方式。数学在中国古代并不是像西方一样当作一门纯粹的科学,而是把数学当作一个艺术或技艺看待的,对数学的认识方式之一就是依靠内心的体验得到的,这就与哲学诠释学提倡的人文科学的认识方式之一——体验是一致的。

以上所说的主客一体、参与和体验三种方式是精神科学的认识方式,其实这三种方式是相互关联的。它们三者既是有联系的,也是有区别的。另一方面,只有在主客一体的情况,参与才能实现,否则主客二分就无法参与进去,更无法用内心去体验;另一方面,只有参与进去了,才能更好地体验,但是人非草木孰能无情,只要参与进去了,基本上也就有了体验。这三种方式都是哲学诠释学所提倡的人文科学的理解方式,也是中国古代数学教育哲学认识事物的基本方式。

在中国古代文化中人们经常提到的"心斋坐忘",古人在祭祀以前要做一些准备工作。庄子在《人世间》里提出"心斋"的概念,就是说在认识事物的时候,在精神上、在心态上要有一个"斋"的准备[③]。心斋的认识阶段仍然分为三个:第一个是听之以耳的感性认识;第二个是听之以心的理性认识;第三个是听之以气——我们把它叫作悟性认识。它是悟出来的,也不是

---

① 李迪主编:《中华传统数学文献精选导读》,武汉:湖北教育出版社,1999年版,第279页。

② 代钦著.《儒家思想与中国传统数学》,北京:商务印书馆,2003年版,第82页。

③ 孙通海译注:《庄子》,北京:中华书局,2007年版,第72页。

理解到的；悟出道与自己齐一的状态，就是庄子说的"天地与我并生，万物与我齐一"的状态。在认识事物之前要做这样一个"斋"，把自己看成跟天地万物是一体的。这样，你得到的认识才是最高级的。事实上，这就是典型的中国古人的认识事物的方式。这种方式与伽达默尔哲学诠释学所强调的在主客不分的情况下依靠参与和内心体验来认识事物的方式是类似的。这也反映了哲学诠释学与中国古代文化的渊源是如此的密切。

2.4.4　应用的视角

中国古代数学就是以应用为主的数学，这种数学性质长期以来遭到人们的歧视。一些学者认为，中国古代数学过分强调应用。应用就是套公式，应用就是不理解的死记硬背，这种观点通过哲学诠释学上面的"解释、理解和应用的统一"，这一部分可以为把这种蔑视中国古代数学的观点给予推翻，以此说明在某种程度上中国古代数学在应用中得到理解和解释。

中国古代数学是应用数学，但是也大体地可以称为是经验数学，是从现实生活经验中得到的数学，是不是像西方自然科学那样依靠实践活动得到的数学知识呢？笔者不能肯定，但是那种依靠实践活动获取数学知识的方式肯定是存在的，但是这种方式可能不占有主流的地位。"伽达默尔的一个根本的观点是，精神科学，例如，法律和道德的知识，都是通过具体情况的应用而得到创造性的补充和发展。'法官不仅应用法律于具体事件中，而且通过他的裁决对法律的发展作出贡献。正像法律一样，道德也是鉴于个别情况的创造性而不断得以发展的'"①。中国古代数学主要是应用数学，在应用中不断地发展数学、完善数学，这就是像伽达默尔所强调的法律和道德一样，是不断地在实践中逐步通过诠释而逐步完善的。《九章算术》就是不断地在应用的基础逐步完善的和后人不断注解的基础上完善的。

海德格尔强调应用对理解的重要性。"在海德格尔那里，'世界'绝不是

---

① ［德］汉斯-格奥尔格·伽达默尔著，洪汉鼎译：《诠释学Ⅱ：真理与方法》，北京：商务印书馆，2010年版，第 668 页。

像科学家所认为的那样，意指可考察的环境或宇宙，也绝不是像我们通常所认为的那样，意指所有存在物的整体。按照海德格尔的观点，世界乃是先于这种主—客二分的观点，世界既先于所有的客观性，又先于所有的主观性。世界是在我们认识一个事物的行为中所预先假设的东西，世界中的每一事物都必须依据世界来把握，理解必须通过世界来进行，如果没有世界，人就不可能在其现实中看到任何事物。但是，尽管人必须通过世界来观看一切，世界却是如此的封闭，以致它往往逃避人的注意，我们往往不是在知中而是在用中才注意到它。例如，书本、钢笔、墨水、纸张、垫板、桌子、灯、家具、门窗，只有在属于用具的世界里才能是其所是……"[1]海德格尔说得很好，很多东西我们没有用它、对它熟视无睹、不关注它，就不可能理解它。事实上，中国古代数学就是哲学诠释学所倡导的通过应用而被理解或认识的。伽达默尔认为应用性是理解活动的一个重要特征[2]。伽达默尔不仅强调实践应用的重要性，而且也强调应用、理解和解释的同时性。"伽达默尔强调，应用并非理解活动之外的随机使用，而是理解的本质，他说，'我们已证明了应用不是理解现象的一个随后的和偶然的成分，而是从一开始就整个规定了理解活动。所以应用在这里不是某个预先给出的普遍东西对某个特殊情况的关系。研讨某个传承物的解释者就是试图把这种传承物应用于自身……为了理解这种东西，解释者一定不能无视他自己和他自己所处的具体的诠释学境遇。如果他想根本理解的话，他必须把文本与这种境遇联系起来'。只有当普遍概念落实在个别事物和具体处境上，人文学的真理意义才得以理解。就像《论语》中的记载，弟子问'仁'的地方很多，但孔子的回答都不相同，原因正在于'仁'并非抽象思考的概念，或是死板的道德条目，无法简单以定义框限，只能因材施教，根据弟子各自的实存境遇进行指点。人文学的真理概念不完整自足，总需要具体事物给予以意义的丰盈；这种因应处境变化的随机指点，无法遵奉某一规则方法作为圭臬，其实需要一种特殊精神所造

---

① 洪汉鼎编著.《〈真理与方法〉解读》，北京：商务印书馆，2018年版，第531页。

② 彭启福著.《理解之思——诠释学初探》，合肥：安徽人民出版社，2005年版，第43页。

就的判断力。如此，又回到亚里士多德的实践智慧。"[1]以上伽达默尔强调理解是针对不同的应用环境的而言的，也说明了不能对被理解的事物通过下定义的方式来认识。中国古代数学主要以应用数学为主，这种应用性其实也在排斥了概念思维，因为应用的处境不同、方法是不同的，但是应用数学的过程也是对数学理解或解释的过程。

诠释学是实践哲学这是很容易理解的。无论是西方最早的对法律条文的解释还是对《圣经》的解释，都是实践的产物，都是应用于实践的。作为主教或牧师为了布道的需要，就需要解释《圣经》，而且解释的过程也是理解的过程，也是应用的过程，当然也是实践的过程，从这个意义上讲，最初的诠释学就具有很强的实践性。中国古人没有西方浓厚的宗教传统，但是有深广的现实社会生活理念，这就是把数学应用于现实社会生活之中。

2.4.5　语言与对话的视角

事实上，无论是主客一体还是主客二分，都是人们的一种假设的抽象。现实情况是客体与主体的混杂，但是当说"主客二分"的时候，就是以自然科学的研究方法为主，这种研究方法就要减少主观的情感，多点客观的事实。在这种情况下是凭事实说话的，这时候是不需要过多的语言表达的；但是当讲"主客一体"或"主客相融"的时候，要把自己参与进去，而且自己还要去体验，在这种情况，这种参与的过程、体验的过程、感受的过程，按照伽达默尔哲学诠释学的观点也只能用语言表达出来，而不是自然科学那样凭事实说话，这就是很多的哲学诠释学家，像海德格尔、伽达默尔，甚至是施莱尔马赫都是很重视语言的一个原因。海德格尔一个名句是："语言是存在之家。"海德格尔的这句话是说存在等价于语言。换句话说，没有语言，就无法反映人的存在。在这种主客一体或主客相融的观念之下，在这种参与和体验的认识方式之下，不重视语言的表达是不可能的。

---

[1] 洪汉鼎编著.《〈真理与方法〉解读》，北京：商务印书馆，2018 年版，第 58 页。

中国古代数学虽然不是艺术，但是在主客不分的文化下依靠内心的参与体验的方式获取知识或真理的，从这个意义上讲，中国古代数学具有艺术的性质特点，至少数学在春秋时期是"六艺"之一，而在南北朝时期被颜之推称为"杂艺"。今天人们批判中国古代数学，说中国古代数学过于强调实用，笔者认为一个重要原因是古人把生活当作数学的来源，当然强调实用。艺术来源于生活应用于生活，数学在中国古代也是如此。这样就把数学当作一门艺术看待的，当然数学需要语言，而中国古代数学家对数学表达中的语言是很重视的，重视体验或参与的语言表达。中国古代早期的计算工具主要是"算筹"，数学计算的过程就是摆弄小木棍的过程。算筹就是数学家或数学工作者表达数学内容的语言工具，后来的算盘也是如此。"规"与"矩"也是中国古代数学家表达数学的语言工具。中国古代的"注经文化"就是一种对语言的重视，中国古代数学在两汉注经文化的影响下得到了很好的发展。《九章算术》《周髀算经》两部数学著作得到后人的广泛的注解，注解的过程就是用语言表达的过程，语言表达前人的数学成果，使之变得更为通俗易懂，让当代人或后人更容易理解，更容易传播，而且这种方式也是数学家为了更好地表达自己在数学上的创新成果的需要或机会。

中国古代数学教育很重视数学理解、很重视语言，但是这些需要通过对话的方式来实现。例如，《周髀算经》中的数学家商高与周公的对话；数学家陈子与荣方的对话，这些教学对话能够写入古代的数学经典，并一代代地流传下来，本身就说明了在两千年的历史长河中后人对它的肯定，彰显了它与时俱进的时代精神和永恒的教育价值。按照伽达默尔所强调的对话不仅是人与人之间的当面的对话，而且还可以是自己与自己的对话，甚至包括更为广泛的应该是人们对古代流传下来的文本或传承物的对话。中国古代数学家通过阅读前人的数学著作就是对前人数学著作的一种对话，这种对话通过注解的形式表现出来，这正是具有哲学诠释学意义上的一种对话。一些学者批评中国古代数学少有创新，多数是弘扬与继承，这种观点虽然失之偏颇，但是也说明了中国古代数学的发展是通过哲学诠释学意义上的注解而发展出来，而不是另起炉灶地研究数学。秦汉以来的中国古代数学都是在注解《九章算术》或《周髀算经》的基础上发展过来的。按照伽达默尔或海德格尔哲学诠释学的观点，注解的过程就是一种与古人或传承物或文本对话的过程，也是一种理解的过程，当然也是一种学习或研究的过程或创造的过程。另外，《九章算术》或《周髀算经》并不是像施莱尔马赫所说的后来的理解者能够比张苍、耿寿昌更好地理解《九章算术》，而是像伽达默尔所强调的理解者是以不同的方式理解《九章算术》。事实上，在中国历史上注解《九章算术》的数学家很多，但是他们是以不同的方式理解或注解《九章算术》的，其中刘徽注解的《九章算术》最著名，可以说是创造性地理解《九章算术》，当然其他的注解不好的数学家也可能是"复制"《九章算术》，这与伽达默尔所强调"理解不只是复制行为，而是一种创造性行为"的思想是一致的。总之，中国古代数学教育哲学是重视对话的，这种对话不仅包括在场的对话，更多的是不在场古今的数学对话交流，是后代数学家通过前代数学家的数学著作与前代数学家进行对话的，这种对话也是一种数学教育的对话或教学对话，这个对话具有哲学诠释学意义。

2.4.6　价值与意义的视角

中国古代哲学不是以寻求关于事实的知识为主题，有别于西方以知识论为中心的哲学盛行。中国古代哲学也不是以进入彼岸世界为主题，有别于西方基督教哲学和印度佛教哲学。中国古代哲学以探讨人生价值的合理性为主题，虽然各派哲学研究宇宙论、本体论、思想方法论、知行观，但最终都是以价值观为归宿。总的来说，中国传统哲学不是科学哲学，也不是宗教哲学，而是人生哲学。人生就是要追求价值，实现其意义。中国古代哲学的价值论自然可以延伸到中国古代数学教育哲学之中。中国古代哲学对价值和意义的反映在中国古代数学教育哲学中，主要是中国古代数学教育的目的。其中被后人经常提到的"学以致用"就是学习的价值和意义的重要的集中体现之一。

在中国古代数学教育哲学中,价值和意义就是一个重要的组成部分。当然"价值"和"意义"两个词的关系也是十分密切的,价值通常主要反映在物质层面,而意义更多地反映在精神层面,而且这两个词是有密切联系的,价值是意义的基础内容,意义是价值的表现形式。

中国古代数学哲学的伟大之处在于价值与意义的统一。中国古代数学的实用性充分地反映了数学的实用价值,但是意义就是一种目的论的意义。中国古代数学仍然有很多不仅强调数学的实用价值,而且还赋予了数学很多的精神层面的意义,这种意义的赋予,既有物质现实生活的需要,还有民族精神的需要,这种对数学意义赋予也是一种精神安慰和心灵寄托。更多的意义赋予则是把以上实用价值与民族精神两者融合起来。

古希腊数学家毕达哥拉斯对数字赋予了意义。例如,"1"表示万物之母,"2"是意见,"3"是万物的形体和形式;"4"是正义;"5"是偶数 2 与奇数 3 之和,也是婚姻的意思,等等。事实上,他赋予了数字以意义,从这个角度来讲,其思想似乎具有东方色彩。中国古人赋予了数学更多的价值与意义,像《孙子算经序》中说的:"夫算者,天地之经纬,群生之元首;五常之本末,阴阳之父母;星辰之建号,三光之表裹;五行之准平,四时之终始;万物之祖宗,六艺之纲纪。"[①]刘徽在《九章算术注》中说:"昔在包牺氏,始画八卦,以通神明之德,以类万物之情;作九九之术,以合六爻之变"。[②]《汉书·律历志》说:"数者,一、百、千、万也。所以算数事物,顺性命之理也。"[③]秦九韶在《数书九章序》中说:"大则可以通神明,顺性命,小则可以经实务,类万物。"[④]王恂说:"算数,六艺之一;定国家,安人民,乃大

① 郭书春,刘钝校点:《算经十书》(二),沈阳:辽宁教育出版社,1998 年版,第 1 页《孙子算经序》。

② 郭书春,刘钝校点:《算经十书》(一),沈阳:辽宁教育出版社,1998 年版,第 1 页《九章算术注序》。

③ [汉] 班固撰:《汉书》,北京:中华书局,2007 年版,第 110 页。

④ [宋] 秦九韶原著,王守义遗著,李俨审校:《数书九章新释》,合肥:安徽科学技术出版社,1992 年版,第 1 页。

事。"①以上这些引用就揭示了中国古人总是赋予了数学以现实生活的社会意义和价值，这种赋予的价值和意义，最终要演化为数学教育的目的。这种价值与意义的赋予我们也可以看出充满了人文主义的精神。

伽达默尔哲学诠释学也同样强调文本的价值与意义的重要性，而且这个文本的价值与意义不是固定的，而是随着解释者或理解者的不同而不同，也就是说文本的意义随着时代不同和不同的解释者而不同，或者说文本的意义具有与时俱进的性质。这就像太阳系中的金星，在早晨称为"晨星"，到了晚上就称为"暮星"，对金星的"晨星"或"暮星"的称谓，其实是赋予了它意义和价值的反映。伽达默尔哲学诠释学的思想与中国古代文化，主要是中国古代哲学是不谋而合的。以上介绍的那些不同时代的中国数学家对"数学"赋予的意义是与时俱进的，都是他们对数学在意义上的诠释，都是伽达默尔哲学诠释学强调的思想。为了更好地理解哲学诠释学的理论与中国古代哲学的关系再举一些例子。

后人对《九章算术》的认识或理解都是联系所处的现实具体情境的，这与海德格尔所强调的理解就是此在的存在方式是一致的。把过去的《九章算术》与理解者所处的时代情境紧密地结合起来，实现了伽达默尔所强调理解就是实现历史与现代、熟悉与陌生、他者和自我的融合。海德格尔认为，理解的本质首先而且最终是作为此在的人对存在本身的理解。每个人的现实的生存方式，实际上就表达出一种他（她）对生活和世界的意义的理解。简单说，一个人有一个人的"活法"，这个"活法"实际上就是一种对生活意义的理解。一个虔诚的宗教徒、与一个铤而走险的银行抢劫犯，从根本上讲，是他们对于生活意义的理解不同，他们选择的行为方式或生存方式，是根据他们对于现实生活和人生意义的不同理解。这就是人们通常所说的世界观的不同。总之，在海德格尔这里，理解实际上就是此在的存在方式本身，而不是一种方法。洪汉鼎先生也强调在海德格尔这里，"诠释学的对象不再单纯

---

① 代钦著.《儒家思想与中国传统数学》，北京：商务印书馆，2003 年版，第 82 页。

是文本或人的其他精神客观化物，而是人的此在本身，理解不再是对文本的外在的解释，而是对人的存在方式的揭示。"[①]例如，王孝通对《九章算术》的理解与当时隋唐时期土木工程建设是有密切联系的；而南宋数学家杨辉对《九章算术》的理解就是针对经济商业发达的江南一带，如何把《九章算术》通俗化地应用在商品经济的发展中。这种结合过去的文本与理解者的处境相联系的观点就是伽达默尔哲学诠释学所提倡的。人们经常说"以史为鉴、古为今用"，这反映了中国古人强调的历史具有与时俱进的参考价值。而伽达默尔哲学诠释学强调的文本的意义不是固定的，而且是无穷的，后人就会有不同的解读，这个不同的解读对当时理解来说是有积极的价值和意义的。中国古代数学著作就是一个文本，本身虽然没有价值与意义，但是不同的时代赋予了它不同的价值与意义。后人对《九章算术》的理解和解读很符合伽达默尔所强调的哲学诠释学的时代意义。而且更为重要的是，在中国古代数学著作中，从今天的视角来看，一些错误是存在的，在这些错误之中，有一些是人为的过失；但是还有一些不是人为过失，而是为了牵强附会某种现实生活社会的意义，而故意地说成正确的。例如，现代中国人在买卖的交往中，在很多情况下图个吉利，明明是 90 元钱贸易额，偏偏为了图个吉利只需 88元就成交，这种思想观念都是从我们文化传统中继承过来的，这就是说为了达到意义的赋予，数学的所谓正确性是可以稍微忽略不计的。因此，从这个意义上讲，中国古代数学就不是严谨的科学，它掺杂了个人的情感。实际上这可能像古希腊为数学而数学一样，是一种精神的追求和心灵的安慰，从这个意义上讲，中国古代数学教育的价值与意义在古人那里是很重要的。

---

① 洪汉鼎：《诠释学与中国》，《文史哲》2003 年第 1 期。

第 3 章　哲学诠释学视角下的
中国古代数学哲学

中国古代是存在哲学的。中国古代是否存在数学哲学，取决于对其定义；如用后现代主义比较开放、包容的观点来讲中国古代数学哲学存在性是可能的。另外，从某种意义上讲，中国古代是否存在数学哲学取决于如何根据已有的数学史和数学教育史史料按照数学教育哲学的基本理论进行比较合理的诠释。如果一种诠释能让人们信服并得到验证，中国古代数学哲学存在性就是不可否认。本章就是笔者对中国古代数学哲学的诠释。本章首先从"数学是模式的科学"这一观点引入中国古代数学哲学探讨的必要性，随后介绍中国古代数学哲学的本体论、认识论和方法论，是把这"三论"建立在中国哲学等理论基础上的。中国古代数学哲学与中国古代教育哲学有着密切的联系，从这个意义上讲，探讨中国古代数学哲学是很有必要的。欧内斯特的《数学教育哲学》一共有两篇的内容：第一篇就是数学哲学的内容，而第二篇则为数学教育哲学的内容。郑毓信教授关于数学教育哲学方面的几本专著都强调数学哲学在数学教育哲学中的重要性。因此，本书也把中国古代数学哲学纳入中国古代数学教育哲学的范围。

林夏水强调有数学就有数学哲学，并说："不过，它与任何事物一样，有其从孕育到独立发展的过程[①]。"从一定程度上讲，有数学活动就有数学教

---

① 林夏水著.《数学哲学》，北京：商务印书馆，2003 年版，第 6 页。

育活动，也就有了对数学与数学教育的哲学思考"①。从以上观点来看，中国古人对数学与数学教育的哲学思考肯定存在。黄秦安在《论数学真理观的后现代转向》一文中论述了数学真理观念所经历的具体的具有后现代特征的转变：数学真理从唯一性、终极性向多样性、谱系性转向；数学真理是一个具有不同层次和等级的、开放的、动态的理论体系；数学对自然真理性的超越及其解释意义等②。从黄秦安的观点来讲，我们对中国古代数学的认识也应该有所作转变，绝对的永恒的古希腊柏拉图式的真理观应该抛弃，至少要站在后现代主义的视角分析中国古代数学问题和数学教育问题。对待中国古代数学、中国古代数学教育与数学史的认识都应该秉承了一种与时俱进的观念来认识，而哲学诠释学就具有这样的一种思想观念。

3.1 中国古代数学哲学的引入

"数学是模式的科学"直到今天仍然是一个比较被人们认可的观点之一。"数学是模式的科学。数学家寻求存在于数量、空间、科学、计算机乃至想象之中的模式。数学理论阐明了模式间的关系；函数和映射、算子和映射把一类模式与另一类模式联系起来，从而产生了稳定的数学结构。数学应用即是利用这些模式对于适用的自然现象作出解释与预言。"（L.Steen）③从这个观点来看，中国古代数学主要是应用数学，古人不仅把数学应用在天文历法一些自然科学之中，也把数学应用到了社会经济生活的各个方面，中国古代数学至少也是能够被纳入"数学是模式的科学"这一思想的，或者说"数学是模式的科学"这种数学观点也是适用于中国古代数学的，虽然中国古代数

---

① 曹一鸣，黄秦安，殷丽霞编著.《中国数学教育哲学研究30年》，北京：科学出版社，2011年版，前言。

② 同上，第12页。

③ 郑毓信著.《新数学教育哲学》，上海：华东师范大学出版社，2015年版，第5-6页。

学在一些学者看来是如此的粗俗、如此的初等。郑毓信强调"模式"的概念不仅适用于数学的概念和命题，也适用于数学的问题和方法（包括思维方法）[①]。这就可以看出"数学是模式的科学"这种观点具有较大的包容性，至少中国古代数学的问题与方法可以纳入"数学是模式的科学"这一观点之下。郑毓信也认为，中国古代数学著作往往采取"问题集"的形式，其主要内容则是所谓的"术"，也就是一些普遍的解题方法，也即是一种模式[②]。因此"数学是模式的科学"是可以把中国古代数学思想囊括其中的。郑毓信教授在《新数学教育哲学》中对"数学模式论"这个概念进行了详尽的讲解，并且在他书中的第一部分的第二章题目就是"数学模式论及其教育含义"，他说："所谓'数学模式论'，笼统地说，即可被看成为'什么是数学'这一问题提供了直接解答，更是对于数学抽象性质的明确肯定，从而也就直接涉及数学的本体论问题与认识论问题。"[③]从以上可以看出郑毓信教授认识到"什么是数学"和"数学的模式论"都涉及数学的本体论与认识论的问题，实际上这就是涉及数学哲学的内容，在该书的第二章的第二节题目就是"模式论的数学本体论与数学认识论"，显然这又涉及数学哲学的内容。实际上郑毓信教授把数学哲学的部分内容已经融入他的这部《新教育数学哲学》之中。按照林夏水先生《数学哲学》中把数学哲学分为了本体论、认识论和方法论的观点[④]，郑毓信表面上没有写方法论，但实际上也讲到了方法论的相关内容。鉴于以上观点，本书把中国古代数学的本体论、认识论与方法三部分内容放在数学模式论的框架之下，作为进一步研究中国古代数学教育哲学的基础，当然对中国古代数学哲学的认识本身也是一种诠释的过程，是站在哲学诠释学的立场上的诠释。总之，研究中国古代数学哲学，也是为后面的数学教育哲学研究奠定基础。中国古代数学哲学虽然上面按照林夏水教授的

---

① 同上，第 28 页。
② 同上，第 29 页。
③ 同上，第 26 页。
④ 林夏水著.《数学哲学》，北京：商务印书馆，2003 年版，第 255 页。

观点分为了本体论、认识论和方法论，但是中国古代数学哲学还应该有其他方面的内容，例如，关于逻辑学的内容，关于对中国古代逻辑学的研究比较早的可以追溯到数学史家钱宝琮先生那里。关于《老子》的数理思想，《周易》"倚数——极数——逆数"的数理观；惠施学派的"历物十事"（即十大论题），例如，"至大无外、至小无内"都是很形象地说明了什么是一个事物的大或小，大到连外都没有，小到连内都没有，其实这也是一种给"大""小"下定义的方式。详细内容请参考周瀚光的《先秦数学与诸子哲学》。

3.2　中国古代数学哲学的本体论

中国古代数学家在数学哲学观念上受到中国传统文化，尤其是受到中国古代哲学的影响，这也形成了中国古代数学家所理解的数学研究对象及存在性与中国古代哲学研究对象及存在性具有一致相通性。这种一致相通性决定了中国古代数学哲学的本体可以由中国古代哲学的本体推导出来，其结论就是中国古代数学研究对象是数，存在性为抽象地存在于可感或具体的事物之中。而且这种方式推导出的结论与个别中国古代数学家所理解的数学对象及存在性大体上是相同的，但更具有普遍性，可以了解更多的没有留下相关资料的中国古代学者对数学研究对象及存在性的认识。

3.2.1　本体论概述

"本体论"是哲学上一个很重要的概念，但是人们对本体论的认识却不是统一的。目前人们通常认为，"Ontology"一词翻译为"存在论"更好些，也可以翻译为"是论""有论"。高新民、严景阳对本体论的阐述比较全面。他们认为，虽然哲学家理解的本体论千差万别，但是毕竟有共同性，至少有"家族形似"的成分，并强调特别重要的是存在的标准或存在所具有的性质、标志问题[①]。关于中国古代哲学的本体论存在问题，学界并没有明确的共识。有的认为中国古代文化中没有哲学本体论[②]，但有的学者认为中国古代有哲学也有本体论[③]。关于中国古代哲学的本体论问题，宋志明教授认为，中国传统哲学以"天人关系"为基本问题，没有把主体与客体对立起来。在中国人看来，本体不仅是宇宙存在的哲学依据，更重要的是人生意义和价值的哲学依据。同西方古代哲学相比，中国哲学比较注重本体的主体意义，比较注重本体的价值意义。在中国哲学史上，表述本体的哲学理念有天、道、理、气、无、本真、太极等[④]。数学家吴文俊认为中国古代也是有着发达的数学的[⑤]。关于中国古代的数学哲学，中国数学史学科的奠基人钱宝琮在晚年写过几篇关于这方面的重要论文[⑥⑦]。郭书春[⑧]、周瀚光[⑨]、代钦[⑩]也有关于中国古代数学哲学的重要文章发表。中国古代数学哲学是一个宏大的课题，本段仅在本体论上作一个初步探讨。虽然研究中国古代数学哲学时，不能用西方数学哲学的概念和模式去套中国古代数学哲学，但是对于中西方数学哲学相同之处也要作出比较与探讨。

---

① 高新民，严景阳：《本体论理解的"元问题"与马克思主义的本体论》，《武汉大学学报》（人文科学版）2007 年第 6 期。

② 俞宣孟：《中国传统哲学中没有本体论》，《探索与争鸣》1987 年第 6 期。

③ 宋志明著.《中国传统哲学通论》（第 3 版），北京:中国人民大学出版社，2013 年版，第 2 页。

④ 同上，第 2 页。

⑤ 吴文俊：《关于研究数学在中国的历史与现状—《东方数学典籍<九章算术>及其刘徽注研究》序言》，《自然辩证法通讯》1990 年第 4 期。

⑥ 钱宝琮：《宋元时期数学与道学的关系》，《宋元数学史论文集》，北京：科学出版社，1966 年版，第 225-240。

⑦ 中国科学院自然科学史研究所编：《<九章算术>及其刘徽注与哲学思想的关系》，《钱宝琮科学史论文选集》，北京：科学出版社，1983 年版，第 597-607 页。

⑧ 郭书春：《关于中国古代数学哲学的几个问题》，《自然辩证法》1988 年第 3 期。

⑨ 周瀚光：《中国古代的数学与哲学》，《哲学研究》1985 年第 10 期。

⑩ 代钦：《中国古代先哲对数学的哲学思考》，《内蒙古师范大学学报》（哲学社会科学版）2004 年第 2 期。

3.2.2 中国古代数学的研究对象

林夏水认为，哲学上的本体论问题在数学哲学中具体表现为数学研究对象及其存在性或客观性问题[①]。中国古代数学哲学也应该体现在研究对象及其存在性或客观性问题。本节主要论证中国古代数学家对数学对象的理解。有学者强调，中国古代数学研究的对象是自然[②]，其依据首先是刘徽在《九章算术注序》中的一段话"昔在包牺氏，始画八卦，以通神明之德，以类万物之情；作九九之术，以合六爻之变。暨于黄帝神而化之，引而伸之，于是建历纪，协律吕，用稽道原，然后两仪四象、精微之气可得而效焉。记称隶首作数，其详未之闻也。按周公制礼而有九数，九数之流，则九章是矣"；其次是他（指刘徽）所收集的 246 个问题的解法有问有答有术，并且与生活实际和产生实践相联系。[③]

从中国文化的角度来说，中国人对"自然"是不感兴趣的，这点无法与西方相比，否则也许中国古代自然科学就很发达了。中国人对社会生活是最感兴趣的。上面引用的一段话是刘徽讲数学发展史或讲《九章算术》的来龙去脉的，其实还没有讲完。刘徽接着说："往者暴秦焚书，经术散坏。自时厥后，汉北平侯张苍、大司农中丞耿寿昌皆以善算命世。苍等因旧文之遗残，各称删补。故校其目则与古或异，而所论者多近语也。"[④]这段引用是接上段讲数学史或《九章算术》发展史的继续。刘徽的数学观不可能体现在《九章算术》的发展史中，因为下面他还要谈到自己学习《九章算术》的心得体会和数学观。刘徽继续说："徽幼习九章，长再详览。观阴阳之割裂，总算术之根源，探赜之暇，遂悟其意。是以敢竭顽鲁，采其所见，为之作注。事类相推，各有攸归，故枝条虽分而同本干者，知发其一端而已。"[⑤]这是刘徽说

---

① 林夏水著.《数学哲学》，北京：商务印书馆出版，2003 年版，第 257 页。

② 叶新涛，张开良：《刘徽数学成就的哲学观与数学发现》，《绍兴文理学院学报》2008 年第 4 期。

③ 同上。

④ 郭书春，刘钝校点：《算经十书》（一），沈阳：辽宁教育出版社，1998 年版，《九章算术注序》

⑤ 同上。

自己学习《九章》的情况及感悟。其中最有名的是"事类相推，各有攸归，故枝条虽分而同本干者，知发其一端而已。"这才是刘徽自己学习《九章算术》的心得体会。这句话的大意是说数学知识就像一棵枝繁叶茂的参天大树，但是都发源于一端，这个端是什么意思？往下看"至于以法相传，亦犹规矩度量可得而共，非特难为也。"[①]规矩是古代画圆、画方的工具。规矩代表空间形式，度量就是度量衡，代表数量关系。郭书春先生认为，刘徽在上面《九章算术注序》中的话不仅说明了数学的对象和来源，而且说明了传统数学几何代数融为一体的思想[②]。可以看出刘徽所说的"端"是空间形式与数量关系的统一，合起来也就是人们通常所说的"量"，这就是刘徽关于本体论意义上数学研究对象，他认为数学研究对象是"数"与"形"。但是刘徽以后的传统数学家与传统数学著作中，人们更多关注的是"数"，这种趋势和特点在宋元数学时期体现得更为显著。这表明在本体论意义上，刘徽认为数学研究对象是"数"与"形"，由于"形"能被"数"表示，而且中国传统数学的一个优秀品质是"数"一般都是与"形"结合的，所以可以说刘徽认为数学研究对象是"数"。刘徽虽然是中国古代数学史上最伟大的数学家之一，但是他对数学研究对象的观点仅是一家之言，笔者认为还要看看其他的数学家，甚至其他古代学者的观点。

《左传》上说："龟，象也；筮，数也。物生而后有象，象而后有滋，滋而后有数。"[③]这句话的意思是说：乌龟生出来背上有花纹，之后生长，生长之后花纹裂开了，形成的好几块。引申的含义就是有物体才有形象，有形象并生长后才会分出数目。这可能是早期人们对数起源的认识，当然这里数没有脱离具体的实物。许多数学家对数学研究对象有类似的说法。沈括在《梦溪笔谈·象数一》中说："大凡物有定形，形有定数。方圆端斜，定形也；

---

① 同上。

② 郭书春：《关于中国古代数学哲学的几个问题》，《自然辩证法》1988 年第 3 期。

③ 刘兆祥，安中玉译注：《左传全集》，北京：海潮出版社，2012 年版，第 59 页。

乘除相蕩（又作荡），无所附益，泯然冥会者，真数也。"①翻译成现代汉语大致的意思是说，大凡物体都是有确定的形状，每种形状都有符合实际的数值。方、圆、正、斜都是确定的形状；通过乘除之类的数学运算，不附加任何别的东西，其形状与数值能完全吻合的，就是符合实际的数值。这种思想事实上也是一种数形对应的思想，"形"与"数"都是抽象出来的，而且二者都是数学研究的对象。沈括的观点充分说明了古代数学家对数学研究的来源和对象的反思已经很成熟了。这种数学观粗略地说基本上达到了恩格斯所说的数学研究对象是"现实世界中的空间形式与数量关系"。宋代学者李复的观点与沈括的观点大致相同，他说："物生而后有象，象生而后有数""数出天地之自然也。盖有物有形，有形则有数也。"（《潏水集·答曹钺秀才书》）由于"形"可以用"数"来表示，同样可以认为沈括与李复强调的数学研究对象是"数"。以上中国古代学者不仅认识到了数学研究对象，而且也对"数"的产生来源给予了比较合理的解释，这种解释很符合人类思维从具体到抽象这样一个过程。

《孙子算经序》中说："夫算者，天地之经纬，群生之元首，五常之本来，阴阳之父母，星辰之建号，三光之表里，五行之准平，四时即始终，万物之祖宗，六艺之纲纪。"②这种观念就更是强调数学的本体是"数"。"天地""群生""五常""阴阳""星辰""三光"，等等，这些东西都离不开"数"。一些学者不免要说，这是应用数学，不数学研究的对象。但是中国古代数学并不区分纯粹数学与应用数学，更为确切地说，中国古代数学家在很大程度上是站在"应用数学"（这里的"应用数学"四个字是后人赋予的）的角度认为数学的本体是"数"。尤其是"万物之祖宗"一句更说明了数学的研究对象就是"数"。这种观点与刘徽、沈括、李复的观点基本上是一致的，也就是说《孙子算经序》的作者认为"数"是数学的研究对象，与数学家刘徽、沈

---

① ［北宋］沈括著，李文泽，吴洪泽译：《梦溪笔谈全译》（文白对照）成都：巴蜀数社，1996 年版，第 93 页。

② 郭书春，刘钝校点：《算经十书》（二），沈阳：辽宁教育出版社，1998 年版，《孙子算经序》。

括、李复是从纯粹（理论）数学的角度认为"数"是数学的研究对象是一样的。视角虽然不一样，但是殊途同归，其结论是一样的。为了验证这一个观点的正确性，再多看几位数学家对数学的研究对象所持的观点。

南宋数学家秦九韶提出了"数与道非二本"（《数书九章序》），并认为数学"大则可以通神明，顺性命，小则可以经世务，类万物"。[①]第一句话把"数"提高到"道"地位，"道"中国哲学的本体论领域中的重要概念，这样就把"数"提高到本体论的地位。第一句话可以说与毕达哥拉斯学派的"万物皆数"观念是一样的。第二句主要体现为数学的广泛应用性。第二句话同样可以得出秦九韶认为的数学研究对象就是　"数"，这点与刘徽、沈括、李复所认为的数学对象是相同的。

南宋数学家杨辉在《日用算法序》中说："万物莫逃乎数，是数也，先天地而已存，后天地而已立，盖一而二，二而一也。"[②]其译文为：世界上一切事物没有能离开数而存在的，数在天地产生之前就已经存在了，在天地产生以后就什么也离不开它了，天地和数是一个事物的两个方面，它们实际上就是同一个东西。"万物莫逃乎数"，一方面"数"是数学的研究对象。另一方面"万物"都受到"数"的支配，认为是"数"应用的广泛性导致了"万物莫逃乎数"；另外，从《日用算法》中的"日用"两个字就很容易认识到，这是杨辉站在应用数学的角度，认为数学研究对象是"数"，不可否认杨辉在理论数学方面也是有重要贡献的，例如，杨辉对幻方研究在当时世界上是一流的。

由于中国传统数学是以应用数学为主，在应用数学的基础上很容易产生"万物皆数"的观念，很容易把"数"当作数学研究对象，而这种观念与刘徽、沈括等所谓纯粹数学的研究对象是相同的，这种"万物皆数"的形成与古希腊毕达哥拉斯学派"数本源"的观点基本上是一致的。其实毕达哥拉斯学派也是在实践的基础上总结归纳出"万物皆数"观念的。既然"数"是中

[①] 王鸿钧，孙宏安著.《中国古代数学思想方法》，南京：江苏教育出版社，1989 年版，第 153-154。
[②] 同上，第 154 页。

国传统数学的研究对象。那么它的存在性如何呢？

3.2.3 中国古代数学研究对象的存在性

首先看看中国古代哲学中研究对象的存在性，然后以此推出中国古代数学研究对象的存在性，这样做的原因是中国传统数学是受到中国传统文化，尤其是"儒释道"三家哲学影响的，甚至有很多的数学家都是儒学出身，这就为更好地理解中国古代数学家在数学上的本体论提供了理论依据。而且根据传统哲学的研究对象的存在性可以推导出中国传统数学研究对象的存在性，如果在结论上与中国传统数学家的数学哲学观念大体上是一致的，那么这个推出的理论更具有普遍性。第一部分就是中国古代哲学研究对象的存在性；第二部分由中国古代哲学研究对象的存在性推出中国古代数学研究对象的存在性；第三部分由中国古代哲学本体论的存在性推导出中国古代数学家认为数学的研究对象是抽象地存在于可感或具体的事物之中；第四部分是个别中国古代数学家对数学对象存在性的理解，而这种理解与由中国古代哲学的研究对象的存在性推导出的中国古代数学哲学研究对象的存在性大体上是一致的。

儒道两家在先秦时期都强调本体与世界或物的同在性，而没有把"形而上之道"与"形而下之器"截然分开。庄子的"道无所不在"，而《易传》中"乾坤成列而易立乎其中"也体现了这种思想①。理学的集大成者朱熹以"理"作为本体论核心范畴，但是当时的理学家另一个代表人物陆九渊不认为朱熹的"理"为本体论核心范畴，而是以"心"为本体论哲学范畴，并认为"为学之道"并不是穷究外在的天理，而应当发明本心。程朱理学构建一个世界的哲学观，但是留了一个尾巴，程朱理学并没有把"自在之物"转化为"为我之物"，这个问题是陆九渊与王阳明完成的②。由于儒家哲学主要是人生哲学，是道德哲学，对人行为的规范的"道"肯定不会在天上，也不会

---

① 宋志明著.《中国传统哲学通论》（第3版），北京:中国人民大学出版社，2013年版，第105页。
② 同上，第250页。

在柏拉图"理念的世界"之中，而只能在人心中，这就是本体与物的一体性的一个特例，但是这个特例可以推广。事实上，庄子已经推广，他认为道无所不在的思想正是这种观点的推广。

魏晋时期，哲学家王弼提出了"贵无论"，裴頠提出了"崇有论"，而郭象提出了"独化论"。宋志明教授认为："严格地说，他们（王弼、裴頠、郭象）各自标榜的本体，仍然是与现实世界密切相关的抽象的本体，而不是处在现实世界之外的超越本体。他们的本体论思考仍然限制在中国固有哲学的框架之内，因而他们无法对本体超越性作出充分的说明，无法在现实世界之外打造一个纯粹的精神世界，无法满足人民对超越本体的精神需求。"[①]该段引用说明了三位哲学家认为的本体是在物之中的，而且也是抽象的存在，这与下文所说数学对象是抽象地存在具体的或可感的事物之中的观点也是有一致性的。最初中国古代佛教认为，要想成佛需要坐禅、念经等一套繁文缛节，更为重要的是佛是外在的，这就是印度化的佛教；但是后来唐朝的六祖慧能禅师认为，"成佛"不是向外求的，应该向内求。心中有佛，顿悟成佛，佛在心中，不在心外。因此，成佛没有妙道，而是在普通的砍柴担水世俗现实生活之中实现的[②]。这样慧能禅师就把至高无上的佛教给世俗化、大众化、本土化了。其他的佛教宗派，像唯识宗、华严宗、天台宗也像禅宗一样最终实现了把彼岸世界内化为此岸世界，化外在超越为内在超越，最终在中国的佛教几乎都变成了中国化的佛教，实现了物与本体（如"道"）的一体性。谢丰泰教授认为"体用不二"是中国哲学本体论的特质。他认为，儒家、玄学家、道家、佛家的"体用不二"的含义是体用不可分，合为一体[③]。蒋国保教授认为中国古代本体论思想的主要特征有两个：一个是本体与现象不分，中国哲学之本体自产生以来就没有脱离过现象世界[④]（这也为用现象学

---

① 同上，第108页。

② 同上，第114-115页。

③ 谢丰泰：《试论中国哲学本体论的特色》，《西藏民族学院学报》（哲学社会科学版）2006年第4期。

④ 蒋国保：《中国古代哲学自有其独特的本体论——读方光华近著<中国古代本体思想史稿>》，《西北大学学报》（哲学社会科学版）2005年第3期。

研究中国古代数学教育哲学奠定了基础）。龚隽认为，个体存在于现象之中，而不是之外，这点和海德格尔的存在即是存在者的存在的意思是大体一致的①。中国古代哲学总体上来说，本体融于物之中，或本体就在万事万物之中，或者说"道"与"器"是统一的或者说"道器一体"。

大多数中国传统哲学家都把本体与物的关系看成是一体的，而且传统社会是一个只有此岸世界，而没有来世的彼岸世界的现实主义社会。即使是佛教想打造一个彼岸世界，但是最终被中国传统文化给化解为此岸世界。在一个世界观念之下无法建立现实世界与理论世界的同构关系。在这种中国古代哲学观念之下，是无法产生柏拉图的"理念论"的，因为"理念论"至少需要有两个世界，中国古代社会没有。因此，中国古代数学的研究对象也应该像中国古代哲学的研究对象一样存在于可感或具体的事物之中，而不是存在于物之外另一个客观的理念世界。具体来说就是"数"存在于可感或具体的事物之中的数学哲学思想。至于为什么是具体呢？中国古代哲学中的"道"虽然是抽象的，是看不见摸不着的，但是"道"所存在的地方是具体的。例如，当东郭子一定要庄子指明究竟"所谓道，恶乎在？"庄子的回答是"无所不在"。东郭子一定要庄子指明道究竟在哪里，庄子的回答是"在蝼蚁""在稊稗""在瓦砾"，极而言之，"道在屎溺"。实际上庄子的说法就是"道无所不在"。②这就说明了"道"是存在于具体的或可感的事物之中，这是从中国古代文化的角度分析了中国古代数学的研究对象"数"只能是存在于可感或具体的事物之中。

从中国古代哲学的"知行观"的角度来讲，中国人对"知"的要求是附带，关键是对"行"的要求。"行"的世界是现实的世界，但是"知"的世界只是存在于"行"的世界之中，因为没有"行"，"知"就失去了存在的意义与价值。从传统社会"知行观"与中国古代哲学的本体论也是一致的，也就是本体（知的对象）寓于事物（行的对象）之中。由中国传统社会的"知

---

① 龚隽：《从哲学本体论、方法论看中国哲学的现代意义》，《社会科学家》1992 年第 6 期。

② 孙通海译注：《庄子》，北京：中华书局，2007 年版，第 303 页。

行观"也可以大致推出中国古代数学研究对象"数"只能存在于具体的事物之中，而不能存在事物之外。其实还可以通过其他的方式推出中国古代数学研究对象"数"的存在方式。由于中国传统数学是经验数学，这也决定了数学对象应该存在于具体或可感的事物的实践活动之中，而人类的实践活动是具体的，而不是脱离可感或具体的事物而在现实生活之外存在的，实际上这种观点推出的结论与以上的知行观得出的结论也是一致的。

　　上段说到数学对象存在于可感或具体的事物之中，一个问题是这种存在是抽象的存在还是具体的存在？毕达哥拉斯对于数学对象是具体的存在还是抽象的存在却是处在模棱两可之间[①]。因此，对于中国古代数学哲学来说，这个问题很有必要澄清。中国古代哲学在本体论上是"道物一体"的观念。物是存在的，"道"只能抽象地存在于物之中，而不可能是具体的存在。如果是具体的存在，那就不是"道"了，而是"器"了，如果是具体存在，请问"道"存在何方？是什么样子的？根据中国古代哲学的本体论，数学哲学上的本体论或数学研究对象的存在也肯定是抽象的存在，是观念的存在。如果说是具体的存在而不是抽象的存在，请问数字"1"具体存在这个世界的哪个地方？因为在中国古代一个现实主义世界观文化所决定的数学研究对象，只能是抽象地存在于可感的或具体的事物之中的，没有另外的世界存放这个"数"。诚如史宁中所说："抽象了的东西是不存在的，它只表示于每一个具体之中。"[②]从中国传统社会的"知行观"也可以推出数学对象是抽象的存在，而不是具体的存在；从中国古代数学是经验数学也可以推出中国古代数学哲学的研究对象"数"是抽象的存在，而不是具体的存在。可以验证一下这种理论与中国古代数学家的观点是否一致。《孙子算经》上的"物不知数"问题，原题如下："今有物不知其数，三三数之剩二，五五数之剩三，七七数之剩二，问物几何？"答曰："二十三。"[③]"数"与"物"都是抽象

---

①　林夏水著.《数学哲学》，北京：商务印书馆出版，2003 年版，第 38 页。

②　史宁中：《数学的抽象》，《东北师大学报》（哲学社会科学版）2008 第 5 期。

③　李文林著.《数学史概论》（第二版），北京：高等教育出版社，2000 年版，第 89 页。

的产物，而且数也没有单位名称，显然是从很多事物之中抽象出来的，这说明中国古代数学已经开始从具体事物中把数量关系给抽象出来。这标志着《孙子算经》的作者已经认识到数学研究对象的存在是抽象的存在。根据中国古代哲学的研究对象的存在性就可以推出了中国古代数学哲学的研究对象的存在性是，数学研究对象抽象地存在于可感或具体的事物之中。下面要针对个别的中国古代数学家对数学研究对象的存在性的理解进行检验，看是否与以上理论推出的结论具有一致性。

刘徽在《九章算术注序》中说："至于以法相传，亦犹规矩度量可得而共，非特难为也。"① 李冶在《测圆海镜序》中说："彼其冥冥之中，固有昭昭者存。夫昭昭者，其自然之数也。非自然之数，其自然之理也"和"数一出于自然。"② 郭书春教授认为以上两段引文表明，刘徽与李冶两位数学家在本体论上认识到数学是人们对客观事物的空间形式和数量关系抽象思维的结果，是不独立于客观事物而单独存在的③。可见以上这种观点与上面理论推出结论是一致的。

另外，传统数学家在建构自己的数学本体论时，也总是借鉴一些传统哲学家的思想，从留下的一些蛛丝马迹中可以看到。杨辉在他的《日用算法序》中说："万物莫逃乎数，是数也，先天地而已存，后天地而已立，盖一而二，二而一也。"④ 老子说："有物混成，先天地生。独立而不改，周行而不殆，可以为天下母。"⑤ 可见二者之间显然有相同之处。一个是"先天地生"，另一个是"先天地而已存"，而且在观念上"道"与"数"都是先于天地而出现的。杨辉的观点其实是把"数"看成了宇宙万物的本体，说"数"存在于万物之中的，而不能分开。但是说具体的存在还是抽象的存在，"万物"及"数"都表明存在方式是抽象的存在。

---

① 李迪主编：《中华传统数学文献精选导读》，武汉：湖北教育出版社，1999年版，第42页。
② 同上，第322页。
③ 郭书春：《关于中国古代数学哲学的几个问题》，《自然辩证法》1988年第3期。
④ 王鸿钧，孙宏安：《中国古代数学思想方法》，南京：江苏教育出版社，1989年版，第154页。
⑤ 贾德永译注：《老子译注》，上海：上海三联书店，2013年版，第57页。

　　《孙子算经序》中说："夫算者，天地之经纬，群生之元首，五常之本来，阴阳之父母，星辰之建号，三光之表里，五行之准平，四时即始终，万物之祖宗，六艺之纲纪。"①这种观念就是"万物皆数"的观念。"数"本身就是从"万物"中抽象出来的，就不能是具体的存在，而只能是抽象的存在。尤其是"万物之祖宗"体现的更是一种本体论意义上的存在。数学家秦九韶认为"数与道非二本""大则可以通神明，顺性命，小则可以经世务，类万物"。②"道"是中国古代哲学本体论意义上的本体之一，既然是"非二本"，那么"数"就是古代哲学本体论意义上的研究对象，根据第二句可知 "数"是数学的本体或研究对象。这种存在肯定是抽象的存在，"类万物"这就是一种抽象，就是把"数"从万物之中抽象出来。宋代学者李复认为："物生而后有象，象生而后有数""数出天地之自然也。盖有物有形，有形则有数也。"（《掬水集·答曹钺秀才书》）这种观点同样表达了数抽象地存在于可感事物或具体事物之中。大数学家李冶的数学哲学思想之一是"道技统一"的思想。在《敬斋古今黈·拾遗卷五》他说："道术云者，谓众人之所由也。故从所由言之，道即术，术即道"。③这种观念与儒家文化的"道在器中""体用不二"等观点是一致的。显然以上这些观点与亚里士多德认为"数学是抽象地存在于可感事物之中"的观点是相同的或类似的。亚里士多德是一个物理学家，重视实践，这点与中国古代数学具有相通性，因为中国古代数学也是主要是经验数学。中国传统哲学是人生哲学，也是实践哲学，这点与亚里士多德物理学家需要实践是一致的。柏拉图的两个世界，甚至三个世界的理念论的思想与中国传统文化是格格不入的。从这个意义上讲，中国古代数学哲学都不是柏拉图在数学哲学上的"实在论"，而是很类似于亚里士多德的在数学上的"反实在论"的思想。

　　根据中国古代数学家以上观点，会发现这些观点与上面有中国古代哲学

---

① 王鸿钧，孙宏安：《中国古代数学思想方法》，南京：江苏教育出版社，1989 年版，第 153 页。

② 同上，第 153-154 页。

③ 周瀚光，孔国平著：《刘徽评传》，南京：南京大学出版社，1994 年版，第 122 页。

本体论推出的"古代数学对象是抽象地存在于可感或具体的事物之中"的结论大体上是一致的。这就说明了中国古代哲学对古代数学哲学具有重要的指导意义，有很多的观念是相通的。这种相通的原因至少有两个：一个就是文化的共同性；另一个是很多的数学家是儒释道出身或受到儒释道三家思想的影响。总体上来说，中国古代数学哲学的研究对象"数"不是不存在，也不是像柏拉图所说存在于另一个客观的理念世界，而是抽象地存在于可感或具体的事物之中，这是由于中国传统社会只有一个世界，就是现实生活的世界决定的，这也是由中国古代哲学的"道器一体"的本体论决定的。

3.2.4　中国古代数学哲学的本体论小结

本段内容主要通过分析中国古代数学家遗留下来的书面资料，认为他们所强调的数学研究对象就是"形"与"数"，更简单说是"数"。在确定中国古代数学研究对象之后，考察中国传统哲学的本体论，认识到中国古代哲学的本体的一个特点是具有"体用不二"或"道器一体"或"道在器中"的性质，这种观念肯定影响中国古代数学家的数学哲学观念在本体论上的理解，因为中国古代数学家肯定要受到中国传统文化，尤其是受到中国古代哲学的影响，在数学哲学本体论观点与中国古代哲学家的本体论观点应该有一致相通性。因此，可以据此推出中国古代数学家认为的数学对象是存在于可感或具体的事物之中，而不是之外。还可以根据中国古代数学是经验数学，推出数学研究对象是存在于可感的或具体事物之中；也可以根据中国古代社会的"知行观"推出这一结论。至于是具体的存在还是抽象的存在，根据中国古代哲学的"道在器中"的观念肯定是抽象的存在，而不能是具体的存在，同样可以通过中国古代社会的知行观和中国古代数学是经验数学来推出这一结论。这种依据中国古代哲学与中国古代数学哲学的关系推出的理论与个别中国古代数学家所认为的数学研究对象的存在性大体上是一致的，但是推理推出的结论更具有普遍性，可以了解更多、没有留下相关资料的数学家或数学哲学家对数学研究对象及存在性的认识。

3.3　中国古代数学的认识论

中国古人对数学的认识一方面依靠主客二分下的实践活动，另一方面在主客合一的文化下依靠自身对数学的参与、体验的方式，这两种认识对数学的认识途径反映在数学的真理观上就是符合论的真理观与参与体验式的真理观。前一种真理观类似于自然科学认识论的真理观，后一种真理观类似于哲学诠释学强调的人文科学认识论的真理观，这些也反映了中国古代数学是具有自然科学与人文社会科学的性质。从哲学的"实然"与"应然"的视角来讲，中国古代数学的认识论与价值论是统一的，这种统一性反映了中国古代数学的科学精神与人文精神的高度融合性，也反映了中国古代数学认识论中的真理观只能是相对的真理观。

3.3.1　认识论概述

哲学认识论是指研究人类认识的发生、发展过程和认识的本质的理论。马克思主义的辩证唯物主义哲学揭示了认识发生、发展的基本路线是：实践—认识—再实践。数学作为一门认识或认识成果，与其他科学知识一样也存在认识论的问题，其认识的发生和发展过程同样遵循着实践—认识—再实践的认识路线。但是，由于数学对象（量）的特殊性和抽象性，就产生了与其他科学不同的、特有的认识方法——演绎方法①。事实上，上面的观点强调的是纯粹数学，中国古代数学是纯粹数学与应用数学的混合物，这就说明了中国古代数学的认识论具有一般数学认识论的普遍的特点之外，也有自身的特殊性。这个特殊性就表现在哲学诠释学强调的参与体验的认识方式或理解方式，这反映了中国古代数学的人文性质。

---

① 林夏水著.《数学哲学》，北京：商务印书馆，2003 年版，第 300 页。

由于中国古代哲学虽然很少有西方长期以来占有主流地位的"纯粹理性",但是却有发达的"知行观",而且在很多情况下更加重视"行","行"大体上类似于"实践"。这就是说中国古人对数学的认识一方面是依靠实践的方式,这种方式类似于西方自然科学研究的方式,强调的是"主客二分"基础上依靠实践活动的认识方式;另一方面由于中国古代社会具有"天人合一"的文化观念,在这种主客不分的文化观念下,强调认识主体(个人)参与或体验或感悟的方式认识数学知识或真理,这种方式与伽达默尔哲学诠释学强调的依靠参与和体验的方式来认识或理解一些精神科学或人文学科的思想是一样的①。这就是说中国古代数学的认识方式主要反映在实践、参与、体验等几个方面。

通过实践或参与或体验是否能够认识数学是中国古代数学认识论的一个首要的问题,由于数学的真理观也是认识论的重要内容,以上中国古代数学的认识论主要是通过实践、参与和体验的多种方式获取的,这也反映了中国古人在数学上的真理观一方面是实践活动的真理观,另一方面也是参与体验的真理观。"实然"与"应然"是哲学中的两个重要的维度,中国古代数学认识论是如何处理这样两个维度的呢?这就是下面的内容。

3.3.2　可知的认识论

中国传统观念一般认为是"学而知之"(笔者认为对应的教育观念就是大众教育)而非"生而知之"的观念。孔子说:"吾非生而知之者,好古,敏以求之者也。"②实际上在《论语》中孔子从来没有赞许"生而知之",而与此相反的是他对"学而知之"大加赞扬③。《学记》说:"人不学,不知道";"学然后知不足"④。唯物主义思想家王充也强调"学而知之"的观念。他说:

---

① 潘德荣著.《西方诠释学史》(第二版),北京:北京大学出版社,2016年版,第270-293页。

② 陈晓芬,徐儒宗译注:《论语·大学·中庸》,北京:中华书局,2011年版,第81页。

③ 乔炳臣,潘莉娟著.《中国古代学习思想史》,北京:人民教育出版社,1996年版,第53页。

④ [西汉]戴圣编,刘小沙译:《礼记》,北京:北京联合出版公司,2015年版,第70页。

"不学自知，不问自晓，古今行事，未之有也""故智能之士，不学不成，不问不知。"①（《论衡·实知》）

中国古代数学也秉承了"学而知之"的文化观念，强调了数学的可知性。中国古代数学家的这种可知论其实可以分为两种：一种是数学可知，另一种是自然现象、社会现象等可以通过数学这个工具来认识。可知的认识论是中国古人学习数学的哲学基础。三国时期数学家赵爽在《周髀算经注序》中说"爽以暗蔽，才学浅昧。邻高山之仰止，慕景行之轨辙。负薪余日，聊观《周髀》。"②赵爽的这种可知论不仅是数学的可知论，而且在更多的成分上是以数学为工具达到在天文学上的可知论的目的，因为《周髀算经》是数理天文学著作。唐朝数学家王孝通在"上《缉古算经》表"中说："臣长自闾阎，少小学算，镌磨愚钝，迄将皓首，钻寻秘奥，曲尽无遗。"③王孝通是从小开始学习数学，直到头发都白才学有所成。以上这两位都是通过自学而成为数学家的。他们对数学在学习上所秉持的观点就是可知的学习观，如果数学是不可知的，他们也不会这样执着地研究数学。南北朝时期数学家祖冲之在《辩戴法兴难新历》说："迟疾之率，非出神怪，有形可验，有数可推。"④这句话意思是说，天上日月星辰的运行快慢的规律，不是什么神怪的作用，它是有形体可供检验、有数据可以进行计算和推演的。这就从一个侧面揭示祖冲之对一些自然现象秉承着一种可知论的观点。《孙子算经序》有这样的一段话："夫算者，天地之经纬，群生之元首，五常之本末，阴阳之父母，星辰之建号，三光之表里，五行之准平，四时即始终，万物之祖宗，六艺之纲纪。"⑤这种观点强调认识万物以数学为工具而达到可知的目的。宋元数学家李冶在《测圆海镜序》中说"数本难穷，吾欲以力强穷之，彼其数不惟不能得其凡，而吾之力且惫矣。然则数果不可以穷耶？既以名之数矣，则又何为而不可穷

---

① 乔炳臣，潘莉娟著.《中国古代学习思想史》，北京：人民教育出版社，1996 年版，第 199 页。

② 郭书春，刘钝校点：《算经十书》（一），沈阳：辽宁教育出版社，1998 年版，见《周髀算经序》。

③ 李迪主编：《中华传统数学文献精选导读》，武汉：湖北教育出版社，1999 年版，第 170 页。

④ ［梁］沈约撰：《宋书》（一），北京：中华书局，1999 年版，第 213 页。

⑤ 王鸿钧，孙宏安著.《中国古代数学思想方法》，南京：江苏教育出版社，1989 年版，第 153 页。

也。故谓数为难穷，斯可；谓数为不可穷，斯不可。何则？彼其冥冥之中，故有昭昭者存。夫昭昭者其自然之数也，非自然之数其自然之理也。数一出于自然，吾欲以力强穷之，使隶首复生，亦未如之何也已。"①李冶不仅强调数学的可知性，而且也进一步强调是按照数学的规律去认识数学的，而不是强行地去认识数学，这就是李冶在数学上的可知论。另一位宋元数学家秦九韶在《数书九章》的"治历演纪"题中写道："数理精微，不易窥识，穷年致志，感于梦寐。幸而得知，谨不敢隐。"②秦九韶用自己的亲身经历说明了数学虽然很精妙，但是通过努力地钻研是可以认识的。秦九韶在《数书九章序》中又说："（数学）大则可以通神明，顺性命，小则可以经世务，类万物。"③秦九韶的这种观点不仅是强调数学本身的可知性，而是强调人们对万物的认识通过数学这个工具而达到可知。数学家杨辉也强调"知片段，则能穷根源""撰成百问，信知无穷④，前者强调由局部认识整体的思想，后者体现了用有限认识无限的观念。杨辉对数学的认识秉持了一种乐观的态度和坚定的信心。

中国古代教育在"知"与"行"的关系上一般秉承的都是"行"与"知"相结合的观念。这种观念应用在数学上就是说数学知识获得或被认识可以通过实践或参与体验达到这一目的。以上数学家的观点不仅是他们生活数学实践活动的结果，更是他们用对数学的一种参与体验的心得体会。

中国古代数学的可知论是学习数学的一个前提，如果数学是不可通过学习获得，而是天生的，这对少数的所谓精英分子来说，是没有多大损失的，但是对于广大的、处于社会中下层的人民群众来说，这将是莫大的不幸，因为这种观念打击了他们学习数学的积极性。很幸运在中国古代社会并没有西

① 李迪主编：《中华传统数学文献精选导读》，武汉：湖北教育出版社，1999 年版，第 322 页。

② [宋] 秦九韶原著，王守义遗著，李俨审校：《数书九章新释》，合肥：安徽科学技术出版社，1992 年版，第 125 页。

③ 王鸿钧，孙宏安著.《中国古代数学思想方法》，南京：江苏教育出版社，1989 年版，第 153 页。

④ 佟健华，杨春宏，崔建勤等著.《中国古代数学教育史》，北京：科学出版社，2007 年版，第 276 页。

方那种"天赋观念"占有统治地位的认识观，基本上都是"学而知之"的认识观，这就为在中国古代社会中下层人民普及数学教育提供了一个认识论的理论基础，这就是一些学者强调的中国古代数学是"大众数学"在认识论上的根源①。"大众数学"这个口号在西方最早由荷兰数学家、数学教育家弗赖登塔尔倡导的②。从哲学诠释学的视角来看，数学是可以认识这本身也是对于数学的一种理解，这就是伽达默尔哲学诠释学强调的人文科学区别于自然科学的方法主要就是参与进去体验③。也不否认，数学是不可认识的也可能是一种对数学的理解。从伽达默尔实践的哲学诠释学的视角来讲④，可知的中国古代数学认识论除了有来自实践活动的内容之外，数学学习者依靠自身的参与体验也是认识数学的一个重要方面。

3.3.3　主动的认识论

所谓主动的认识论是指在主体人在认识对象（客体）面前不是消极被动的认识，而是积极的发挥自己的主观能动性。说中国古人对数学认识的主观能动性主要依据是从中国文化，尤其是从中国古代哲学得出的。中国古人一般来说只有一个现实主义的世界观念，这反映了中国人都是伟大的现实主义者，都是很务实的，也是勇于面对现实生活的。从"天道酬勤""愚公移山""卧薪尝胆""孙康映雪""凿壁偷光""闻鸡起舞""枕戈待旦"等一些成语故事中可以得知中国人的认识论是积极的认识，是发挥主观能动性的认识论。这些思想反映在数学上就是积极的或主动的认识论，可以说是一种"天行健、君子以自强不息"的认识论。

数学是心智的科学或数学是思维的科学，这种观点是很现代的，似乎这

---

① 张孝达：《大众数学与中国古代数学思想——21 世纪的中国数学教育》，《课程·教材·教法》1993 第 8 期。

② 涂荣豹著．《数学教学认识论》，南京：南京师范大学出版社，2003 年版，第 14 页。

③ 洪汉鼎著．《诠释学：它的历史和当代发展》（修订版），北京：中国人民大学出版社，2018 年版，第 86 页。

④ 潘德荣著．《西方诠释学史》（第二版），北京：北京大学出版社，2016 年版，第 324-367 页。

种对数学的看法与中国古人对数学的认识是八竿子打不着的，事实上并非如此。春秋晚期齐国名相管仲在《管子·七法》中讲："刚柔也、轻重也、大小也、实虚也、远近也、多少也，谓之计数。"[①]这就涉及六对范畴，可以归为两类：一类属于几何，另一类属于算术，因为在这六类范畴中涉及数量与空间关系，这可能是中国历史上最早的对数学研究范围给出的"定义"，也可以说这是管子所认为数学的研究对象。管子事实上给数学下了一个定义，当然这个定义不太科学从今天看来，但是管子也至少从外延的角度说明了数学的研究范围或内容，而且这个内容具有抽象性，因为"刚柔""轻重""大小""实虚""远近""多少"这些都是抽象的概念，在现实世界是不存在的，是人们实践的产物，但更是心智的产物，因为这些都是依靠自身参与进去并体验或感悟或实践得到的，这就说明了管子虽然认识到了数学研究内容表面上来自外部的客观世界或自然界的，但是数学研究内容还需要依靠心智的主观能动性去认识，这也反映了中国古人强调心智在认识数学方面的主观能动的重要性。

道家学说的创始人老子的"善算不用筹策"[②]的思想也反映了数学学习在低级阶段就是一门"技艺"，是需要依靠算筹作为工具的，但是当数学学习到了高级阶段，数学就变成了心智的学问，作为计算的工具"筹策"是可以扔掉的。老子的这句话包含的数学哲学思想是很丰富的，学习者在数学的认识中，第一个阶段的"数学"是作为一门工具或技艺的学问，是需要实践的，这种观念就是实践的数学认识论，但是当"数学"认识进入了第二个阶段，就摆脱了"筹策"这个工具，不再依靠"筹策"的实践作为认识数学的方式，而是依靠内心的体验或感悟来认识数学。从这个意义上讲，中国古代数学的认识论又具有哲学诠释学所强调的依靠自身的参与和内心的体验的性质。从依赖计算工具到摆脱计算工具，而发挥心的主观能动性，这就反映了老子在数学认识论上的积极主动的思想。

---

① 李山译注：《管子》，北京：中华书局，2009 年版，第 58 页。
② 贾德永译注：《老子译注》，上海：上海三联书店，2013 年版，第 61 页 。

中国古代哲学家荀子在《荀子·正名》指出："天官"（感观）必须有"天君"（心）统帅，才能"缘耳而知声""缘目而知形"。[①]这就说明了虽然知识来源于感觉，知识首先与感觉打交道，但是知识最后的决定者还是心智作出判断的产物，这就是说知识的获得还需要积极地发挥主观能动性的作用。

北宋科学家、数学家沈括似乎继承了荀子的思想。沈括说："予占天候景，以至验于仪像，考数下漏，凡十余年，方见真数。"[②]翻译成现代汉语大意是这样的：我观察天象、测量日影，并用浑仪、浑象进行校验，考核数据，操作刻漏共十余年，才初步得出合乎实际的数据。这就是自然科学的实践精神，这就是实践出真理的观点。但是沈括还有另一种认识方式，沈括又说："耳目能受而不能择，择之者心也。"[③]这就是说人们通过感官来接受客观世界的信息，但是不能依靠感官去辨别，必须依靠思维，才能由此及彼、由表及里，形成对数学或自然科学的理性认识。这就反映了数学既是来源于实际，又必须经过人类思维活动的挑选或认可才能获得，这就是说知识或真理的获取，要发挥人的主观能动性。另外，沈括这种观点很难说仅是自然科学的认识论，因为沈括强调心智的重要性，这就是伽达默尔哲学诠释学强调的有身心的参与和体验的成分，这就是哲学诠释学所提倡的认识或理解事物的方式。这种观点似乎是把中国古代数学与古希腊数学的观点融合起来了。在古希腊人看来，数学是心智的产物，而中国古代数学一般认为数学是经验实践的产物。因为西方数学是演绎证明的学问，需要的是心智，而中国古代数学最初是以算筹为工具，也就是摆设小木棍进行计算的，这本身就是一门技术活，当然偏向于实践了；但是沈括强调了数学研究中心智的重要性，这就说明了中国古代数学发展到沈括北宋那个时期，算筹在中国古代数学中的地位也可能是降低了，中国古代数学家也逐渐地认识到数学不仅是依靠算筹，更多的是需要依靠心智作出判断，更需要发挥人（心）也就是主观能动性。沈

---

① 齐振海主编：《认识论探索》（修订版），北京：北京师范大学出版社，2008 年版，第 191 页。
② （宋）沈括撰，胡道静校注：《梦溪笔谈》，北京：中华书局，1958 年版，第 82 页。
③ （宋）沈括：长兴集，《载<沈氏三先生文集>》，明刻本，卷 32。

括像管子、老子等一样不仅强调实践经验的重要性，而且更加强调心智的重要性，而心智的重要性本身就有哲学诠释学提倡的参与和体验的成分。"数学是心智的产物"这种观点比所谓的"数出自然"更为科学可靠，更为积极有为。沈括这种观点强调在数学学习或认识上发挥人的主观能动性的思想是值得肯定的，这在一定程度上反映了中国古人对数学认识的主动性或能动性。这种主动性或能动性促进了中国古代数学的发展。

3.3.4 符合论的真理观与参与体验式的真理观

首先，在这里需要解释一下所谓"符合论的真理观"。亚里士多德在《形而上学》一书中指出："凡以不是为是，是为不是，这就是假。凡以实为实，以假为假，这就是真"[①]。按照他的这种看法，命题或判断是对客观事物的性质、状态或关系的描写或陈述，因此它们的真假完全取决于它们是否与对象符合。如果一个命题对相关的事物作出了如实的描写，它便是真的。否则，它便是假的。真理就是命题与相关的事实之间的一种一一对应的符合关系。亚里士多德的这种观点很适合于自然科学——因为是通过实践得出事实，进行比较看是否符合事实，但是数学上的逻辑演绎的真的不是事实的真或认识的真，而是逻辑的真。检验认识上的真理与检验逻辑上的逻辑真是不同的，前者通过实践检验，后者通过逻辑证明。天文历法是中国古代数学的重要组成部分，像祖冲之、刘焯、张遂振振有词的言说依靠的就是符合论的真理观。祖冲之在《辩戴法兴难新历》说："迟疾之率，非出神怪，有形可验，有数可推""夫为合必有不合，愿闻显据，以核理实""浮辞虚贬，窃非所惧"。[②]《南齐书》中说祖冲之"亲量圭尺，躬察仪漏，目尽毫厘，心穷筹策"。[③]这就是中国古代数学符合论的真理观，这些与西方的符合论真理观是一样的。这种符合论的真理观仅仅类似于自然科学的真理观，也反映了中国古代数学

---

① 胡军著.《知识论》，北京：北京大学出版社，2006年版，第305页。
② [梁] 沈约撰：《宋书》（一），北京：中华书局，1999年版，第212-213页。
③ [梁] 萧子显撰：《南齐书》（第三册），北京：中华书局，1996年版，第904页。

具有自然科学性质的一面。

其次，人文科学与社会科学也是存在真理的，其参与体验就是真理观的理解方式或获得方式。人们通常认为，自然科学与数学科学中是存在真理的，至于社会科学或人文科学中是否存在真理，很多人就不得而知，甚至对此持着否定的意见，因为一些社会现象不是重复出现的，而是没有规律性，也是不好验证的，因此是没有真理可言的。因为自然科学的真理是可以验证的，而数学的真理至少在观念上也就是在逻辑上是存在为真的，在现实生活中也得到了广泛的应用。但是社会科学或人文科学的真理究竟是什么？这是一个值得考虑的问题。事实上，自然科学与数学科学的真理性是被我们人类赋予的，是存在于我们的语言之中的，人文科学或社会科学里的真理，同样也可以被人类创造出来或赋予，只不过这种真理与自然科学与数学科学的真理不同而已，也就是说它们的真理具有自己的呈现方式而已。中国古代数学具有纯粹数学真理的一方面，也有作为像艺术、历史和哲学等人文科学一样，具有人文科学真理的一方面。自然科学的真理观和纯粹数学科学的真理观基本上都是符合论的真理观，那么作为人文社会科学一面的中国古代数学按照伽达默尔哲学诠释学的观点则是参与体验式的真理观。伽达默尔认为，艺术作品的真理的存在不能与它的表现相脱离，并且正是在表现中才出现构成物的统一性。艺术作品的本质就包含对自我表现的依赖性。这意味着，艺术作品尽管在其表现中可能发生那样多的改变与变形，但它仍然是其自身。这一点正构成了每一种表现的制约性，即表现包含着对构成物本身的关联，并且隶属于从这构成物而取得的正确性的标准①。中国古代数学的表现主要体现在应用方面，没有应用的数学著作就有被淘汰的可能性，这里的应用就是一种数学真理的呈现形式，用得不恰当的地方就类似于伽达默尔所说的发生变形与改变。中国古人对数学的认识不是像西方一样通过概念、定理等建构数学的大厦，而是不谈这些，直接面对现实生活中的数学问题，这就是把数学与

---

① ［德］汉斯-格奥尔格·伽达默尔著，洪汉鼎译：《诠释学 I：真理与方法》，北京：商务印书馆，2010年版，第 180 页。

自己以及现实问题看成一个整体来研究或学习。这种普遍联系整体把自己参与进去的认识事物的方式虽然也包含着实践应用的成分，但是更多地包含着主客不分下的依靠内心体验来认识事物的方式，这也反映了海德格尔所强调的理解就是人的此在的一种存在方式，就是与当前境遇有关的联系。当然这个实践和参与体验的过程本身也是一个意义与价值寻找的过程，在这个过程中实现了对数学理解，实现了所谓的在意义中理解，意义只有在实践中才会找到。应用本身就是意义和价值所在。数学知识，甚至科学知识的意义与价值不是放在图书馆中静静地躺在那里睡大觉的纯粹的客观真理，而是在生活实践中获得的应用，在应用中得到发展活的真理。从这个意义上讲，中国古代数学的真理性就具有艺术性的一面。

伽达默尔哲学诠释学的真理观内容是很丰富的，理解是理解者与理解对象文本在理解活动中达到视域融合的过程，精神科学的真理性就蕴涵在这一过程中。用这个观点对照中国古代数学，中国古人应用数学的过程也是一种理解数学的活动，在这种活动中数学科学的真理性就在隐藏中显示出来。另外，教学活动也还是一种理解活动，教学的真理同样也应该隐藏于教学活动之中并在对话中显示出来。伽达默尔哲学诠释学探讨精神科学领域中的真理问题，此一真理不同于自然科学领域的真理，它的突出特点在于它具有主体性、无限性和开放性。伽达默尔着眼于真理与艺术、历史及语言的关系之梳理，来揭示主体对于真理的参与性。中国古代数学本质上讲，在很大程度上和在很多方面就类似于伽达默尔所说的艺术或历史一样，是一门人文科学或者说精神科学，其在认识真理或获取知识上都具有主体参与体验的性质，而且中国古人对真理的认识具有无限性和开放性。中国古代知识的相对性至少与中国古人对真理或认识的无限性和开放性是有关的。伽达默尔说："艺术作品只有当被表现、被理解和被解释的时候，才具有意义，艺术作品只有在被表现、被理解和被解释时，它的意义才得以实现。"[①]中国古代数学只有被

---

① ［德］汉斯-格奥尔格·伽达默尔著，洪汉鼎译：《诠释学 I：真理与方法》，北京：商务印书馆，2010年版，译者序言第 x 页。

注解的时候，只有被应用的时候，只有被理解或解释的时候，其意义才能实现。模仿在伽达默尔那里被认为是对本质的再现。《九章算术》之后的一些学者所著的"算经"几乎都是模仿《九章算术》或注解《九章算术》或编著自己的数学算经的过程，也可以看作是对《九章算术》的本质的再现过程。伽达默尔哲学诠释学颠覆了柏拉图的理念论的观点，因为柏拉图认为，艺术是临摹的临摹，更虚假，离真实的理念的世界更远。但是伽达默尔强调艺术通过表演来显示真理，艺术的真理与表演具有同一性。中国古代数学的真理就是通过像艺术一样，在应用中表现出来的。

中国古代数学不仅具有符合论的真理观，而且还具有参与体验的真理观。这就产生了一个问题，参与体验的真理观与符合论的真理观是什么关系？本书需要回答的是参与体验的真理观不是符合论的真理观。参与体验式的真理观依靠的就是一种内心的参与体验，而且不同的人对事物的参与程度、体验深度不同的，这种方式得到个性的、具体的、特殊的、形象的知识或真理，这是不可能用与事实符合的观点检验其真理的。例如一幅梵高的绘画，是不可能用实践或概念的方式去认识的，依靠的就是参与体验的方式去认识。这就像小学语文课本中"小马过河"的故事一样，动物的身高习性不同，不可能有整齐划一的符合论的真理观，不同人对于相同的事物参与体验的情况是不同的。美学家朱光潜针对一棵大树强调，不同职业的人对大树认识的角度是不同的。画家想把大树当作绘画的素材，木匠想到的是大树能作一个什么具体的东西，农民就是干活累了想乘凉。对待大树的认识不可能是符合论的真理观，我们也不能说以哪一个为标准就是好的。也就是说参与体验式的真理观具有多元性，没有统一的标准，这就不可能是符合论的真理观。这也反映了伽达默尔哲学诠释学强调的对大树这个"文本"人们是以不同的方式理解的。事实上，西方哲学家在一些情况下也强调真理的具体性，例如，黑格尔①。总之参与体验的真理观和实践的符合论真理观是不同的。这就是

① 朱德生，冒从虎，雷永生编著.《西方认识论史纲》，南京：江苏人民出版社，1983 年版，第 306 页。

说人文社会科学可以用参与体验的方式获取真理，这是人文科学独特的不同于自然科学的理解方式。

再次，符合论的真理观与参与体验式的真理观在认识论的比较。姜国柱教授在他的《中国认识论史》的第五章"真理观——检验认识的标准"中虽然给出了九种真理观，但是从总体上来说可以合并为实践的真理观和参与体验的真理观这两大类。他所强调的言必立仪、天命鬼神、金钱权势、天理人心、圣众之言五种基本上偏向于人文科学的参与体验真理观，而名实相符、参验效验、力行实践这三类基本上偏向于自然科学的实践的符合论的真理观。还有一种是庄子的无是非论[①]，这种观点表面上是没有观点，事实上更是一种偏向于依靠主观的参与与内心体验的真理观，更确切地说是一种相对主义、主观主义的真理观，相对主义真理观在一定程度上就是一种参与进去的体验或感悟的结果，而不是依靠实践得出的。像"庄周梦蝶"中是庄子变成了蝴蝶还是蝴蝶变成了庄子，关键看庄子的参与进去如何体验的，绝不是实践出真理的思想。从这个意义上也可以看出依靠参与进去进行内心体验的认识方式是很丰富（占了六种）的，而自然科学的认识方式比较贫瘠，仅仅占了三种。这也验证了中国古代社会有发达的人文社会科学相对于自然科学而言。以上这种比较也说明了在中国古代，参与体验式的真理观比较发达，而符合论的真理观比较少。下面的一个例子更能说明这一观点的正确性。

中国哲学认识论存在的一个证据是春秋战国时期墨家学说的创始人墨子的"三表法"。《墨子·非命上》："何谓三表？子墨子言曰：有本之者，有原之者，有用之者。于何本之？上本之古者圣王之事。于何原之？下原察百姓耳目之实。于何用之？废（发）以为刑政，观其中国家百姓人民之利。此所谓言有三表也。[②]所谓 "本之"，主要是根据前人的经验教训，其依据是求之于古代的典籍；所谓"原之"，是"诉诸百姓耳目之实"，也就是从普通百姓的感觉经验中寻求立论的根据。"本之"是间接经验，"原之"是直接经

---

① 姜国柱著.《中国认识论史》，武汉：武汉大学出版社，2008年版，第485-535页。
② 方勇译注：《墨子》，北京：中华书局，2015年第2版，第286页。

验，都是属于归纳法的范围。所谓 "用之"，是将言论应用于实际政治，看其是否符合国家百姓人民的利益，来判断真假和决定取舍。墨子的"三表法"是中国古代知识论中最大的亮点之一，他对知识的起源、建言标准、分类、传统方法等都有独到的见解。他强调"察之""实之"，重视感觉经验的唯物论。"真正的理论在世上只有一种，就是从客观实际中抽出来又在客观实际中得到了证明的理论"。①墨子认为知识的根源是人民的感知所反映的外界对象。从墨家对数学中最基本的概念给予下定义的方式和逻辑推理的实际来看，可以判断墨家已经把感性认识上升为理性的认识，完成了对知识的认识过程。墨子的"三表法"是不是判断中国古代数学的真理观的标准呢？不是！因为墨子的"三表法"就不是用来检验自然科学，尤其是数学科学标准用的，而是用于检验社会科学的标准，但是对中国古代数学的真理观的研究是有一定的参考价值。这个例子也说明了中国人是关注现实社会生活的，中国古代数学的社会性也可窥一斑。

最后，探讨中国古代数学真理观的种类。林夏水教授认为数学理论的真理性标准有两个：一个是实践的标准；另一个是逻辑演绎的标准②，这是针对纯粹数学而言的，而对于中国古代数学而言，参与与体验也应该成为中国古代数学关于真理性标准的一个重要的方面。因为中国古代数学与古希腊纯粹数学内容不同，而是以应用数学为主，中国古代数学充满了一些主观的精神，充满了自我参与与体验的思想，这种依靠数学家自身对数学参与并体验的思想就是伽达默尔哲学诠释学所强调。中国古代数学具有的人文科学的性质说明了中国古代数学认识论的真理标准可能有三个：一个发达的实践经验标准，这个标准在整个中国古代数学中占据重要的地位；另一个是不发达的演绎证明的标准，这个标准虽然很少用，但是其存在性是不可否认的；第三个标准就是参与体验的标准，这个标准应用性在中国古代甚至要超过实践经验的标准。因为中国古代是"天人合一"的文化，在这

---

① 毛泽东著.《毛泽东选集》（第三卷），北京：人民出版社，1991 年版，第 817 页。

② 林夏水著.《数学的对象与性质》，北京：社会科学文献出版社，1994 年版，第 160 页。

种文化之下主客是不分的。数学家对数学的认识在很多情况下是依靠自身对数学的参与与体验而得到的。中国古代数学的真理观事实上按照自然科学与人文科学的区别或性质来讲，可以分为实践的真理观、参与体验的真理观和逻辑演绎的真理观，在这里逻辑演绎的真理观既不是参与体验式的真理观——因为它没有主观的内容，也不是实践式的真理观——它是脱离实践活动的，但是逻辑演绎的真理观仍然像实践的真理观一样是具有符合论的真理观的思想，也就是说实践论的真理观需要符合现实实践中事实的真，而逻辑演绎的真理观需要符合逻辑的真，二者都是属于符合论的真理观，而且这两类都是在主客二分下的产物，但是参与体验的数学真理观则是主客不分的产物。从理论上讲，因为中国古代哲学倡导的是"道器一体""道在器中""体用不二"等观念，这些观念与中国古代"天人合一"的文化具有一致性。这些观念都同样会影响中国古人对数学的认识。因此，从这个意义上讲，中国古人对数学的认识也具有哲学诠释学意义上的依靠自身的参与体验的性质，而不是仅仅依靠实践和演绎推理去认识数学。人文科学的真理观检验标准不可能用来符合论的真理观来检验，而只能依靠自身的参与感悟或体验去检验。例如毕加索的油画，你无法用实践检验画的真理性，而只能依靠内心的参与体验或感悟画中的真理，这就是人文学科的认识方式。同样，中国古代数学研究者需要依靠内心的参与体验来理解数学的。例如，李冶、秦九韶强调的"数学是'道'的科学"的思想。秦九韶在《数书九章序》中强调"数与道非二本"的思想；另外，他在《数书九章》的"治历演纪"题中写道："数理精微，不易窥识，穷年致志，感于梦寐。幸而得知，谨不敢隐。"[①]这种思想也主要是参与体验的产物。李冶在《测圆海镜序》中说"数本难穷，吾欲以力强穷之，彼其数不惟不能得其凡，而吾之力且愈矣。然则数果不可以穷耶？既以名之数矣，则又何为而不可穷也。故谓数为难穷，斯可；谓数为不可穷，斯不可。何则？彼其冥冥之中，故有昭昭者存。

———————

① ［宋］秦九韶原著，王守义遗著，李俨审校：《数书九章新释》，合肥：安徽科学技术出版社，1992年版，第125页。

夫昭昭者其自然之数也，非自然之数其自然之理也。数一出于自然，吾欲以力强穷之，使隶首复生，亦未如之何也已。"[①]李冶不仅强调数学的可知性，而且也进一步强调是按照数学的规律去认识数学的，但是数学的规律是什么李冶没有说。李冶参与体验到的数学规律与别人参与体验到的数学规律可能是不同的，那么认识数学的方式也应该是不同的，这说明了李冶对数学的认识是建立在自己内心参与体验的基础上的。李冶在《敬斋古今黈遗·卷五》中写道："道术云者，谓众人之所由也。故从所由言之，道即术，术即道也。"[②]这种"道技一体"的观点也是强调数学不仅是"技"也是"道"。这种"数学是道的科学"的思想就是这两位数学家研究数学的哲学诠释学意义上的一种参与体验的心得体会。

3.3.5　认识论与价值论的统一

哲学从某种程度上可以说具有"是"与"应该"这样两个维度。"是"指事实，而"应该"就是指价值。这就像罗素所说："哲学在其全部历史中一直是由两个不调和地混杂在一起的部分构成的：一方面是关于世界本性的理论，另一方面是关于最佳生活方式的伦理学或政治学说。这两部分未能充分划清楚，自来是大量混乱想法的一个根源。"19 世纪末 20 世纪初德国哲学家洛采和新康德主义重新发现了"价值"，并将其作为哲学的中心地位，一般价值论就产生了。这时候人们发现在哲学指向"实然"的世界之外，还存在另一个世界——"应然"即价值世界。哲学应该不仅在事实的世界中有所作为，也应该在"应然"的世界有所作为。事实上，中国古代哲学早就存在价值论的。从应然与实然的视角来讲，中国古代数学家对数学的认识既有实然的成分，又有应然的成分，既追求事实，又追求价值与意义，更为确切地说是二者的融合。

---

① 李迪主编：《中华传统数学文献精选导读》，武汉：湖北教育出版社，1999 年版，第 322 页。

② 佟健华，杨春宏，崔建勤等著.《中国古代数学教育史》，北京：科学技术出版社，2007 年版，第 228 页。

中国古代认识论虽然不发达，但是认识事物的前提中就存在价值和意义，从这个意义上讲，中国古代数学的认识论在"主客合一"的观念支配之下，从来都是"应然"与"实然"的统一，是世界本性与最佳生活方式的有机结合。在数学的认识中，价值与意义首先就凸显出来。例如，中国古代的天文历法首先是应然的——现实生活的需要或者说统治阶级需要，而且天文历法也是实然的，也是追求事实的。《九章算术》则是一个实然与应然的统一，事实与价值的统一的典范例子。中国古代数学就是以计算为主的，当然体现了实用价值，这就是应然的，这就意义，但是实然的成分也是存在的。由于"实然"与"应然"是有很大的区别，甚至二者是相互矛盾的，这种应然与实然的统一具有高度的松散性、非系统性，具有人为的印迹，而不是自然和谐的统一（事实上二者永远无法很好地统一），这种认识论与价值论的统一反映了中国古代数学的人文精神和科学精神的融合统一。这种统一在很多情况下是二者相互融合相互妥协的结果，这种不彻底（事实上不可能彻底地统一，因为这是两个不同的维度）的统一也形成了中国古代数学相对主义的真理观。真理在古希腊人看来应该是纯粹的客观的东西，他们认为的真理具有永恒性和绝对性，因为他们的哲学中不是以价值论为主的，自然科学在他们那里是一支独大的。但是中国古代科学或数学中掺杂了人文的精神，从而使二者得到融合，这种融合，使自然科学或数学在一定程度上向人文弯腰，从而在一定程度上使数学科学或自然科学具有主观性，这种真理观当然只能是相对主义或主观的真理观。这也回答了在中国古代社会为什么对于真理观的认识没有西方那么明显确凿，就是因为中国古代社会把人文精神掺杂到数学与科学中去了，使本来纯粹的数学与科学变成了具有人文精神的数学与科学，从而导致来了真理的相对性。

3.3.6 中国古代数学的认识论小结

以上仅探讨中国古代数学认识论的两点性质和两种不同的数学真理观，

并简单地介绍了中国古代数学认识论与价值论的关系。在数学的真理观上，中国古代数学不仅具有实践出真理的观念和演绎证明的观念，而且也有哲学诠释学所强调的参与体验的真理观，这就反映了中国古代数学的学科性质，中国古代数学不仅具有自然科学的属性，而且还具有哲学诠释学所强调的精神科学或人文科学的属性。从应然和实然的视角分析，中国古代数学的认识论既含有应然的成分，也包含实然的成分，这也反映了中国古代数学具有人文精神和科学精神融合的性质，这也进一步从不同的视角说明了中国古代数学认识论真理观的相对性。中国古代数学认识论的真理观不仅包含了数学的客观内容，也同样把主观的人文精神渗透到中国古代数学认识论中，使中国古代数学具有客观性的同时又被赋予了主观性和相对性的内涵，这就使中国古代数学的认识论既具有科学精神的同时，也不缺乏人文精神。

另外，庞朴从一些相马的故事来挖掘中国文化认识论的内涵，"伯乐相马"事实上就是伯乐通过何种方式认识千里马的[①]。在《庄子》中有一个故事，一个人到某地学习屠龙，经历三年，学有所成，但是无龙可杀，这叫"无所用其技"——没有地方用他的本领。有认识能力，但是没有认识对象，那么这个认识能力也不成为其能力。"谋事在人，成事在天"这也涉及认识论的观点。中国古代的认识论是丰富多彩的或者说是多方面的，但是没有像西方一样系统化理论化的阐释，而是仅以短小精悍的篇幅论证自己的认识论的思想，即使这样也是与现实生活具体的认识对象紧密地结合起来的，可以说中国古代的认识论思想是理论联系实际的认识论，是应用的认识论，而很少有像康德的《纯粹理性批判》一样是纯粹的理性认识论。

---

① 庞朴著.《中国文化十一讲》，北京：中华书局，2008 年版，第 157-164 页。

3.4 中国古代数学的方法论

中国古代数学方法论主要是建立在实践与参与体验的基础上，并受到这个民族的认识论与本体论的制约，总体上来说受到这个民族文化的影响。笔者认为中国古代数学方法论主要体现在《九章算术》和数学家杨辉、沈括的数学思想之中。杨辉与沈括的方法论追求的是针对杂多的、具体的数学问题的一个总体上的宏观的指导思想，强调具体问题具体分析的方法，而《九章算术》中追求普遍真理，解决问题的归纳思想才类似于或接近近代西方数学家笛卡尔和费马的解析几何方法论的思想。中国古代数学的方法论一方面是以主客二分下实践为基础的自然科学的方法论；另一方面就是哲学诠释学强调的在主客合一的观念下的参与体验式的人文科学的方法论。事实上，中国古代数学的方法论应该是这两方面的综合。以往人们总是过多地强调以古希腊数学或现代数学为标准，以自然科学的方法论和数学的方法论为标准来衡量中国古代数学的方法论。现在看来，这种观点过于狭隘。因为中国古代数学不仅含有纯粹数学的成分，更多的包含应用数学的成分，这就说明肯定有与之相对应的数学方法或理解方式，中国古代数学知识或真理的获得还具有哲学诠释学所提出的参与体验的方式，这也是中国数学哲学方法论的重要内容。但是中国古人的这种主客不分的观念十分浓厚，事实上并没有把建立在主客二分观念下依靠实践活动的方式与在主客一体下依靠参与体验的方式区分开，而是二种认识方式的融合，甚至是混合。从这点来说，中国古代数学的方法论的特点是很不明显的。哲学诠释学强调的参与与体验的方式认识真理其实严格上讲不是属于方法论，而是一种本体论意义上的对数学的理解或认识方式，这种认识或理解数学的方式用海德格尔的话来说就是一种此在的存在方式，但是依靠实践活动获取数学知识或真理的方式却是一种方法论，而不是本体论。

3.4.1　方法论概述

中国自古以来就重视对方法的研究。"工欲善其事，必先利其器"就强调了工具或方法的重要性（《论语·魏灵公》）《孙子兵法》中的："不战而屈人之兵，善之善者"更是一种对方法论的深刻领悟，其中的"善之善者"堪称战争中最好的方法，因为一切方法都要围绕这一个方法服务的。"授之以鱼，不如授之以渔"及"点石成金"的故事告诉我们，在中国古代社会也是很重视方法论的研究。"方法"是一个通俗而又重要的概念，但是《辞海》中没有收录"方法"，这就说明了"方法"是一个元概念。"方法论"是哲学中的一个概念，例如马克思主义哲学认为，用世界观去指导认识世界和改造世界，就是方法论，而且世界观与方法论是统一的。数学方法论是数学发展的产物，因为数学的产生和发展总包含着或伴随着数学方法的产生、积累和发展，对数学方法的系统专门研究就形成了数学方法论。徐利治认为："方法论就是把某种共同发展规律和研究方法作为讨论对象的一门学问，而数学方法论主要研究和讨论数学的发展规律、数学的思想方法以及数学中的发现、发明与创新等法则的一门学问。"[1]从徐利治对数学方法论的定义来看，数学方法论主旨在于探讨数学思想方法，以及某些一般性质和规则。所以，它和以解题为目标的侧重于技术性层面的"数学方法"是两个不同的概念。另外，从徐利治的观点来看，数学方法论的内容就应该更宏观一些、更基本一些。林夏水认为，数学研究方法有两种含义，而研究数学本身应用的方法称为狭义的方法，并指出它应该从数学研究中总结出具有普遍意义的，带有规律性的方法[2]。张奠宙、过伯祥、方均斌、龙开奋认为徐利治对数学方法论的定义过于宽泛，并认为数学方法论就是对古往今来的数学知识进行概括、分类、评价，以及如何运用的论述，数学本身就是一种方法，数学的各个分支也都是一种方法，数学方法必须与科学方法有所区别，并把数学方法

---

① 徐利治著.《数学方法论十二讲》，大连：大连理工大学出版社，2007 年版，第 1 页。

② 林夏水:《数学哲学的对象和范围》，《自然辩证法研究》1988 年第 3 期。

分为四个层次①。郑毓信认为科学方法论中所谓"数学方法论"主要是应用数学去解决实际问题，由于其中的关键在于构造出相应的数学模型。因此，这种方法论就可特称为"数学模型方法"。数学模型方法被看成是数学方法论的一个重要内容②。本书采纳了林夏水与郑毓信的观点。林夏水的观点强调了数学方法论就是研究数学方法的方法；由于中国古代数学是以应用数学为主的，而且也是具有数学模型思想的，当然中国古代数学也有不少除了数学模型方法之外的其他方法。本书就是在林夏水与郑毓信对数学方法论思想的基础上，探讨中国古代数学方法论的一些性质特点。同时，中国传统数学的方法论应该具有自己的民族文化特色，也就是说应该具有自己的特殊性。

方法与方法论虽然是不同的两个概念，实际上方法和方法论既有密切的联系，又有本质的区别，二者是辩证统一的关系。从联系的角度讲，方法是方法论的片面的、散乱的、不系统的经验材料，缺乏方法论指导的方法是难以发挥其应有作用的；具体的方法构成了方法论的基础和素材，没有具体方法支撑的方法论仅是抽象的、空洞的，不可能指导人们对方法的运用、总结和提升。从区别的角度来说，一方面，方法论不是各种方法的简单堆积，而是众多具体方法的共性和升华，只有在一定的原理、观点指导下形成的系统化、条理化的方法体系，才能称之为方法论；另一方面，方法仅是方法论研究的对象、加工的材料，是方法论中个别和具体，不在一定原理、观点指导下加以系统化和条理化的方法是不能称之为方法论的③。因此，下面重点介绍中国古代数学家的方法论，而不是方法。下面介绍的中国古代数学家的方法论，基本上可以说是数学方法系统化、理论论的体系，主要介绍中国古代数学的方法论的代表著作和人物的代表思想。

---

① 张奠宙，过伯祥，方均斌，龙开奋著.《数学方法论稿》（修订版），上海：上海教育出版社，2012年版，第4-7页。

② 郑毓信著.《数学方法论》，桂林：广西教育出版社，1991年版，第2页。

③ 陈寿灿编著.《方法论导论》，大连：东北财经大学出版社，2007年版，第3页。

人们现代讲到数学方法中的"方法"，在中国古代数学中对应的概念就是"术"，也就是说中国古代数学中的"术"就是表示方法或算法的意思。《九章算术》的主要内容基本上可以说就是"术"。那么"术"是什么？"术"就是算法。在《九章算术》中一般是首先提出问题，给出答案，再给出"术"，作为一类问题的公共解法。可以这样讲"术"是《九章算术》的主要内容。例如"方田术""约分术""合分术""减分术""割圆术""开方术""方程术"，等等。一共 202 个术，要知道《九章算术》是 246 个数学问题，可见《九章算术》中的方法或算法是不少的。关于"术"译为现代汉语就是"公式"，但是它实际上是公式的计算程序形式。由于《九章算术》是一个开放、归纳的体系，所以是经验性的。实际上归纳也是追求真理获取知识的一种方式，也是在追求普遍性的答案。下面再说另一部数学著作，秦九韶的《数书九章》分为九类共 81 题，每题有"问""答""术""草"。所谓"草"就是把"术"应用于本题时的具体计算过程。许多题的"草"后还附有筹图，即算筹具体摆法的图示。与《九章算术》一样，这里的"术"是解决该类问题的一个算法，但由于书中引入了"草"对"算法"代入本题的具体数据，并用图来具体表示实现这一算法的具体摆法，因而与以前的算书相比较，"术"就更加简练，也更加具有普遍性和抽象性。

3.4.2　中国古代数学的方法论的主要思想

中国古代哲学就是以人生为主的哲学，这种哲学观念影响了古人对数学的认识论偏向于具体性与现实性，而不具备认识论的抽象性、一般性和普遍性，但是《九章算术》的思想方法是一个例外。孔凡哲认为，《九章算术》的全部理论是以寻求各种应用问题的普遍解法为中心的，是一个具有浓厚的"应用数学"色彩的开放性的归纳体系，这种表达体系是按照由个别到一般的推导方式建立起来的：通常是先举出某一社会生活领域中的一个或几个个别问题，从中归纳出某一类问题的一般解法，即算法（术），再把各类算法综合起来，得到解决该领域中的各类问题的方法，从而构成一章；最后，把解决社会生产生活各个领域中的问题的数学方法全部综合起来就得到整个《九章算术》，这种归纳的特点还有另一层含义，即按照解决问题的不同数学方法进行归纳，许多不同领域的实际问题可能需要用相同的计算方法，从这些方法中提炼出数学模型，最后再以数学模型立章写入《九章算术》，盈不足、方程、勾股三章就是如此①。这种观点就强调了中国古人寻找的并不是个别的方法，不是欧几里得《原本》中一题一种解法，而且是像数学家笛卡尔、费尔马那样追求数学普遍的通用的方法，用的是归纳法，也是一个开放性的体系，而且这种寻找一类甚至一个领域中数学问题的共同的解法，实际上就是追求方法的方法，当然属于数学方法论的内容。从这点而言，中国古代数学一个最重要的方法论的就是《九章算术》中这种寻求普遍的统一的解题方法。诚然这种寻找普遍解的方法的思想虽然没有 17 世纪的笛卡尔或费尔马的解析几何的方法先进，但是其核心思想或基本精神与笛卡尔或费尔马的思想是一致的，都是寻找解决数学问题普遍有效的方法。《九章算术》的这种方法基本上就是吴文俊先生所说的"以构造性与机械化为其特点的算法体系"的思想②，因为这种方法就是追求普遍性的方法，使之方法应用的范围更为广泛。

徐品方、张红、宁锐在《中学数学简史》一书中也说到中国古代数学方法论，也认为数学方法论是以数学方法为研究对象的一门学问，也强调了中国古代数学的实践活动性对方法论的决定因素，也认为我国古代数学的内容是算法精神，富有"寓理于算"的思想方法③。这种观点其实可以用现象学的方法进行解释，"算"是现象，"理"是本质，"理"这个本质包含在"算"这个现象之中。宋元数学家杨辉主张"算无定法，惟理是用"④。这句话把"理"与"用"密切地结合起来，"理"相当于中国哲学的本体论中的"道"

---

① 孔凡哲：《中国数学教育的传统与发展初探：教科书视角》，《数学通报》2008 年第 4 期。

② 李伯聪：《关于中国古代科学传统的两个问题》，《自然辩证法研究》1998 年第 11 期。

③ 徐品方，张红，宁锐著.《中学数学简史》，北京：科学出版社，2007 年版，第 22-23 页。

④ 肖学平著.《中国传统数学教学概论》，北京：科学出版社，2008 年版，第 79 页。

或"体"或"气","惟理是用"这很类似于"体用不二"的思想，也就是说"数学"这个"理"或"体"就是为了"用"的，只要合乎数学的规则就可以应用，但是这样解释还有一点牵强的地方是中国古代数学是以应用为中心的，从"算无定法"中理解到数学没有固定的方法，满足应用才是中心，这是一层意思；另外一层意思是说，数学学习或研究的方法是不固定的，但是只要合理或者说讲得通就可以使用，这就是不拘泥于固定的方法，这就具有思想的开放性或灵活性或变通性，这就启迪人们采用不同的方法解决问题。当然这也有一点哲学诠释学的味道。这也是杨辉对数学方法论的研究，因为杨辉是研究数学方法的方法，具有哲学高度的抽象性。他一方面强调方法的不固定性，或者说具有灵活变动性，有一种"无招胜有招"观念，提倡数学方法的变通性，针对不同的问题采用不同的方法。另一方面又强调方法的合法性取决于合乎道理或者说合乎客观规律。这也说明了数学方法与具体的数学问题是密切相关的，虽然没有对所有具体问题统一的普遍的方法，但是从宏观上杨辉给出一个针对许多问题的总指导思想的基本原则。

北宋数学家兼自然科学家沈括对数学的方法论也是有着独到的见解的。他在《梦溪笔谈》中写道："不患多学，见简即用，见繁即变，不胶一法，乃为通术。"[①]这句话的大意是说，数学不患学得多，要把简单的数学理论应用在现实生活之中，把复杂烦琐的数学问题转化为简单的数学问题的做法不是固定的，而是需要灵活变通的，这就是解决数学问题的普遍的指导思想。从沈括的方法论的思想中可以看出沈括也是一个解题的高手，在身经百战的解题生涯中依靠自己的实践经验、内心的参与体验总结出来的一套解题方法的理论体系。这里的"通术"基本等价于方法的方法，也就是方法论。沈括的观点与杨辉的观点基本上是一致的，也同样认识到具体问题具体分析的重要性，认识到由繁变简在数学学习中的重要性，认识到变通在数学中的重要性。沈括强调的"通术"就是理论指导思想。可以看出沈括的数学方法论具

---

① ［北宋］沈括著，李文泽，吴洪泽译：《梦溪笔谈全译》（文白对照），成都：巴蜀书社，1996 年版，第 238 页。

有动态性、变化性和开放性，很不容易形成今天在教育心理学中经常提到的"思维定式"或"功能固着"的观念。这也反映了沈括与杨辉的数学方法论都具有发散思维的特点。像杨辉一样，虽然沈括提倡"通术"，所追求的不是普遍的抽象的方法，而是针对繁多的数学问题，给出的一个总的解题的指导思想。从这点来讲，沈括提倡的"通术"是有局限性的，是"务虚"的"通术"，而不是笛卡尔或费马的解析几何那样是一种普遍的数学方法论。也就是说沈括与杨辉并没有找到一种固定的解决普遍数学问题的方法，而仅是一个总体的指导思想。中国古代数学方法论还可能有很多的内容，限于篇幅主题的需要，不做过多的介绍，但是方法论的主要思想，基本上体现在以上三方面。

以上可以看出中国古代数学的方法论具有灵活性、具体性、变通性、普遍性。灵活性、具体性和变通性主要指以杨辉和沈括的方法论为代表，这也反映了中国人善于变化的文化本色。但是真正具备灵活性、变通性和普遍性的应该说是《九章算术》中寻求普遍的通用的方法，可以说在中国古代数学方法论中缺少的是普遍性的方法论，而不是具体的方法论，这可能是由过分实用的文化导致的。另外，具体性、灵活性和变通性体现了哲学诠释学所提倡的参与体验的理解方式，而普遍性则是自然科学所追求的方法论所达到的结果。

3.4.3　中国古代数学的方法论的形成和优缺点

以上介绍了三种中国古代数学的方法论，从中可以看出有很多的优点。当然，中国古代数学方法论还是存在一些缺点和不足的地方。中国古代数学中的方法虽然很多，但是真正地把方法提升到方法论视角的数学家或数学思想并不太多。从上面《九章算术》、杨辉、沈括对方法论的一些观点可以看出，中国古代数学学习非常重视具体的方法，非常重视具体问题具体分析的方法，但是缺少对抽象整体系统化方法的研究，缺少对很多具体方法进行抽象的概括归纳出更为一般的普遍有效的方法的探讨，而是更多地强调一个问题一个方法，这可能是中国古代数学方法论的一个缺点。唯一的例外的是上文说到的《九章算术》中追求更为应用广泛的数学方法，堪称中国古代数学方法论的典范。

中国古代数学的方法论不太发达，这与中国古代文化或中国古代哲学是有关系的。中国古人认为这个世界是变动的，在变动的世界中，无法用统一普遍的方法来把握变动不居的世界。换而言之，中国古人是以变应变，而不是西方的以不变（公理）应万变（定理），以变应变中只能是具体的方法，不可能产生抽象的普遍的西方意义上的方法论，这就说明了中国古代数学的方法是与时俱进的方法，当然找不到普遍性、一般性的规律；找不到抽象的、普遍的方法的另一个原因就是中国古代数学主要是以应用数学为主，不同的领域应用数学的方法是不同的，甚至是相差很大的，寻求普遍的规律可能更难，甚至就是找不到的。但是西方数学是以纯粹数学为主的，而且西方数学乃至哲学的方法论都是以不变应万变的，这种以不变应万变事实上已经说明了西方数学暂时地找到了学习和研究数学的抽象、普遍、永恒、一般的方法，这就上升到哲学方法论的高度。但是反观中国古代数学，包括上面讲到的沈括和杨辉对方法论的认识，事实上都是在具体问题具体分析的总的指导思想，都是说没有万能的方法，一个具体数学问题只有自己特殊的方法。事实上，这就容易走向死胡同，一味地研究特殊的方法，追求特殊或具体的真理，追求具体问题具体分析，越这样追求就越远离真理。一些人都很赞同"偏方治大病"，这种观念就是一种追求个别的具体的真理的思想。事实上，个别的、特殊的、具体的方法不是真理，从概率和统计学的角度来讲，个别的、具体的或特殊的方法仅是一种随机现象。这种随机现象，不是真理，是穷竭不完的，越穷竭个例，越远离真理。这可能是中国古代数学方法论不发达的一个原因。相反的，西方的那种追求普遍的永恒的一般的方法正走向真理，当然更多的是逼近真理。但是这仅是问题的一方面。

问题的另一方面是中国古代数学方法论从哲学诠释学的视角来解释是有它的合理性的。哲学诠释学认为人文科学的知识或真理都不是抽象的，一

般的，而是具体的、个别的、形象的和特殊的。之所以这样讲是因为人文科学获取知识或真理的方式按照伽达默尔或狄尔泰的观点就是依靠参与体验的方式，参与体验是具有个性的，是个别的、具体的、形象的，而不是普遍的或一般的，从这个意义上讲，这就是中国古代数学方法提倡具体的、变通的和灵活的原因。后人对《九章算术》的注解是各有千秋的，因为个人的生命体验参与进去了，而且时代也不同，这就是说后人对《九章算术》的注解具有个性化、具体化、时代化的特点。实际上，上面所说的杨辉和沈括的方法论的思想也是强调具体的方法，也是强调个别方法的重要性，把自己的主观性融入进去了。但是欧几里得的《原本》后人对其就没有更多的注解，而是直接地学习，因为他们追求的是客观的知识，在主客二分的主流文化意识之下是不允许把自己的情感掺杂进去的，但是中国古人对《九章算术》或中国数学的研究是把自己的情感体验都融入了数学，人的生命的参与体验是活生生的，是很具体的。毛泽东有句诗叫"战地黄花分外香"这表达的是一种个人的生命体验，个别、具体的方法当然是可以变通的，是非常灵活的，这反映了中国古代数学真理的相对性，反映了人文科学与自然科学在获取知识或真理的方式不同而已。例如，上文说过哲学诠释学强调人文科学参与体验的方式获取知识或真理。但是由于个人的经历和知识及处在不同的时代，依靠参与体验的真理具有很强的个性、特殊性和具体性，这跟自然科学或纯粹数学追求的普遍的一般的方法是背道而驰的。这就说明了中国古代数学方法论不仅涉足到自然科学领域和数学科学领域，还涉足更广的人文科学领域。在中国古代文化中，就没有分科的文化传统。这就是说中国古人获取数学知识或真理的方法可能是以上两种甚至更多种方式的综合。庞朴先生也强调中国古人过于关注感性，所以抽象能力就受到限制，不愿意完全脱离具体，这就很难从具体事物出发，形成一个绝对抽象的概念[①]。

---

① 庞朴著.《中国文化十一讲》，北京：中华书局，2008年版，第20页。

3.4.4　中国古代数学的方法论的小结

以上是关于中国古代数学方法论的内容，从数学方法论的定义谈起，讲到了数学方法论产生的两条途径：一条是依靠实践的方式，另一条是依靠参与体验的方式。前一种是自然科学的方法论，后一种是哲学诠释学提倡的精神科学或人文科学的理解方式。中国古代数学方法论也受到中国古代数学本体论和认识论的制约与影响，也是具有文化属性的。中国古代数学方法论主要体现在《九章算术》中寻找普遍的数学方法，杨辉、沈括的数学思想，这些都是追求方法的方法，都是中国古代数学方法论的主要内容，但是除了《九章算术》是追求普遍的一般的方法之外，杨辉与沈括的方法论中主要思想是对具体数学问题进行具体分析的方法，虽然对数学问题的解决具有指导意义，但是他们追求的不是普遍的一般的方法，从这个意义上讲，中国古代数学方法论反映了中国古代哲学就是现实主义哲学，仅仅关注具体的问题，对永恒的普遍的一般的规律不是他们追求的对象，更缺少宏大的系统化、理论化的方法论体系。造成这种情况的原因是中国古人对数学的认识不仅是从自然科学和数学科学的角度，更多的是从伽达默尔哲学诠释学所提倡的参与体验的方式获取数学知识和真理的，而这种哲学诠释学所强调的人文科学对事物认识是具体的、形象的、个性的和特殊的，这就是说人文科学的知识或真理不像自然科学或数学科学的真理那样是抽象的、普遍的、一般的，例如艺术的真理就是形象的、具体的和个性的，甚至是感性的[①]。中国古代数学就具有这种依靠哲学诠释学强调的参与体验的理解数学的方式。因此，从这个意义上讲，中国古人对数学的认识途径要比古希腊数学要多，要更为广泛。这是中国古代数学的方法论的优点，例如在解题上具有发散思维的特点、具有开放性特点、具有灵活性的特点，这些也是值得后人学习与借鉴之处。

---

① 王德峰著．《艺术哲学》，上海：复旦大学出版社，2007 年版，第 66-67 页。

第4章 中国古代数学观：
诠释的多元性

    郑毓信《新数学教育哲学》的第一篇题目就是"什么是数学"[①]，可见"什么是数学"在数学教育哲学中的地位是重要的；另外，郑毓信认为对"什么是数学"这个问题的回答就是数学观[②]。基于这种思想，本章中题目虽然是"中国古代数学观：诠释的多元性"，实际上就相当于"什么是中国古代数学"。数学观或对"什么是数学"的回答也是一种对数学的理解。任何数学观都是主体人参与进去与数学这个客体融合在一块获得对数学的理解，中国古人对数学的理解也具有伽达默尔哲学诠释学强调的理解的相对性与多元性的特点。人类的一切理论都是诠释的产物，数学观也不例外，中国古代数学观就是古人对数学的诠释。本章的数学观不仅是中国古人对数学的诠释，也是在他们诠释的基础上的再诠释。

[①] 郑毓信著.《新数学教育哲学》，上海：华东师范大学出版社，2015年版，参见目录第1页。

[②] 郑毓信：《数学哲学、数学方法论与数学教育哲学——兼论数学哲学研究的方法论问题》，《南京大学学报》(哲学社会科学版)1995年第3期。

4.1　数学观的内涵

　　数学观是一个重要的概念。在辞海中，"观念"有两层意思。其一是看法、思想和思维活动的结果。其二观念（希腊文 idea），通常指思想，有时亦指表象或客观事物在人脑里留下的概括的形象①。所以，可以把"数学观"理解为人们对数学的认识或看法。也就是数学在人脑里留下的印象的形象概括。但是由于研究目的、内容、视角的不同，人们对数学观的内涵有不同的认识。林夏水教授指出：数学观是人们对数学的总体看法，它有各种表现形式。"②郑毓信认为："什么是数学？这也就是所谓的'数学观'。"③美国数学家 R·柯朗与 H·罗宾说："无论对专家来说，还是对普通人来说，唯一能回答'什么是数学'这个问题的，不是哲学而是数学本身的活生生的经验。"④胡典顺认为，自古希腊以来，数学哲学就试图诠释"数学是什么"，随着数学的不断发展，人们对数学认识的不断深入。数学是一个复杂的多元体，任何从数学的某些特征对数学进行的描述都是不完善的。它们要么过于狭窄，要么过于宽泛。数学是关于模式而不只是关于数或形的科学。数学观与数学教育活动密切相关，有什么样的数学观，就有什么样的数学教育观⑤。另外，胡典顺教授还强调数学观是人们对数学的总体看法。数学观是不断演变的。数学观的发展经历了从绝对主义数学观到可误主义数学观、建构主义数学观三个阶段。数学观的演变给数学教育极大的启示，在数学教育中，应该把握

---

① 辞海编辑委员会.《辞海》（上卷），上海辞书出版社，1989 年版，第 1306 页。

② 林夏水：《数学本质·认识论·数学观——简评"对数学本质的认识"》，《数学教育学报》2002 年第 3 期。

③ 郑毓信著.《数学哲学与数学教育哲学》，南京：江苏教育出版社，2007 年版，第 11 页。

④ ［美］R·柯朗，H·罗宾著，左平，张饴慈译：《什么是数学：对思想和方法的基本研究》，上海：复旦大学出版社，2019 年版，第 5 页。

⑤ 胡典顺：《数学究竟是什么》，《数学教育学报》2011 第 1 期。

数学观的深刻内涵，领悟数学是一种文化，理解数学知识的本质，把握数学思想方法，鉴赏数学美和追求数学精神①。一般而言，数学观是人们对数学本质、数学思想及其数学同周围世界联系的根本看法和认识；数学观是对关于"数学是什么"这一问题的认识；数学观是人们对数学总体看法和认识，其内容主要涉及数学的研究对象、数学的特点、数学的地位和作用等。

总之，数学观就是人们对数学的总体的看法，或者说是对"数学是什么"作出的回答。掌握数学观的内涵还需要从下面三方面理解数学观：首先，数学观的主体是人，虽然不限于数学家、数学哲学家，但是很多重要的观点是数学家或数学哲学家提出来的；其次，数学观未必是系统化的理论体系；最后数学观内涵是动态的，是不断发展变化的②。本书所强调的数学观是郑毓信的观点，即对"什么是数学？"的回答就是数学观。

从以上定义来看，中国古代的数学观是存在的。"数学是什么？"这个问题全少中国古代数学家是有自己的观点的，即使是对数学充满神秘主义的观点也同样是中国古人对数学的一种认识，用现代数学的观点来看，无论先进与落后，甚至是错误的，但是中国古人对数学的看法也就是有自己的观点立场的，中国古人的数学观存在性是不可否认的。另外，由于数学观是相对地变化的，是一个动态发展的过程，这就说明了数学观是一个历史的范畴，这句话的意思是说数学观是随着数学的发展而不断地变化与发展的，是一个与时俱进的概念。中国古代数学至少发展了两千五百多年，在漫长的历史长河中以数学家为代表的学者对数学的认识也不是固定不变的，而是不断地发展变化的，可以说是一个不断演化的过程。中国传统社会的数学观主要体现在中国古代学者，尤其是数学家对数学的认识，但是也不应该局限于数学家。读者可能有一个疑问，郝一江在《古希腊数学哲学研究》讲的仅是古希腊哲

---

① 胡典顺：《数学观的嬗变及其对数学教育的启示》，《天津师范大学学报》（基础教育版）2012 年第 2 期。

② 胡典顺，徐汉文主编：《数学教学论》，武汉：华中师范大学出版社，2012 年版，第 14 页。

学家的数学哲学[①]，为什么没有讲数学家的数学哲学呢？这就是下面首先所要回答的问题之一。

4.2　中国古代数学观的存在群体的界定

从上面数学观的内涵可以看出，数学观事实上涉及对数学的认识。中国古代数学哲学思想首先主要产生于中国古代数学家的队伍之中，中国古代数学家在自己的数学著作中，尤其是数学著作的序言中总是不时地表达自己对数学的看法，这种看法就是数学观，也就是对数学的一种认识。因此，中国古代数学家对数学总是有自己的观点或认识的，总是能自由地言说自己对数学的看法。中国古代哲学家（除了以老子、墨子等为代表的春秋战国时期的哲学家除外）很少有自己的数学哲学思想。有些现当代学者也写过一些中国古代哲学家的数学哲学思想或自然科学哲学思想的学术论文[②]。坦诚而言，中国古代数学的地位低下，很多哲学家从来对数学都是很轻视的，因此是很少有数学哲学思想的。例如在宋元时期数学一度被称为"九九贱技"，由于中国古代哲学家对数学缺乏关注，当然更缺乏对数学的认识，甚至对中国古代数学的地位表示了一种鄙夷不屑的神情。从这点来说，中国古代哲学家，至少是人文科学的哲学家那里就没有数学哲学思想。数学哲学思想事实上应该数学家的哲学思想，因为中国古代数学家研究数学的心得体会就是自己对数学的认识，就可能是数学哲学思想，如果不专门研究数学，对数学没有体会，数学哲学思想从何处来呢？从这点来说，数学家对数学认识的是最深刻的，所以中国古代数学家是有数学哲学思想的，但是中国古代人文科学的哲学家几乎是没有数学哲学思想的，因为他们不研究数学，也不喜欢数学，而

---

① 郝一江著.《古希腊数学哲学研究》，北京：中国社会科学出版社，2017 年版，参见目录。

② 徐刚：《从自然哲学走向数学哲学——论朱熹自然哲学对元明清数学的影响》，《自然辩证法研究》2008 年第 10 期。

且总是看不起数学。总之，中国古代数学观主要是中国古代数学家的数学观，而不是一些人文哲学家的数学观。

但是在古希腊，数学哲学思想似乎被古希腊哲学家垄断了，他们"剥夺"了古希腊数学家研究数学哲学的权利，让古希腊数学家一心一意地研究数学，似乎这是古希腊学术的一种分工，似乎这样古希腊数学家才能更好地研究数学。古希腊数学家一般很少甚至几乎不谈对数学的看法，他们可能认为数学就是研究纯粹数学的，或数学就是演绎的科学，而且似乎他们也可能认为，数学哲学是哲学家的事，而不是我数学家的事。像阿基米德、欧几里得、欧多克斯、阿波罗尼奥斯等这些重量级的大数学家（一个例外就是数学家毕达哥拉斯）很少谈数学哲学。欧几里得《原本》读者是看不到欧几里得的数学哲学思想，最多从哲学诠释学的视角认为欧几里得所强调的数学观可能是"数学是演绎的科学"，他的《原本》就是公理化演绎体系。谈论数学哲学的是柏拉图、亚里士多德和早期的毕达哥拉斯等这些哲学家，这些哲学家才是研究数学哲学的。事实上就是这样，这些哲学家研究数学的目的虽然是为他们的哲学服务的，但是这也说明了古希腊哲学家不像中国一些人文科学的哲学家那样对数学的态度是嗤之以鼻，而是相当地重视。因此在古希腊寻找数学哲学思想，需要在哲学家队伍中寻找；相反地，寻找中国古代数学哲学思想，需要在数学家和数学教育家队伍中寻找。

郝一江在《古希腊数学哲学研究》[①]中主要是写古希腊哲学家的数学哲学思想，而不是写古希腊数学家的数学哲学思想。古希腊数学哲学思想出自于古希腊哲学家的原因是，古希腊形成了一种一以贯之的哲学家研究数学哲学的良好的文化氛围，尤其是哲学家柏拉图特别强调数学在哲学研究中的基础性作用，而且柏拉图的影响又是如此的巨大。柏拉图在他的学院门口的标语是："不懂几何者不得入内"，并且柏拉图认为上帝是一个几何学家，上帝

[①] 郝一江著.《古希腊数学哲学研究》，北京：中国社会科学出版社，2017年版，参见目录。

是按照几何学的方式设计宇宙的，总之柏拉图很重视数学[①]。柏拉图认为学习数学是作为学习哲学的阶梯或为研究哲学作准备的。后来古希腊很多的哲学家都是唯柏拉图为榜样的。亚里士多德虽然在数学哲学观念上与柏拉图的观点不同，但是他也秉承了研究数学为哲学服务的这一思想。《原本》中有几个定理是属于亚里士多德的[②]，这就反映了古希腊对数学的重视，即使不是数学家的哲学家都留下了几个定理。反观中国古代哲学家很少把研究数学当作自己研究哲学的基础，在哲学家队伍中除了老子、墨子、惠施等先秦哲学家在数学哲学上有贡献之外。寻找中国古代数学哲学思想或中国古代数学观，不能在中国古代人文科学的哲学家那里寻找，而只可能在数学家、数学教育家队伍中寻找，这点与古希腊数学是不同的。以上也印证了"不同文化传统发展不同种类的数学[③]"这一观点的正确性，随后就会产生不同的数学观。

4.3 中国古代数学观的主要思想

郑毓信在《新数学教育哲学》第一章题目就是"数学观的多样性与数学的辩证性质"，其内容没有讲数学观的概念，但讲了数学观的一些内容[④]。事实上，在他的第一节"数学观念的重要性与多样性"就是大致地把"数学观"与对数学的认识，也就是"什么是数学"等同起来看待了。数学观念的多样性，实际上就是对"什么是数学"的多元性的回答。中国古代对"数学是什

---

① 欧文·埃尔加·米勒著，覃方明译：《柏拉图哲学中的数学思想》，杭州：浙江大学出版社，2017年版，第 67 页。

② [美] 莫里斯·克莱因著，张理京、张锦炎、江泽涵等译：《古今数学思想》（第一册），上海：上海科学技术出版社，2014 年版，第 43 页。

③ Preamble: The Thirteenth ICMI Study on Mathematics Education in Differernt cultural Traditions a Comparative study of East Asia and the West, Educational Studies in Mathematics 43:95-116,2000.

④ 郑毓信著.《新数学教育哲学》，上海：华东师范大学出版社，2015 年版，第 3 至 25 页。

么"作出的回答也是具有多样性的。但中国古人对"什么是什么"不感兴趣或在语言用法上没有这种表达习惯，或者说中国古代没有给某某概念下定义的文化习惯。但是这并不等于中国古人对数学没有认识没有思想过，或没有思考过"什么是数学"这个问题。中国古代人肯定思考过类似于"什么是数学"的问题，这就需要我们根据古人的数学书籍文献中去挖掘，去解释，而且由于古代的语言是文言文，现代人使用的是现代汉语，这就需要人们更好地对数学方面的古籍文献进行很好的解释，这也需要用到诠释学的相关内容，从下面的篇幅中读者可以看到，中国古人对数学的认识或理解也是异彩纷呈的。数学在中国古代的发展也同样充满了辩证的色彩，在人文科学与自然科学，乃至社会科学之间，数学都扮演了举足轻重的角色。

中国古代的数学观其实是很复杂的，不像古希腊数学观那样的明确。中国古代数学观并不是一句话可以言说清楚的。中国古代数学观在春秋战国百家争鸣时期呈现出混沌的形态，甚至就是量子统计力学的"量子"一样，处于毫无规则或混乱无序的状态，这种混乱无序状态逐渐在两汉时期、魏晋时期、隋唐时期、宋元时期走向有序，但是这种有序仅仅是宏观的，微观看来并非真正的有序。中国古代数学的发展一方面是传承历史文化；另一方面又富于时代精神，体现时代发展的脉络。中国古代数学观的特点如果用一句话来概括就是多元的、开放的、动态的、发展的体系，反映了中国古人对数学的认识或理解是以伽达默尔哲学诠释学强调的"不同的方式在理解"数学的思想。可以说中国古代数学观是未完成的数学观，甚至是不成熟（这种不成熟意味着它的发展性）的数学观，不像古希腊数学观是一种完善成熟的体系。另外从哲学诠释学的视角来讲，中国古人对数学的理解事实上可以看作对数学的一种诠释。伽达默尔说："如果我们一般有所理解，那么我们总是以不同的方式在理解，这就够了。"[①]事实上，中国古人对数学的认识也是以不同的方式在理解的，下面八种数学观反映了中国古人对数学的理解就像伽达默

---

① 洪汉鼎著.《诠释学：它的历史和当代发展》（修订版），北京：中国人民大学出版社，2018年版，第171页。

尔强调以"不同的方式在理解"数学的。

4.3.1　数学是一门技艺

数学是一门技艺的观点最早出现在西周时期，在西周时期数学作为官方子弟教育"六艺"之一的学问。孔子在《论语·述而》说："志于道、据于德、依于仁、游于艺"。^①在这里"游于艺"其实就是讲技艺可以兼职，或者说技艺仅仅只能是一种业余爱好而已，可以说这就是孔子的数学观。孔子的这种观念产生的原因是数学在那个时期发展很缓慢，数学的知识积累还比较少，数学还不能单独地成为一门学科，而且数学就是以算筹为工具的，从这个意义上讲它就是一门技艺，这也符合当时数学发展的实际情况。中国古代社会上层很多儒家知识分子都秉承了孔子的这一数学观点。南北朝时期教育家颜之推把数学当作"杂艺"来看待的，他著名的数学观："算术亦是六艺要事，自古儒士论天道定律历者皆学通之，然可以兼明，不可以专业。"^②他就是把数学与书法、绘画、文学等艺术放在一起，归为一类的，这种归类方式也说明了颜之推对数学的看法——数学就是一门艺术。这种归类如何评价？事实上，这也是一种历史的沿袭，因为作为西周教育"六艺"之一的数学，两汉以后就被纳入儒学的组成部分，按照今天的观点来看是属于人文科学的。颜之推把数学归于杂艺是合情合理的。在古希腊数学中，欧德摩斯说毕达哥拉斯创立了纯数学，把它变成一门高尚的艺术^③。事实上，不仅纯粹数学是一门高尚的艺术，应用数学更是一门高尚的艺术，因为应用数学具有更大的灵活性，不拘泥于理性和逻辑的束缚，而中国古代数学就是这样的一门高尚的艺术。中国古代很多诗歌的思想情感是用数学的方式表达的。不仅诗歌中有数学，古代数学也用诗歌的形式表达出来，这种诗歌中的数学和数学中的诗

---

① 阎韬，马智强译注：《论语全译》，南京：江苏古籍出版社，1998 年版，第 47 页。

② 张霭堂译注：《颜之推全集注译》，济南：齐鲁书社出版，2004 年版，第 295 页。

③ [美] 莫里斯·克莱因著，张理京，张锦炎，江泽涵等译：《古今数学思想》（第一册），上海：上海科学技术出版社，2014 年版，第 43 页。

歌，表明了在中国古人那里，数学是属于人文科学，这也是中国古代数学的性质之一。

洪汉鼎先生认为，经验是个别的，但是多次经验就产生了技术。亚里士多德在《形而上学》导论中说："经验产生技艺。"中世纪的神学大家托马斯·阿奎那在其《亚里士多德形而上学注》中说："在人身上，科学与技术导源于经验。当人们从许多经验概念中形成了一个关于类似于事物的普遍判断时，技术就产生了。"[①]以上引用说明了中国古代数学在某种程度上是经验数学，这种经验数学事实上也是讲究技巧的，也是中国古代劳动人民在长期的社会实践活动中以算筹或算盘为工具的一门技术活或技艺。从这个角度来讲，中国古代数学的确是"六艺"之一的学问，就是一门技艺。数学是一门技艺的学问的观点得到一些儒学大家的继承与发扬，尤其是上层社会儒学大家的热烈的拥护，但是很少有中国古代数学家秉承孔子的这一思想的。一些数学家像秦九韶、李冶、杨辉很反对这种"数学是技艺"的观点，他们认为数学也应该是形而上的"道"。

4.3.2 数学是实用的科学

"数学是实用的科学"这一观点是中国古代数学家的观点，也是古代社会的一种数学观念，而且也得到后人的一致认可，这种观点要比上面的"数学是技艺"的思想更为重要，而数学的地位也有所提高。李浙生教授也认为中国古人强调数学的实用性[②]。比孔子早 100 多年的春秋末期的齐国名相管仲很重视数学在社会生活各方面的应用。在他的《管子·七法》中说："不明于计数而欲举大事，犹无舟楫而欲经于水险也，"又说"举事必成，不知计数不可。"[③]这些都体现了管子对数学及数学应用的重视，在当时来说具有

---

① 洪汉鼎著.《诠释学：它的历史和当代发展》（修订版），北京：中国人民大学出版社，2018 年版，再版序第 3 页。

② 李浙生著.《数学科学与辩证法》，北京：首都师范大学出版社，1995 年版，第 121 页。

③ 李山译注：《管子》，北京：中华书局，2009 年版，第 59-60 页。

积极的意义。管子把数学应用到政治、经济、军事和外交的方方面面[①]。管子的这种数学广泛应用的思想得到了后来很多数学家的传承。西汉时期官方数学家张苍、耿寿昌编著《九章算术》应该说是管子应用数学思想的弘扬与发展。隋唐时期官方数学就是应用数学，而隋唐时期的四位数学家刘焯、王孝通、张遂（僧一行）、李淳风都是官方数学家。从一些数学家的数学著作中，尤其是数学著作序言中可以看出这一观点。《孙子算经序》有一段话："夫算者，天地之经纬，群生之元首，五常之本来，阴阳之父母，星辰之建号，三光之表里，五行之准平，四时即始终，万物之祖宗，六艺之纲纪。"[②]李冶在《益古演段自序》中说："术数虽居六艺之末，而施之人事，则最为切务。"[③]秦九韶在《数书九章序》中有"大则可以通神明，顺性命；小则可以经世务，类万物"、"以拟于用"、"数术之传，以实为体"的数学思想。[④]宋元数学家杨辉在《日用算法序》中说："用法必载源流，命题须责实有。"[⑤]元朝数学家王恂说："算数，六艺之一；定国家。安人民，乃大事也。"[⑥]可以这样讲，处于社会高层的儒家学者强调数学是一门技艺，而处在社会中下层的儒家学者认为数学是一门实用的科学，这就是所处的社会地位不同的原因而其数学观不同，这就说明了采用马克思主义阶级分析的思想也可以大致地区分这样两种数学观。这里的"实用"基本上或类似的可以看作是应用。从哲学诠释学的视角来说，应用数学的过程也是对数学理解的过程。"在强调理解与应用的统一时，伽达默尔也走向这种理解的多元论。理解文本总是知道如何把这种文本的意义应用于我们现时的具体境遇和问题，应用绝不是理解之后才开始的过程，绝不是什么首先理解，然后才把所理解的东西用于现实。

[①] 周瀚光著.《先秦数学与诸子哲学》，上海：上海古籍出版社，1994 年版，第 34 页。

[②] 郭书春，刘钝校点：《算经十书》（二），沈阳：辽宁教育出版社，1998 年版，见《孙子算经序》。

[③] 李迪主编：《中华传统数学文献精选导读》，武汉：湖北教育出版社，1999 年版，第 339 页。

[④][宋] 秦九韶原著，王守义遗著，李俨审校：《数书九章新释》，合肥：安徽科学技术出版社，1992 年版，参见《数书九章序》。

[⑤] 吴文俊主编：《中国数学史大系》（第五卷：两宋），北京：北京师范大学出版社，第 678 页。

[⑥] 代钦著.《儒家思想与中国传统数学》，北京：商务印书馆，2003 年版，第 82 页。

理解和对自己境遇的应用，其实乃同一个诠释学事件。如果不让过去的文本对我们今天的问题进行挑战，那么所谓理解过去文本的意义究竟有什么意思呢？哲学诠释学强调一切理解都包含着应用，这鲜明地表现了诠释学的卓越实践能力。生活世界的实践视域指明了诠释学活动的出发点和目的地，哲学诠释学成功地摈弃了那种脱离实践脉络而评价知识或理论的真理的朴素的客观主义①。可见从哲学诠释学的视角来讲，应用数学的过程并非是生搬硬套的应用，而是一种在理解中的应用和应用中的理解的思想。中国古代数学即使是这种实用的数学观，从以上哲学诠释学的观点来看，也是对数学的一种理解方式。

数学是一门技艺，也是一门实用的科学，二者不重复。首先，说数学是一门技艺，是把数学当作一种工具，一种方法，不否认为了实用。但是当说数学是实用的科学，事实上扩大了数学的范围，科学性也有所提高；其次，当说数学是实用的科学的时候，考虑的不仅仅是物质的，也可能涉及到精神，不仅涉及数学是方法，也可能达到应用数学本身就是一种目的，或者说学习数学就是一种目的，这就涉及本体论的数学，而不是作为方法的数学，这个视野就开阔了。当把数学应用于精神生活领域，就不能把数学当作一种工具，而是一种伙伴或另一个主体，这就是本体论意义上的数学。

4.3.3 数学是计算的科学

数学是计算的科学。有些学者说中国古代数学主要是"算学"，虽然这种观点失之偏颇，但是也有一定道理的。中国古代学者，即使是普通人对这一观点也是表示认可的，甚至这种观点在中国古代社会是公认的或天经地义的。中国古代把数学称为"算术"顾名思义，这就表明了数学研究的对象是数的计算方法和技术。我们进一步地分析会发现一些问题，"算"属于心智的，从内心开始的，是内部的，是哲学诠释学强调的生命参与体验的；"术"

---

① 洪汉鼎著.《诠释学：它的历史和当代发展》（修订版），北京：中国人民大学出版社，2018 年版，前言第 2 页。

是一种方法或算法，"术"是与具体的计算内容和计算工具联系在一起的，不同的计算工具，使用的方法是不同的。例如"算筹"使用的计算方法与"算盘"使用的计算方法是不同的，也就是说"术"（方法或算法）是不同的，方法也与人有联系的一方面。方法也是人选择的，选择方法仍然是来自于人的内心，这就说明了以上"算术"这门科学就不全是一门技术或自然科学，更多地涉及心智，也是一门哲学诠释学强调的依靠参与体验的精神科学，计算至少有一半是需要依靠大脑的心智活动来完成的。

"数学是计算的科学"也是数学是中国主流文化的集中体现之一。在中国成语词典中有很多数字和计算方面的成语与谚语。例如，"成千上万""差之毫厘，谬以千里""万万不能""万无一失""吃不穷、穿不穷，不会算计一世穷""掐指一算""能掐会算""神机妙算""劫数难逃""管它三七二十一""三六九，出门走"。中国古人在数学上取得成就也主要是在计算方面，例如，祖冲之把圆周率 π 精确到小数点后七位的好成绩，数学家秦九韶的"三斜求积"，在古希腊数学中就是"海伦公式"，实际上这个公式可能要归于阿基米德的名下。唐朝的数学家、天文学家刘焯和张遂也是在二次插值方面的贡献。《孙子算经序》有一段话："夫算者，天地之经纬，群生之元首，五常之本末，阴阳之父母，星辰之建号，三光之表里，五行之准平，四时即始终，万物之祖宗，六艺之纲纪。"[1]明朝的数学家程大位的《算法统宗》中说："智能童蒙易晓，愚顽皓首难闻。世间六艺任纷纷，算乃人之根本。知书不知算法，如临暗室昏。谩同高手细评论，数彻无綮方寸。"[2]程大位突出计算的重要性。中国古代的数学著作也多是以"算经"命名的，甚至几乎每部数学著作都要有一个"算"字。唐代数学家李淳风编的《算经十部》包含的十部"算经"分别是《周髀算经》《九章算术》《孙子算经》《五曹算经》《张丘建算经》《夏侯阳算经》《海岛算经》《缀术》《五经算术》《缉古算经》，仅有一部《缀术》没有冠以"算"字，但是"缀术"中的"术"也是算法的意思。中国人

---

① 王鸿钧，孙宏安著.《中国数学思想方法》，南京：江苏教育出版社，1989 年版，第 153 页。

② 代钦著.《儒家思想与中国传统数学》，北京：商务印书馆，2003 年版，第 18 页。

是偏好于计算的,这种爱好计算的文化其实已经渗入到我们民族文化的骨髓之中。计算是中国古代数学的灵魂。中国古代数学也是一个大杂烩,里面有包罗万象的东西,但是很少有一套统一的规则,或者说很少能建立起完善的理论化体系,唯有计算才把他们统领起来,这可能就是吴文俊先生所说中国古代数学是算法化的数学体系。

4.3.4　数学是实践的科学

数学是经验的科学,这种数学观通常被一些学者认为是古埃及、古巴比伦和古代中国的数学观。其实古希腊数学最初也应该是经验数学。可以这样讲,人类最早的数学都是经验数学。在这里需要区分的是"经验"与"实践",这是两个不同的概念。虽然人们经常说"实践经验",把这两个词放在一块讲,似乎实践是一个过程,而经验是这个过程中得到的成果,但是是有区别的。"实践"具有很强的目的性和动机,但是"经验"却未必有。实践活动产生的知识或真理效果或效率要远远高于经验产生知识或真理的效果或效率。经验的科学性远远低于实践的科学性。如果从模糊数学或从拓扑学的观点看二者也是基本上可以画等号的。但是在这里笔者还是区分开。普通的中国古人可能说数学是经验的科学,但是以中国古代数学家为首的知识分子强调数学是实践的科学。可以这样讲,数学化程度越高的数学家强调数学是实践的科学的观点越强烈,而强调数学是经验的科学的成分就越弱小。赵爽秉承着数学是实践的科学的观点。赵爽在《周髀算经》注文中写道:"禹治洪水,决山川之形,定高下之势,除滔天之灾,释昏垫之厄,使注于东海,而无侵溺逆,乃勾股之所由生也。"[①]这段话实际上是说勾股定理或者说数学就是起源于人们的实践活动的,是在生产生活实践活动中产生的,以上引用也说明了赵爽认识到数学是实践活动的产物,这就是赵爽的实践数学观,其实也是《周髀算经》作者的数学观。实践的数学观其实与实用的数学观有相同

---

① 郭书春,刘钝校点:《算经十书》(一),沈阳:辽宁教育出版社,1998年版,第2页。

之处也有不同之处，至少强调的侧重点不一样的。墨子其实也秉承数学是实践的科学的观点，虽然下文还要说演绎数学观也是他的另一种思想。他强调数学实践与生活产生活动相结合的思想，这就是说他也强调数学的实践性。在这里需要说明的是一个数学家可以有两种甚至多种不同的数学观点并不矛盾，而且这些数学观也不是完全对立或互不相容的。

秉承"数学是实践的科学"的观点最著名的是数学家祖冲之，祖暅也强调数学的实践性。祖冲之是南北朝时期杰出的数学家、天文学家。祖暅作为祖冲之的儿子，也是数学家、天文学家。祖冲之的质疑、反思、批判的哲学精神是来自于他的伟大的数学实践活动的。祖冲之为了使官方颁布施行他的《大明历》，他写了《辩戴法兴难新历》一文，主要是反驳当时的重臣戴法兴，因为戴法兴阻碍《大明历》的颁布施行。祖冲之的语言相当有说服力，例如，"夫为合必有不合，愿闻显据，以核理实""浮辞虚贬，窃非所惧""非出神怪，有形可检，有数可推"[①]"亲量圭尺，躬察仪漏，目尽毫厘，心穷筹策"[②]。这些表面上看祖冲之是能言善辩的，但是他能言善辩是建立在数学实践的基础上的，这是他认为"数学是实践的科学"作为基础的。也可以说他是一个伟大的实证主义数学家，他能拿出他的实践证据来证明他的观点。在他之前的数学家几乎全被他批评一遍："臣少锐愚尚，专攻数术，搜练古今，博采沈奥，唐篇夏典，莫不揆量，周正汉朔，咸加该验。罄策筹之思，究疏密之辨。至若立圆旧误，张衡述而弗改；汉时斛铭，刘歆诡谬其数，此则算氏之剧疵也。《乾象》之弦望定数，《景初》之交度周日，匪谓测候不精，遂乃乘除翻谬，斯义历家之甚失也。及郑玄、阚泽、王蕃、刘徽，并综数艺，而每多疏舛。臣昔以暇日，撰正众谬，理据炳然，易可详密，此臣以俯信偏识，不虚推古人者也。"[③]祖冲之为什么不虚推古人，就是因为他有实践的精神，古人说的数学理论实践一下就知道对错了。在实践的

---

① ［梁］沈约撰：《宋书》（一），北京：中华书局，1999 年版，第 212-213 页。
② ［梁］萧子显撰：《南齐书》（第三册），北京：中华书局，1996 年版，第 904 页。
③ ［梁］沈约撰：《宋书：律历志》（卷十三），北京：中华书局，1974 年版，第 306 页。

基础上，他开始反思、质疑和批判在他之前的数学家包括刘徽在内，这就体现了他的一种实践精神。因此祖冲之的数学观就是数学是实践的科学，数学是依靠实践活动说话的，数学的真理性就来自于实践活动。

需要强调的是祖冲之的数学观不是实用的数学观，因为他在当时是国家熊猫级的人物，他不会因为吃不上饭而研究数学混口饭吃，他属于社会的上层，至少他关注数学的焦点不再是实用，而是他认为的真理《大明历》能够颁布施行，这才是最重要的。从他的以上言论中看不出他在数学上虽然有实用主义的倾向，但是更多地感觉到他是一个伟大的数学天文实践家，或者说他是一个实证主义者，他有充足的实验证明他的数理思想的正确性，他根本不会具有数学是实用的学问那种"低级趣味"的观念。事实上，在数学观上虽然不能采用马克思主义阶级分析的方法，但是一个不用争辩的事实是：上层阶级很少考虑到数学的实用性，因为他们衣食无忧，他们考虑的可能是数学的娱乐性，就像古希腊数学家那样认为数学是一种精神追求，因为他们衣食无忧，很少参与社会生产实践活动，根本用不着数学，他们不会考虑这些的。祖冲之就是属于上层社会。处在社会中下层人们必须考虑到数学的实用性，因为他们想躲避数学都无法躲避数学，用华罗庚的话来说是日用之繁，也就是说你无法回避数学的应用。

这里的实践数学观其实很类似于西方的实证主义，秉承了一种用事实说话的精神。这种观点事实上是在主客二分观念下数学观，这种观念按照狄尔泰强调的"我们说明自然，我们理解心灵"的观点来看[1]，数学活动在这里是属于自然科学的，因为这些数学家秉承了一种客观的精神，很少有自己的心得体会，而是凭借事实说话，但是下面的心智数学观或演绎数学按照狄尔泰的观点或伽达默尔的观点就应该把数学归为精神科学或人文科学的类别中去，因为那更多地体现了"主客合一"观念下数学研究者对数学研究的一种伽达默尔哲学诠释学所强调的参与体验的方式。

---

[1] 洪汉鼎著.《诠释学：它的历史和当代发展》（修订版），北京：中国人民大学出版社，2018 年版，第 82 页。

4.3.5　数学是心智的科学

数学是心智的科学或数学是思维的科学，这种观点是很现代的，似乎这种对数学的看法与中国古代数学观是八竿子打不着的，事实上并非如此。管子在《管子·七法》中讲："刚柔也，也，大小也，实虚也，远近也，多少也，谓之计数。"[①]这就涉及六对范畴，但可以归为两类，一类属于几何，另一类属于算术，因为在这六类范畴中涉及到了数量与空间关系。这可能是中国历史上最早对数学研究范围的"定义"，也可以说这是管子所认为数学的研究对象。管子事实上给数学下了一个定义，当然这个定义不太科学从今天看来，但是管子也从外延的角度说明了数学的研究范围或内容。而且这个内容具有抽象性的，因为"刚柔""轻重""大小""实虚""远近""多少"这些概念都是抽象的概念，在现实世界是不存在的，是人们实践的产物，但更是心智的产物，这就说明了管子虽然认识到了数学研究内容表面上来自于外部的客观世界或自然界的，但是是不是数学的研究内容还需要依靠心智去把握，去理解或认识这些抽象的概念，这就说明了人的心智在认识数学方面的主观能动性。管子给数学圈定了研究范围，也认识到了数学是心智的产物，在两千六百多年前这种数学观念是难能可贵的。这种观念到了科学家、数学家沈括那里得到了进一步的深入发展。当然道家学说的创始人老子的"善算不用筹策"的思想也反映了数学在低级阶段就是一门"技艺"，是需要依靠算筹作为工具的。但是当数学发展到高级阶段，数学就变成了心智的学问，在后面的中国古代数学教学观一章详细地探讨这个问题。但是老子的这种观点事实上是把以上两种数学观都用分段函数的形式表达出来了，而在后一阶段反映了老子的数学是心智的科学的观点。

数学是心智的产物的另一个例子是《周髀算经》中的数学家陈子与荣方的对话。《周髀算经》记载数学家陈子与荣方的一段精彩对话，这段对话反

---

① 李山译注：《管子》，北京：中华书局，2009 年版，第 58 页。

映了陈子的数学教育思想的同时也反映了陈子的数学观。为了研究的方便，抄录原文如下：

昔者荣方问于陈子曰："今者窃闻夫子之道，知日之高大，光之所照，一日所行，远近之数，人所望见，四极之穷，列星之宿，天地之广袤，夫子之道皆能知之，其有信之乎？"陈子曰："然。"荣方曰："方虽不省，愿夫子幸而说之。今若方者可教此道邪？"陈子曰："然。此皆算术之所及。子之于算，足以知此矣。若诚累思之。"于是荣方归而思之，数日不能得。复见陈子曰："方思之不能得，敢请问之。"陈子曰："思之未熟。此亦望远起高之术，而之不能得，则子之于数为能通类。是智有所不及，而神有所穷。夫道术，言约而用博者，智类之明。问一类而以万事达者，谓之道。今之所学算术之术，是用智矣，而尚有所难，是子之智类单。夫道术所以难通者，既学矣患不其不博；既博矣患其不习；既习矣患其不能知。故同术相学，同事相观，此列士之所遇智，贤不肖之所分，是故能类以合类，此贤者业精习智之质也，夫学同业而不能入神者，此不肖无智而业不能精习，是故算不能精习。吾岂以道隐子哉？固复熟思之。"荣方复归，思之数日不能得。复见陈子曰："方思之所精熟矣，智有所不及，而神有所穷，知不能得，愿终说之。"陈子曰："复坐，吾语汝。"于是荣方复坐而请。陈子说之曰："夏至南万六千里，冬至南三万五千里，日中立竿无影。此一者天道之教。"……勾、股各自乘，并而开方除之，得邪至日。[①]

从陈子与荣方的对话中，人们也可以体会到数学是一门心智的科学，数学不仅仅依靠一些工具去测量，而且还需要动用心智去理解的。陈子强调数学不仅是观察实践的科学，而且也是思考的科学，上面一段对话中"思"出现了 7 次，分别是"累思""归而思之""方思之不能得""思之未熟""熟思之""思之数日""方思之"，可见"思"在数学学习中的重要性，这里的"思"类似于"心智"与所谓的计算是对应的。陈子强调在数学学习中"思"的重

---

① 李迪主编：《中华传统数学文献精选导读》，武汉：湖北教育出版社，1999 年版，第 27-30 页。

要性，人们常说数学是思维的体操，其最早的渊源可以追溯到陈子，陈子是公元前 7 世纪的数学家，当然笔者也承认陈子的"思"与所谓的思维是有距离的，但是从家族相似的角度来说，至少有大致相同的思想存在。在陈子那里，不像一些人所强调的中国古代数学就像古埃及数学、古巴比伦数学一样是经验的数学。在陈子看来数学不仅仅是实践的过程，也是一个心智活动的过程，是思考的过程或想象的过程。陈子的数学观其实与古希腊认为数学是心智的产物的观点是很相似的。当然陈子也不否认数学工具和数学实践的重要性。

中国古代哲学家荀子在《荀子·正名》指出："天官"（感观）必须有"天君"（心）统帅，才能"缘耳而知声"，"缘目而知形"。[①]这就说明了虽然知识来源于感觉，知识首先与感觉打交道，但是知识最后的决定者还是心智作出判断的产物。北宋科学家、数学家沈括似乎继承了以上的思想。沈括说："予占天候景，以至验于仪像，考数下漏，凡十余年，方见真数。"[②]翻译为：我观察天象、测量日影，并用浑仪、浑象进行校验，考核数据，操作刻漏共十余年，才初步得出合乎实际的数据。这就是实践出真理的观点。沈括又说："耳目能受而不能择，择之者心也。"[③]这就是说人们通过感官来接受客观世界的信息，但是不能依靠感官去辨别，必须依靠思维，才能由此及彼，由表及里，形成对数学的理性认识。这就是说数学既是来源于实践活动，但又必须经过人类思维活动才能获得，这种观点似乎是把中国古代数学的思想与古希腊数学的观点融合起来了。在古希腊人看来，数学是心智的产物，而中国古代数学一般认为数学是经验实践的产物。因为西方数学是演绎证明的学问，需要的是心智，而中国古代数学最初是以算筹为工具也就是摆木棍进行计算的，这本身就是一门技术活，当然偏向于实践了，但是沈括强调了数学研究中心智的重要性，这就说明了在中国古代数学发展到沈括那个时期，算筹在

---

① 王威威译注：《荀子译注》，上海：上海三联书店，2014 年版，第 278-279 页。
② （宋）沈括撰，胡道静校注：《梦溪笔谈》，北京：中华书局，1958 年版，第 82 页。
③ （宋）沈括：《长兴集》，载《沈氏三先生文集》，明刻本，卷 32。

中国古代数学中的地位也可能是下降的。中国古代数学家也会逐渐地认识到数学不仅仅是依靠算筹，更多的是需要依靠心智的。沈括像数学家陈子、管子一样不仅强调实践经验的重要性，而且更加强调心智的重要性。"数学是心智的产物"这种观点比所谓的"数出自然"更为科学可靠。如果沈括再向前迈一步就可以表达出"数学是人造的非自然之物"，这种观念就是数学是发明的学问，是创造的学问，而不是发现的学问，这种观点就是近现代的数学观点，秉持这种观点的西方学者有大数学家庞加莱，这也是他的数学约定论的内容之一①。很可惜，沈括没有达到这种程度，但是沈括强调数学主观性的一面可以与柏拉图在数学上的"实在论"相提并论也并不为过。笔者不承认沈括的数学观是庞加莱的数学观，但是至少沈括这里有一点数学是发明的科学观念的萌芽。沈括强调了心智在数学研究中的重要性，这就难能可贵。事实上我们可以再推广一下，中国古代文化提倡"天人合一"，这就强调了主观能动性，这就可能发挥伽达默尔哲学诠释学所强调的参与体验的理解方式。数学在中国古代是属于人文科学的，像诗人一样是可以发挥主观能动性的。所以在中国古代社会，更可能的观点是数学是发明的科学，绝不会是柏拉图强调的"数学是发现的科学"的观点②。沈括在数学的认识论上秉持的观点就是既要依靠实践操作，也要依靠心智的训练来研究或学习数学，但是他更加强调心智的重要性。周浩波在《教育哲学》一书中谈到心智能力塑造论③。这就说明了在对数学知识理解的过程中，心智发挥了重要的作用。

"数学是心智的科学"观事实上说明了数学理解的重要性，而理解又可以站在哲学诠释学的视角进行分析。"自然科学的对象是自然，而精神科学的对象则是精神生命；自然是外在的、陌生的东西，是那种只是在片断部分

---

① 王前著.《数学哲学引论》，沈阳：辽宁教育出版社，1991年版，第68-69页。

② [美]莫里斯·克莱因著，张理京，张锦炎，江泽涵等译：《古今数学思想》（第一册），上海：上海科学技术出版社，2014年版，第36页。

③ 周浩波著.《教育哲学》，北京：人民教育出版社，2000年，第126-130页。

里并通过感性知觉过滤器给予的东西，而精神生命却是内在的、熟悉的东西，是那种在其完全关系中被给予的东西。精神的东西常常存在于我们面前，因此可以在其完全的实在中被理解；反之，自然的、片段的经验意味着，自然科学必须把实际所经验的现象想成不是所感觉的现象，以便获得所需要的本质关系。精确科学经常可以依靠心灵自身的生命关系，而自然科学则必须服务于建立于抽象假说之上的补充的推论，因此，相对于自然科学，精神科学更有理由成为一门名副其实的精确科学。"[1]从"数学是心智的科学"可以看出中国古代数学在一些情况下不仅像自然科学一样面对的是外部世界，而是在哲学诠释学意义上强调的那样，在主客一体的基础上依靠生命参与体验的内部的精神活动。"数学是心智的科学"或"数学是思维的科学"这些观点事实上都反映了中国古代数学更多的不是狄尔泰所理解的外在的自然科学，而是内在的思维或心智的产物，是属于伽达默尔或狄尔泰所强调的精神科学或人文科学的，从这点来说也说明了理解对数学的重要性。因为数学如果按照狄尔泰的观点属于精神科学，那么精神科学的认识需要依靠理解的，当然理解数学是很重要的。事实上，今天数学教育也是同样提倡数学理解的重要性。上面陈子与荣方的谈话，说明了通过师生对话来更好地理解数学。从这个意义上讲，中国古代数学至少在某种程度上来说是通过心智活动来达到重视数学理解的目的。

4.3.6　数学是演绎的科学

对于"数学是演绎的科学"笔者首先说明中国古代数学中是存在演绎推理的，其次说明中国古代数学家也是有秉持有"数学是演绎的科学"这种观点的。关于中国古代数学有没有演绎推理是有不同观点。郭书春认为中国古代数学是存在演绎推理的，但是王宪昌认为不存在[2]。现当代学者对中国古

---

[1] 洪汉鼎著.《诠释学：它的历史和当代发展》（修订版），北京：中国人民大学出版社，2018 年版，第 80-81 页。

[2] 王宪昌：《试论中国古代数学史的某些评价观点》，《科学技术与辩证法》1992 年第 2 期。

代数学的认识都是建立在诠释学的基础上的，因为古代数学著作是用文言文写成的，而现代使用的是现代汉语，这中间是需要翻译的，翻译的过程就是解释的过程。

阿斯特区分了三种理解：历史的理解、语法的理解和精神的理解①。在这三者之中，精神的理解最为重要，而精神的理解是历史的理解和语法的理解的统一，它是对作品所反映的时代和文化的精神的揭示，而且强调精神理解是真正的最高的理解。从这点来讲，更应该从刘徽所处的时代精神生活背景的视角来理解刘徽的工作是不是演绎推理。事实上，刘徽生活在魏晋之际清谈之风盛行。当时以何晏、王弼为首玄学家（哲学家），以老庄思想糅合儒家经义，谈玄析理，放达不羁，名士风流，盛于雒下，世称正始之音（公元 240 年—公元 249 年）。从时间上讲刘徽（约 225 年—295 年）人生的前 25 年就处在这种大文化背景的影响之下，这就是时代精神。清谈当然很容易误国。事实上，一些学者把短命的西晋王朝的归结于玄学家清谈之风，是无用的清谈葬送了西晋王朝，这与古希腊为学术而学术的精神而被后来的马其顿王国所灭是一样的。刘徽在这种情况下研究数学当然也应该秉承了这样一种时代的精神，清谈之风在用实用主义看来的确是无用的，所以说刘徽就给《九章算术》作注解，这种做法是不实用的，这种注解中包含他对墨家逻辑学的研究，并结合自己深究其故的精神，对《九章算术》中的一些公式和正确的命题给予了证明，这反映了时代精神的要求和发展。从这个意义上讲，应该说在刘徽那里是存在演绎推理的。当然东西方文化的不同，不可能像古希腊数学家欧几里得《原本》那样一板一眼地演绎证明。但是我们要从精神上或本质上理解演绎证明的思想，而不是追求绝对的永恒不变的演绎证明，即使是欧几里得《原本》在现代看来也有很多是经验数学的成分，存在证明不太严谨的地方。所以说对演绎证明也应该秉承着一种后现代性的观点，秉承着一种家族相似的观点，来认识中国古代数学中有没有演绎数学，而不是严格

---

① 洪汉鼎著.《诠释学：它的历史和当代发展》（修订版），北京：中国人民大学出版社，2018 年版，第 50-51 页。

遵守死板教条，走不出古希腊绝对数学真理观的死胡同。像赵爽用"出入相补"的思想证明了勾股定理一样，都是同一个时代精神风貌的体现。下面笔者主要从伽达默尔哲学诠释学的视角进行论证这个问题。

伽达默尔强调，"按照当代诠释学的观点，我们每次理解都是根据自己具体的语境去理解，我们每次理解都是一种效果历史事件，因此我们所理解的传承文本的意义也必定是具体、历史的意义而不是什么抽象的、普遍的意义，因而没有什么与具体相脱离的所谓抽象的或普遍的思想"[1]，"理解在这里不是指被原来作者或语词字面所意指的意义，而是指该命题中被隐藏了的而且是当下我们作为理解者必须要揭示的意义，也就是说，这种当前的理解包含了我们与该命题的当下生存关系。"[2]从这个意义上讲，"中国古代数学有没有演绎证明？"这个问题的提出，是针对古希腊数学是存在演绎证明的，这个当下的境况让我们回过头来，重新对中国古代数学的再认识，这个问题提出是学者当下需要回答的问题，学者为了回答这个问题，就开始从中国古代数学史料中挖掘其思想，最后在刘徽的《九章算术注》《周髀算经》中赵爽对勾股定理的证明和其他数学家那里给出了答案，证明了其存在性。

施莱尔马赫强调要想正确地解释古代作者的作品，我们要设身处地于传承物的时代，我们才能达到对传承物的理解。理解者或解释者并非仅从自身的视域出发去理解文本的意义而置文本自己的视域而不顾，反之，理解者或解释者也不只是为了复制与再现文本的原意而将自己的前见和视域舍弃。这种既包含理解者或解释者的前见和视域又与文本自身的视域相融合的理解方式，被伽达默尔称之为"视域融合"[3]，这就是在伽达默尔看来，理解永远是陌生性和熟悉性的综合、过去和现在的综合、他者与自我的综合[4]。事

---

① 洪汉鼎著.《诠释学：它的历史和当代发展》（修订版），北京：中国人民大学出版社，2018 年版，再版序第 6 页。

② 同上，再版序第 7 页。

③ 洪汉鼎著.《诠释学：它的历史和当代发展》（修订版），北京：中国人民大学出版社，2018 年版，再版序第 9 页。

④ 同上，再版序第 9 页。

实上中国古代数学中有没有演绎证明这个问题给出的答案其实也可以从视域融合的视角来讲：一方面，说中国古代数学存在演绎证明是有文本翻译为依据的，这就是伽达默尔强调的，把文本自身的原意融进去的同时，对此问题的解释也是从解释者或理解者自身的视域去理解文本的意义；另一方面，二者视域融合的交集达成了一致，实现了相互理解，在这个交集中实现了二者理解的统一。就像伽达默尔所说"在异己的东西里认识自身，在异己的东西里感到是在自己的家，这就是精神的本质运动，这种精神的存在只是从他物出发向自己本身的返回。"① "中国古代数学中存在演绎证明吗？"这个问题被学者提出来，是建立在古希腊数学是演绎的科学，中国古代数学是不是演绎的科学呢？这就是"在异己（古希腊数学存在演绎证明）的东西里认识自身（中国古代数学有没有演绎证明？）""在异己（古希腊数学存在演绎证明）的东西里"体会到了中国古代数学熟悉的面孔也有陌生的一面——原来中国古代数学还有演绎证明这个陌生的东西是产生于我们熟悉的中国古代数学中。如果我们不知道古希腊数学中有演绎推理，甚至不知道什么是演绎推理，我们会反思自己数学文化中有演绎推理吗？不会！"从他物出发向自己本身的返回"也就是因为古希腊数学有演绎推理，中国古代数学中有没有演绎推理？这就是要进行反思自己，就要通过中国古代数学史料来论证其存在性，于是就追溯到刘徽那里，发现自己熟悉的文化中竟然有如此陌生的东西——演绎证明或演绎推理的存在。伽达默尔还强调，诠释学的优越性在于它能把陌生的东西变成熟悉的东西，它并非只是批判地消除或非批判地复制陌生的东西，而是用自己的概念把陌生的东西置于自己的视域中并使它重新其作用②。事实上，中国古代数学有没有演绎证明的问题就是起源于对古希腊数学是演绎的证明，而我们对自身的一种追问，通过一番调查了解，发现中国古代数学演绎证明虽然不发达，但是存在性是不可否认的，这就是用现当代的"演绎推理"这个概念把刘徽《九章算术注》文本置于我们的视域之

① 同上，再版序第9页。
② 同上，再版序第9页。

中，并赋予它现当代意义，这本身就是使陌生的因素和自身熟悉的因素在一种新的形态中相互交流。事实上，在西方数学传入中国之前，演绎推理对中国人来说就是一个陌生的概念，但是这个陌生的东西在西方数学传统中国之后，中国人开始追问中国古代数学存在像西方一样的演绎证明吗？经过中国数学史料的挖掘，在时间距离遥远的魏晋之际刘徽、赵爽等学者那里，我们以前的陌生的东西其实它是我们今天熟悉的东西。以上是从哲学诠释学的视角来分析中国古代数学是存在演绎证明的。

"Philosophy"是一个外来词，最初是日本学者翻译为"哲学"的。中国古代有没有哲学？在西方哲学进入国人的视野之前是没有哲学的，至少没有从中国古代文化中分离出来哲学，也不知道什么是哲学，但是当西方哲学涌入国人的视野，国人开始重新审视中国古代哲学的存在性，按照西方哲学的标准，在诠释学的视角下，经过对中国古代文化思想的考察分析提炼出了中国古代哲学，以此说明了中国古代是有哲学的。事实上，中国古代"有没有演绎证明？"或有没有"数学是演绎的科学"的观点？这样的问题同样需要考察分析。

演绎证明在中国古代数学中存在还有其他的证明。江晓原教授说："《周髀算经》构建了古中国唯一一个几何宇宙模型，这个盖天宇宙几何模型有明确的结构，有具体的、能够自洽的数理。作者使用了公理方法，它引入了一些公理（如天地为平行平面，日照四旁，十六万七千里），并在此基础上从几何模型出发进行有效的演绎推理，去描述各种天象。"[①]事实上，从三国时期数学家赵爽注《周髀算经》的一些内容来看，至少一点是赵爽也开始了演绎证明的数学活动，主要体现在他用"出入相补"原理证明了勾股定理，这可能是受到《周髀算经》是演绎数学体系的影响。

数学是演绎的科学的另一个来源是墨子的《墨经》。墨子是墨家学派的创始人，也是战国时期著名的思想家、教育家、科学家、军事家。墨子强调

---

① 江晓原译注：《周髀算经》，沈阳：辽宁教育出版社，1996 年版，第 49 页。

在实践活动中获取数学知识；但是他又强调给数学概念下定义的观点。例如，《墨经》上说"圆，一中同长也"、"平（指平行），同高也"、"直（指直线）参也（直线上有三个点）"等①。墨子难道仅是为数学概念下定义而下定义吗？其实墨家的逻辑学也是很发达的。一种可能就是给基本的数学概念下定义的目的是进一步的判断和推理奠定基础的。墨子其实也是强调数学是演绎的科学。应该说即使墨子没有这种思想，其实他的数学思想距离这种观念也不是太远的。墨子已经把经验的数学观与演绎的数学观结合起来，首先强调数学是来自于客观世界的实践活动的，对具体的事物进行抽象概括出来基本的数学概念并给之下定义，在此基础上进行判断及推理。这种可能性不是不存在，而是很有可能的。方孝博在《墨经中的数学与物理学》一书认为，《墨经》中有许多概念和理论和古希腊数学家欧几里得《几何原本》极相符合的②。后来数学家赵爽、刘徽、李冶等继承墨子的演绎数学的思想。

刘徽注《九章算术》标志着中国古代数学基本理论的建立。刘徽对《九章算术》中一些没有定义的概念给予定义，并且对《九章算术》中没有证明的所有正确的公式、命题都给予了创造性的证明③。从这点来说在刘徽的数学观也是有数学演绎科学思想的成分的。刘徽与墨子、赵爽的数学观念具有一致的相通性，而且刘徽表现出来的"数学是演绎的科学"的观点要比墨子和赵爽更加强烈一些。李冶的《测圆海镜》也基本上是一个演绎证明的公理化体系④。中国古代数学是有公理化体系的，这个存在性是不可否认的，但是没有古希腊数学公理化体系发达完善而已。

一些学者可能要问即使是墨子、刘徽、赵爽等学者演绎证明了一些定理，但是他们未必有"数学是演绎的科学"这种思想观念。就像欧几里得没有留下他的数学哲学或者说数学观，但是从他的《原本》中人们就可以体会到他

---

① 方勇译注：《墨子》，北京：中华书局，2015 年版，第 326 页。

② 周瀚光著.《先秦数学与诸子哲学》，上海：上海古籍出版社，1994 年版，第 92 页。

③ 佟健华，杨春宏，崔建勤等著.《中国古代数学教育史》，北京：科学技术出版社，2007 年版，第 128 页。

④ 王鸿钧，孙宏安著.《中国古代数学思想方法》，南京：江苏教育出版社，1989 年版，第 138-139 页。

的数学哲学观点就是"数学是演绎的科学"。如果他没有这种思想观念他不会把欧氏几何的大厦建立在演绎推理的基础上，如果他认为数学是计算的科学，他也不会写这样一部逻辑演绎为特点的数学巨著。同样刘徽与赵爽甚至还有《周髀算经》的作者如果没有这种对数学要深究其故的思想，他们也不会这样做的。他们这样做的目的——如果不这样做感到不舒服，可以说是一种精神的追求和心灵的安慰。他们这样做了，就是承认了这种"数学是演绎的科学"是他们的观点，当然有他们的理由。这些数学家们承认这样做的合理性。从这个意义上讲，中国古代数学是存在"数学是演绎的科学"这种观点的。

4.4　中国古代数学观的性质

关于中国古人的数学观其实还应该有一些，但是由于种种原因，在此不再列举。为了更深刻地认识中国古人的数学观，我们通过以下几方面对中国古代数学观进行分析，也许能够得到一些有益的结论。不可否认，上面中国古代数学观有一些是笔者总结出来的或诠释出来的，当然有一些就是中国古代数学家的数学观，例如，"数学是一门技艺的科学"则是古人本来就有的一种数学观；再例如李冶、秦九韶、杨辉强调"数学是道的科学"思想就是他们自己的数学观，笔者仅作了一点解释；再例如中国古代数学是实用的科学，也几乎都是被公认的。即使是笔者总结出来的一些数学家的数学观，但是他们是有文本作为证据的。事实上，这种对前人思想的总结是不是有点夸大中国古代数学呢？笔者认为是没有的。像亚里士多德的"吾爱吾师，吾更爱真理"也是后人根据亚里士多德的一段话总结出来的意思，基本上表达出了亚里士多德的思想。对前人思想的总结是建立在前人思想存在的基础上的，而不是建立在空穴来风的基础上的。中国古代数学著作中没有"演绎推理"或"演绎证明"这样的词，但是只要有类似的思想都可以说中国古代数

学中基本上存在演绎证明或演绎推理。我们追求的是精神，是思想，而不是表现形式。由于不同的文化，表现形式是多样的，我们更应该把握其精神本质。以上对中国古代数学观的诠释反映了本书此在的生存状态，是哲学诠释学意义上的视角。

下面内容主要讲中国古代数学观的几个重要的性质：生活性、发散性、诠释性和主观性。这四个性质之间也是有着密切的联系的，也是由中国古代文化或古代哲学决定的。中国古代数学观是中国人的社会生活在数学上的投影。从这些性质中可以看到，中国古代的数学观紧密地联系现实生活。现实生活是发展的，是变化的，而对数学的认识也应该是与时俱进的，这就反映了中国古代的数学观的主观性或相对性，这也说明了数学观的诠释性。中国古人的现实生活是丰富多彩的，这就导致了数学观的发散性。

4.4.1　生活性

下面笔者就以现代学科划分的观点重新审视以上八种数学观的门类归属问题，在此基础上对中国古代数学观给出一个抽象概括的总观点。当说数学是一门技艺的时候，数学就是一门技术活；当说数学是计算的科学的时候，更多地反映了数学计算在人类社会生活中的重要性，这体现了数学的自然、社会、人文等科学性质，甚至充满神秘主义的占卜也需要计算；当说数学是实用的科学的时候，更多地体现了数学的社会性；当说数学是实践的科学的时候，中国古代数学具有自然科学的性质；当说数学是心智的科学或是演绎的科学的时候，数学在某种程度上就是现代意义上的数学；当说数学是"道"的科学的时候，已经把数学地位提高到了哲学的高度，这说明中国古代数学具有人文科学的性质；当说数学是神秘主义的科学的时候，说明了中国古代数学的地位是更高的，在某种程度上讲，数学就是一种宗教信仰，很具有魅力，能够反映数学在中国人精神生活中的重要性。总之，中国古代数学观反映了中国古人对数学的认识或理解是各种各样的，数学充满了中国古人生活的方方面面，涉及了中国人生活的各个领域，从这个意义上讲，数学就是中国人的主流文化。中国古代数学观可谓无所不包。事实上，中国古代数学观用海德格尔的观点来讲就是中国人的生活观，中国人有什么样的生活观，就有怎么样的数学观。因此中国古代数学观的本质特点之一就是生活性。

4.4.2　发散性

以上分析说明了中国古代数学既是一门人文科学，也是一门社会科学，也是一门自然科学，甚至还有一丝的宗教神学的色彩。钱学森先生认为数学作为数学科学，是与自然科学并列的科学[①]。钱学森先生的这种观点也不能把以上八种数学观全部囊括其中。黄秦安、曹一鸣教授说："数学不仅具有自然科学的普遍特征，而且还包含着丰富多彩的社会学意义和人文精神，"[②]这种观点笔者是很赞同的。中国古代数学的性质是最复杂的，这种复杂的性质不是说数学既是一门人文社会科学也是一门自然科学能够概括的。事实上只能这样说，中国古代数学是一门人文、社会、自然等兼容的科学。在这个定义中有一个"等"字，这表明了中国古代数学观还可能包含其他的领域。这种观点把钱学森先生的观点也借鉴性地容纳进去了，数学在中国古代所包括的范围是极为广泛的。这个其实也回答了长期以来，人们认为在西方文明中，数学是一种主要的文化力量[③]，似乎中国古代数学没有形成一种主要的文化力量。其实从以上中国古代数学观中，读者会发现中国古代数学其实也是一种主流的文化之一，至少的一点是应用极为广泛，渗透了很多学科，跨越了自然科学、人文科学和社会科学的界限，甚至在宗教神学中都是崇拜数学的。黄秦安教授认为，与波普尔的证伪主义哲学相比，拉卡托斯由于强调数学的历史和实践性，其学说超越了波普尔与库恩的范式革命有共同之处。库恩主张把科学置于一个广泛的历史发展背景中去考察，这对于理解数学同

---

① 王元：《纯粹数学与应用数学》，《自然杂志》1997 年第 2 期。

② 黄秦安，曹一鸣著.《数学教育哲学》（第 2 版），北京：北京师范大学出版社，2019 年版，第 150 页。

③ 莫里斯·克莱因著，张祖贵译：《西方文化中的数学》，上海：复旦大学出版社，2016 年版，参见前言。

样适用。数学是不断生长的知识生物，具有进化和社会学特征[①]。事实上，中国古代数学就具有进化和社会学特征，从以上八种数学观可以看出。中国古代数学观的内容分布是极为广泛的。一种很可能的情况是，即使现代的学科分类也未必囊括完中国古代的数学观的思想，因为它涉足的领域不仅是太广，而是太发散了。《孙子算经序》有一段话说："夫算者，天地之经纬，群生之元首，五常之本末，阴阳之父母，星辰之建号，三光之表里，五行之准平，四时即始终，万物之祖宗，六艺之纲纪。"[②]从上面这段引用可以看出，中国古代数学应用的广泛性，这种应用的广泛性必然导致数学观的发散性。另外，中国古代数学观呈现出发散还有以下几点原因。

首先，在古人看来，这个世界是变动不居的或者迁流不止的，一切都是在变化流动之中，在这样的情况下无法对发展变化的事物给予定义。因为当你给它定义的时候，它又在发展，又不是原来的它了，您刚才给出的定义就不准确了。这就是中国古代数学中没有给数学概念下定义的习惯的（当然像墨子、刘徽等学者仅仅是少数）原因之一。在中国古人的文化中，就没有一个绝对的、永恒的、不变的柏拉图所说的"理念世界"中的绝对真理。换句话说，中国古人对事物的认识都是时间的函数。在这种文化环境之下，中国古人对"什么是数学？"这种问题的认识或理解当然是与时俱进的。这就形成了上面所说的八种甚至更多种数学观的存在。

其次，这些数学观发散性的形成与这个民族大一统的文化是密切相关的。大统一的文化观念不太讲究分工，中国古人赋予了数学很多的内涵与意义，让数学承受了如此多的意义，中国古代数学"忍辱负重"地承受着生命不能承受的重担，这也是中国古代数学观复杂性的另一个原因，而不像古希腊那样数学很早就实现了社会分工，古希腊数学就是纯粹的学问，给予数学家研究数学工作是在社会分工的条件下产生的。但是中国古代数学却不是太提倡分析，更多的提倡综合的观点，这种综合的方式，造成了在对数学的认

---

① 黄秦安著.《数学哲学新论 超越现代性的发展》，北京：商务印书馆，2013 年版，293 页。
② 王鸿钧，孙宏安著.《中国古代数学思想方法》，南京：江苏教育出版社，1989 年版，第 153 页。

识上，什么事物都往数学上靠，数学成了万能。就像中国古代的一副对联"风声雨声读书声声声入耳，家事国事天下事事事关心"，什么事都关心，毕竟人的精力与时间是有限的，关心得太多，无法形成专业化，无法深入发展。中国古代数学就是事事关心的大文化环境下形成的，这可能是造成中国古代科学不发达的原因，这也同样造成了中国古代数学观点的发散性。

最后，以中国古代数学家为代表的学者对数学的认识一方面是建立在实践活动的基础上，但是更为重要的是建立在哲学诠释学所强调主客合一观念下依靠参与内心的体验获取知识或真理的方式。不同的人或时代，其参与程度和体验深度不同，这就造成了对中国古代数学认识的主观性，这种主观性造成了不同的数学家有不同的数学观，而很少有统一的客观标准，这也是伽达默尔哲学诠释学所强调的，对于文本或传承物不是像施莱尔马赫所讲的更好地理解文本，甚至比作者更好地理解文本，而是以不同的方式理解文本就可以了。中国古代数学家对数学这个文本的理解就是以不同的方式来进行的，这就是说中国古人对数学的理解更多的是具体的、个例的、形象的，而非一般的、抽象的和普遍的。这就是中国古代数学观发散性形成的一个原因——中国古代数学掺杂了个人主观的情感。

4.4.3　诠释性

其实，任何数学观都是对数学的诠释或解释，包括郑毓信在《新数学教育哲学》中列出来的很多学者的数学观；方延明教授在《数学文化导论》中给出了 15 种数学观[①]。其实无论多少种数学观，都是人类对数学的诠释，这种诠释是哲学诠释学意义上的诠释。西方学术界对数学有很多的定义，"数学是量的科学"，这是亚里士多德的观点；"数学是秩序的科学"，这是笛卡尔的观点；"数学是结构的科学"，这是布尔巴基学派的；"数学是无限的科学"，这是 H.Weyl 观点；"数学是模式的科学、数学是引出必然性结论的科

[①] 方延明著.《数学文化导论》，南京：南京大学出版社，1999 年版，第 2-15 页。

学"。^①事实上，这些都是西方学者对数学的一种哲学诠释学意义上的诠释。说这是哲学诠释学意义的诠释，就是因为这些观点都是一些学者亲身参与数学活动体验的结果，而不是仅仅依靠像自然科学家做实验那样是做出来的，而是在主客不分的观念下对数学参与式研究的一种体验，这就是伽达默尔哲学诠释学所强调的精神科学区别于自然科学重要的方式是以参与体验的方式获取知识或真理的。笔者列出中国古代的八种数学观与西方学者的数学观是很类似的，也是哲学诠释学意义上的。用海德格尔的话讲，就是由笔者此在的存在方式本身决定了对中国古代数学观的理解。即使是中国古代数学家对数学的理解或认识也是他们自己的诠释，也是由于他们的此在的存在方式本身决定的。笔者认为，不仅数学观是哲学诠释学意义上的，甚至人类的一切理论都是诠释学意义上的，都是人类此在的存在方式本身决定的。

4.4.4　主观性

我们再从中西数学观比较的视角分析。中国古人对数学的认识与西方主流的观念是截然不同的，甚至是完全相反的两种认识。西方学者对数学看法是一种很客观的诠释，可以说很少给数学一个带有主观色彩的评价；而中国古代数学家对数学的认识一方面具有客观性，但是更多的是一种主观的认识，反映了数学的价值与意义。以上八种数学观也说明中国古代数学观具有的主观性的特点。数学无论是被亚里士多德说成"是研究量的科学"还是笛卡尔把数学说成"是研究秩序的科学"的观点，甚至后来恩格斯强调"数学是以确定的完全现实的材料作为自己的对象，不过它考虑对象时完全舍弃其具体的内容和质的特点"^②，都是强调其客观性，而没有掺杂一丁点的主观认识或情感，这就说明了西方人对数学的认识基本上是建立在主客二分的文化传统观念之上的，这点与西方科学主义一支独大的现状是一致的。

---

① 郑毓信著.《新数学教育哲学》，上海：华东师范大学出版社，2015 年版，第 5-6 页。
② ［俄］A．D．亚历山大洛夫等著，孙小礼，赵孟养，裘光明，严士健等译：《数学——它的内容，方法和意义》（第一卷），北京：科学出版社，2001 年版，第 63 页。

中国文化是主客不分的文化，这种观念之下数学观一般是受到伽达默尔所强调的参与体验的理解方式的影响。再反过头来看看中国古人对数学的理解，会发现中国古人对数学的理解一小半是具有客观性；另一大半是对数学寄托着一种情感，充满了主观的认识。先说具有客观性的数学观，数学是实践的科学、数学是演绎的科学、数学是计算的科学，这三种观点是中国古人对数学比较客观的看法，但是中国古人对数学的认识不仅仅具有像西方那样强调数学的客观性，而且更多地强调数学主观性的一面，甚至即使上面具有客观性的数学观中也是掺杂主观成分的，因为中国古代文化主要是"主客合一"的文化，我们现在可以知道"客"是客观的，"人"是主观的，二者混合起来，肯定还是有人的主观情感在里面，即使是经验数学观也会有个人的情感体会。

下面笔者就讲中国古代数学观中充满主观性的数学观，当说"数学是一门技艺"的时候，人们对数学是有一丝的情感，这种情感说明了数学具有存在的价值；当说"数学是实用的科学"的时候，强调了数学有用性，这也是一种对数学情感的流露或承认其存在价值；当说"数学是神秘主义的科学"的时候，这就是一种主观的崇拜与敬仰；当说"数学是'道'的科学"的时候，是对数学的一种喜欢情感的流露，抬高了数学在中国传统社会的地位；当说"数学是心智的科学"的时候，数学就是像维特根斯坦强调的一样是一门游戏，游戏当然偏向于人文科学。以上六种数学观都反映了中国古人对数学充满情感的主观认识，这种认识与西方强调数学的纯粹客观性的认识是格格不入的，但是中国古代的这种数学观反映了海德格尔或伽达默尔强调哲学诠释学价值与意义的重要性。反映了中国古人对数学的理解充满了复杂性，比西方人认识的数学的范畴要大得多，至少西方人不会把对自己的主观情感认识强加到数学观身上。

以上八种数学观说明了中国古代数学观是中国古人对数学这个概念的诠释，是以不同的方式理解或诠释数学的。伽达默尔说："如果我们一般有所理解，那么我们总是以不同的方式在理解，这就够了。"①这种所谓"以不

---

① H.-G. Gadamer. Wahrheit und Methode. Tübingen：J. C. B. Mohr (Paul Siebeck)：第 1 卷，1986：301-302。

同的方式在理解",不仅与传统诠释学的"原样理解"或复制相对立,而且也与施莱尔马赫所谓的"更好理解"相区别。伽达默尔立论的基础是"文本意义超越它的作者,这并不只是暂时的,而是永远如此的,因此理解就不只是一种复制的行为,而始终是一种创造的行为。"[①]因此,中国古人对数学的理解也是一种创造性的行为。中国古人对数学的理解,坦诚而言没有古希腊人对数学理解的系统化、理论化,但是却是以不同的方式理解数学的,也就是说以不同的方式诠释数学的。反过来,如果中国古代数学工作者都统一的方式理解数学,那就不是伽达默尔哲学诠释学意义上的,最多是施莱尔马赫的一般诠释学意义上的理解而已。从这个意义上讲,中国古代数学观具有后现代主义的思想。"以不同的方式理解数学"就反映了中国古代数学观的主观性。也就是说中国古代数学观具有"仁者见仁智者见智"的优秀品格。

另外,中国古代数学观的主观性其实还可以引出或派生出另一个性质,这就是中国古代数学观的相对性,因为主观性一方面是相对于客观性而言的;另一方面主观性意味着差异性,意味着个性的存在。但是限于篇幅以及它与主观性的关系,在本书不做过多的论证。

4.5　本章小结

中国古代数学观是以数学家、数学教育家的数学观为主。中国古代数学观从哲学诠释学的角度来说,既是古人对"什么是数学"这一问题所作出的回答,是古人对数学的一种诠释,也是本书对此的再诠释。本章首先简单地介绍数学观的内涵,然后强调中国古代数学观主要存在于中国古代数学家、数学教育家这样一个群体之中;重点分析中国古代八种数学观。不同的数学家的数学观可能相同,同一个数学家可以持有不同的数学观。伽达默尔强调,

---

[①] 洪汉鼎著.《诠释学:它的历史和当代发展》(修订版),北京:中国人民大学出版社,2018 年版,前言第 2 页。

文本意义超越它的作者，这并不只是暂时的，而是永远如此的，因此理解就不只是一种复制的行为，而始终是一种创造的行为①。以中国古代数学家、数学教育家为主的学者所认识或理解的数学就是他们在哲学诠释学意义上诠释的结果。中国古代文化基本上说是一种主客合一的文化，在这种文化下理解事物依靠的主要是主动参与体验的方式，而这正是哲学诠释学所强调的重要内容。

　　以上八种数学观，是中国古代学者对数学的一种哲学诠释学意义上的理解或诠释，另一方面也是本书对这些学者数学观的一种哲学诠释学意义上的再诠释。伽达默尔哲学诠释学具有后现代主义的性质。小威廉·E.多尔强调后现代主义具有三个特点，对元叙述的怀疑，折中性和解释的多重性②。以上中国古人不同的数学观就反映了小威廉·E.多尔或伽达默尔强调的后现代主义的解释的多重性（也就是解释的多元性）这一特点。至于后现代主义的思想较为详细的论证请参阅黄秦安教授③或夏基松教授④的著作。由于时代生活状况所限，中国古代数学不可能达到斯蒂恩在《科学》杂志上所强调的"数学是模式的科学"这一观点⑤，也没有达到布尔巴基学派所强调的数学是结构的科学，但是中国古代数学观作为民族数学，她有她自身的独特性，她与这个民族的生存状态是密切相连的。我们不要过多地强加于她文化土壤中没有的数学观元素，也不要认为这个民族在数学观上是很贫乏的。

---

① 洪汉鼎著.《诠释学：它的历史和当代发展》（修订版），北京：中国人民大学出版社，2018 年版，前言第 2 页。

② [美] 小威廉·E. 多尔著，王红宇译：《后现代课程观》，北京：教育科学出版社，2015 年版，第 8-9 页。

③ 黄秦安著.《数学哲学新论 超越现代性的发展》，北京：商务印书馆，2013 年版，参见第一章绪论。

④ 夏基松著.《现代西方哲学》，上海：上海人民出版社，2009 年版，参见第十四章后现代主义哲学。

⑤ Lynn Arthur Steen. The Science of Patterns. Science, New Series, Vol. 240, No. 4852 (Apr. 29, 1988), pp.611-616。

第5章 中国古代数学教育目的的诠释：人文主义的关怀

中国古代教育的目的扎根于中国古代人们现实生活之中，是中国古代教育中的一个重要概念。而中国古代哲学是以人生哲学为主的，反映在教育目的上就是为人的教育，这就反映了教育的本质。从中国古代现实主义一元论的哲学来讲，中国古代教育就是以人的现实生活为中心的教育，而不是像欧洲中世纪的教育是为将来上天堂而做准备的。因此笔者在本章把欧内斯特的三种数学教育目的诠释为中国古代数学教育的三种目的，并统一为人文主义的教育目的，对形成原因进行了中国古代哲学和哲学诠释学的解读。

5.1 教育目的概述

教育目的是一个重要的概念，无论是作为教育学还是作为教育哲学。教育目的也是一个历史的范畴。不同的民族文化，不同的时代，其教育目的一般是不同的。古希腊哲学家亚里士多德强调教育目的就是使人成为自由人[①]。

---

① 张楚廷著.《高等教育哲学通论》，北京：高等教育出版社，2010年版，第123页。

德国哲学家康德强调，教育的目的就是"教人如何做人"。[①]美国教育家杜威在《民主主义和教育》开章明义地提出"教育是生活的需要（笔者认为这种观点与中国文化是相融合的）。"[②]赫钦斯认为，教育即在"发掘出我们人性的共同点，这些共同点在任何时代和地方都是一致的"。[③]以上观点都强调教育目的离不开人，人是教育的对象。教育目的关系到教育活动培养什么样人的问题，教育目的是把受教育者培养成为一定社会所需要的人的总要求。王道俊、郭文安主编的《教育学》中强调教育目的有广义的与狭义的两种：广义的教育目的是指，存在于人的头脑之中的对受教育者的期望和要求。狭义的教育目的是指由国家提出的教育总目的和各类学校的教育目标，以及课程与教学等方面对所培养的人的要求[④]。中国古代官方教育很类似地介于广义教育和狭义教育的定义之间，包括官方教育和民间教育可以统称为广义的教育。王道俊、郭文安又从形态上把教育的目的分为理论形态的和实践形态的教育[⑤]。对于教育目的的理论基础，一般受到社会的价值取向的制约，教育目的价值取向的基本类型是个人本位和社会本位[⑥]。但是二者也不是绝对的，事实上几乎任何一种教育的目的都应该是多元的，既存在个人本位类型的教育目的的同时也存在社会本位类型的教育目的，当然我们可以说以那种类型为主的教育目的。在这里还是解释一下人文主义。人文主义与人本主义有时候被加以区分。实际上，后者是相对于科学主义的，亦不过是人文主义的一种特殊形态。当我们将它作为广义理解时，它与人文主义同义。本书对二者不作严格的区分，而是视二者为同一概念，因为二者的差异不大，而且对本书的思想表达并无大的妨碍。在西方历史上人文主义亦萌芽于古希腊，但是大张旗鼓于文艺复兴时期。在科学甚嚣尘上之时，人文主义亦起而迫之，成

---

① 同上，第 125 页。

② ［美］杜威著.《民主主义与教育》，王承绪译，北京：人民教育出版社，2001 年版，第 6 页。

③ ［美］赫钦斯著.《美国高等教育》，汪利兵译，杭州：浙江教育出版社，2001 年版，第 39 页。

④ 王道俊，郭文安编著.《教育学》，北京：人民出版社，2009 年版，第 81 页。

⑤ 同上，第 84 页。

⑥ 同上，第 87-94 页。

为 19—20 世纪文学、艺术、哲学的主要思潮之一。人文主义在教育目标的体现源远流长。西方古代的"七艺"和中国古代的"六艺",都具有鲜明的人文色彩。孔子、苏格拉底等人的许多教育论述,就其实质而言不完全是为了培养当时的社会成员,而是包含着强大的人文教育思想,以帮助个体更好地认识自我,理解人生,确立方向。如孔子的"朝闻道,夕可死",苏格拉底的"认识你自己",这些论述在当今的教育教学中有积极的意义[①]。

5.2 中国古代教育目的的导出

王道俊、郭文安认为,我国古代教育目的就是培养统治阶级所需要的统治人才,具体表现为"读书做官",这种教育目的的价值取向在孔子那里就已确立,并认为我国古代教育目的价值取向在不同的历史时期虽然有不同的表述,但其基本精神是一致的,那就是,通过教育塑造理想人格,并以个人的人格魅力和德行修养来服务并服从于统治阶级的需要,成为统治阶级所需要的人[②]。下面从中国古代哲学的视角来探讨中国古代教育的目的,从而为更好地引入数学教育的目的奠定基础。

"哲学是什么"这个问题自古以来就没有一成不变的答案。黑格尔提出了哲学就是哲学史;也有的学者提出哲学无定论的思想。但是哲学应该从"是"与"应该"两个维度考虑问题。这正如罗素所说:"哲学在其全部历史中一直是由两个不调和地混杂在一起的部分构成的:一方面是关于世界本性的理论,另一方面是关于最佳生活方式的伦理学说或政治学说。这两部分未能充分划分清楚,自来是大量混乱想法的一个根源。"[③]事实上,中国古代哲学不仅由关于"是"的维度,而且在某种意义上讲,更多的是从"应该"的

---

① 张立昌,郝文武著.《教学哲学》,北京:中国社会科学出版社,2009 年版,第 66 页。

② 同上,第 99 页。

③ 孙伟平著.《价值论转向——现代哲学的困境与出路》,合肥:安徽人民出版社,2008 年,第 9 页。

维度考虑问题的。这个"应该"的维度就是从价值论的方面考虑问题。中国古代哲学主要是人生哲学或道德哲学，关于中国古代哲学的价值论关注的对象是人。宋志明教授强调中国古代价值观的取向是追求真善美，但归根到底还是做什么样的人、建立什么样社会的问题①。

　　在中国古代哲学史上，较为普遍认同的操作模式是"内圣外王"。《庄子·天下篇》说"判天地之美，析万物之理，察古人之全，寡能备于天地之美，称神明之容。是故内圣外王之道，暗而不显，郁而不发，天下之人各为其所欲焉自以为方。"②"内圣外王"的意思是说内具圣人之德，外施王者之政，前者属于德，后者属于才，"内圣外王"至少包含着"德才兼备"的意思。上面是道家把"内圣外王"视为自己的操作模式，儒家也是如此。孔子讲"为仁由己"，已论及"内圣"；孔子讲"约之以礼"，已论及"外王"，儒家的"内圣外王"的雏形在孔子这里得到体现；荀子把"内圣"与"外王"两个方面紧密地联系在一起，认为治理国家应当做好教化与法治这两件事③。儒家经典著作《大学》提出了"三纲领""八条目"来展开论述"内圣外王"的操作模式④。"三纲领"的第一条是"明明德"讲的是"内圣"。第二条"亲民"讲的是"外王"，是说做君主或做官应当亲近民众，为百姓办事。第三条"止于至善"是指内圣与外王都达到了最高的境界。"八条目"讲的是实施"三纲领"的八个步骤。第一步是"格物"，是指读书学习；第二步是"致知"，即获得知识。第三步是"诚意"，也就是树立善恶观念，第四步是"正心"，也就是养成坚定的道德意识。以上四步主要讲的是如何做到"内圣"。第五步是"修身"，指的是在道德践履中要严格要求自己，化道德意识为道德行为；第六步是"齐家"，即处理好士大夫自家的事情；第七步是"治国"即处理诸侯国内的时期，把基层政权建设好；第八步是"平天下"，即是处

---

① 宋志明著.《中国古代哲学通论》，北京：中国人民大学出版社，2013 年第 3 版，第 154 页。
② 孙通海译注:《庄子》，北京：中华书局，2007 年第 1 版，第 375 页。
③ 宋志明著.《中国古代哲学通论》，北京：中国人民大学出版社，2013 年第 3 版，第 167 页。
④ 陈晓芬，徐儒宗译注:《论语大学中庸》，北京：中华书局，2011 年第 1 版，246-247 页。

理好全国的事情，把中央政权建设好。这四步意思相近，讲的是怎样贯彻"外王"的原则①。"内圣外王"在宋明理学中得到了进一步的体现与发扬。但是宋明理学总体上来说，是重视"内圣"而轻视"外王"的。他们看重的是道德价值，而看不中事功价值；看重动机，而不太看重效果。程朱理学是这样，陆王心学也是重视道德价值，也就是强调"内圣"的重要性，而轻视"外王"的重要性。王阳明更强调内圣的重要性，他认为做人讲究的是"内圣"，而不是"外王"。他对内圣作出了平民化的解释，甚至提出了满街上跑的都是圣人的思想，这就意味着他提出了"内圣面前人人平等"的观念②。不可否认，王阳明高扬圣人的品德，贬低人才的思想倾向也是存在的。表面上看"内圣外王"是为君为官之道，但是这里面包含着丰富的教育哲学内涵。如果从现代社会的观念来诠释，"内圣"就应该是为人正直、出以公心、工作认真、爱岗敬业、勤勤恳恳、遵纪守法、乐于助人等美德。同样"外王"也应该指很高的能力素质，有技术专长，有办事能力，有开拓意识与创新能力等。"内圣外王"是中国古代教育目的的一个总纲，"内圣外王"就是一个人才培养的目的。中国古代社会是一个政治伦理型社会，教育与政治是不分的。"内圣外王"是中国古代哲学的核心价值，也集中地反映了中国古代教育哲学的目的。以上也说明了中国古代教育主要是培养"内圣"，也就是培养人的品德，其次才是培养"外王"的。所谓的"德才兼备"中的"德"一定要在"才"的前面。这样就在中国古代哲学或中国古代教育哲学中找到了中国古代教育的目的。必须承认这个目的偏向于道德的培养，而不是知识的追求。英国近代经验主义哲学家洛克也是强调德育的重要性③。

以上教育目的是从中国古代哲学或中国古代教育哲学目的得出的，现在我们从教育学中看看是否能够得到同样的结论。王道俊、郭文安教授的《教育学》中说，我国古代教育目的价值取向在不同历史时期虽然有不同的表述，

---

① 宋志明著.《中国古代哲学通论》，北京：中国人民大学出版社，2013年第3版，第167页。

② 同上，第167页。

③ ［英］约翰·洛克著，徐大建译：《教育漫话》，上海：上海人民出版社，2011年版，译者序言第4页。

但其基本精神是一致的，那就是通过教育塑造理想人格，并以个人的人格魅力和德行修养来服务于统治阶级需要[1]。可见由中国古代哲学或中国古代教育哲学推导出来的教育目的与教育学中所说教育目的大体上是一致的，都是强调德育的重要性。还需要说明的一点是中国古代教育的目的是为今生今世服务的，而不是像中世纪的欧洲的教育是为来世上天堂作准备的[2]。

5.3　中国古代数学教育目的的现代诠释

中国古代数学教育目的应该服从中国古代教育目的这样一个总的目的，或者说中国古代数学教育作为中国古代教育的一个重要的组成部分，其目的在某种程度上应该是从中国古代教育目的派生出来的。由于中国古代教育总的一个目的是培养"内圣外王"的人才的，那么中国古代数学教育目的也应该是培养"内圣外王"的人才的。更具体地说，由于数学是一门知识性的学科，这就说明了中国古代数学教育目的是培养"外王"的，也就是培养具有数学知识和数学能力方面人才的。从中国古代教育重视"内圣"，而轻视"外王"的角度来说，中国古代数学作为知识的学问，由于属于"外王"的范围，理所当然地被轻视，其地位就是低下的，至少没有道德品质的培养重要，这就从中国哲学的视角揭示了中国古代数学地位的低下（中国古代数学最初是"六艺"之末的学问或数学是一门技艺的学问是大家比较公认的观点），事实上也是这样。中国古代数学教育目的是培养"外王"的，这种"外王"的目的按照现当代一些学者的观点，可以分为几种情况，这就是下面的内容。

郑毓信教授在《数学教育哲学》一书中按照欧内斯特的观点，把教育目的（也就是目标）分为三种[3]：第一种是实用主义的目的，其所关注的主要

---

[1] 王道俊，郭文安编著.《教育学》，北京：人民出版社，2009 年版，第 99 页。

[2] ［捷］夸美纽斯著，傅任敢译：《大教学论》，北京：教育科学出版社，2014 年版，第 3 页。

[3] 郑毓信著.《数学教育哲学》，成都：四川教育出版社，2001 年版，第 164 页。

是实用的数学技能的掌握；第二种是人本主义的目的，主要涉及如何通过数学教育来促进人的充分发展或"自我完善"，特别是理性思维和创造性才能的充分发展；第三种就是数学的目的，其所关注的主要是数学知识的传授，并希望通过把作为专门学问的数学知识传授给学生，以保证这一学科的未来发展。郑毓信教授并认为欧内斯特强调占有主流地位的是"数学的目的"，其次是"实用主义的目的"，而只有偶尔的才表现为"人本主义"的倾向。

事实上，中国古代数学教育目的也可以划分为欧内斯特所说的以上三种情况。不可否认，中国古代数学教育主要是实用主义目的和数学的目的（"数学的目的"也可以理解为数学知识的传承，因为欧内斯特强调数学知识的传授和学科的未来发展。为了不至于与讨论的数学教育目的混淆，笔者把"数学的目的"称为"数学知识的传承"）。数学知识的传承在中国古代社会的地位甚至比中国古代实用主义的数学更为重要，至少可以说是同样的重要。至于实用主义的目的，中国古代数学教育的一个主要的目的就是实用。至于人本主义的目的，至少在中国古代数学家这个群体中是存在的。例如，祖冲之小的时候受到家庭的熏陶（六代都是历算世家）[1]，就喜欢数学（"专攻数术，搜拣古今"）[2]。数学对他来说，就是促进他的充分发展和"自我完善"的，事实上也的确发挥祖冲之的理性精神和创造性的才能。他对圆周率的贡献是理性精神的体现，他发明制造过水碓磨、铜制机件传动的指南车、千里船、定时器等，这些机械都是他的创造性才能的反映，祖暅也是如此。实际上，包括数学家刘徽、刘焯、王孝通、李淳风、张遂、贾宪、沈括、秦九韶、杨辉、李冶、朱世杰等基本上实现了欧内斯特所说的人本主义的目的。因为他们研究数学就是一种兴趣爱好，就是一种自我的精神追求和灵魂的安慰。需要进一步补充的是，在几千年的历史长河中出现十几个人本主义的数学教育目的的数学家只能说太少了。但是大多数普通人自然做不到这一点，做到的仅仅是实用数学的目的。其实古代西方数学，尤其是古希腊数学也是如此，

---

[1] 李迪著.《祖冲之》，上海：上海人民出版社，1977 年版，第 4 页。

[2] ［梁］沈约撰.《宋书：律历志》（卷十三），北京：中华书局，1974 年版，第 306 页。

数学家可以实现人本主义的教育目的，但是普通人一般只能实现实用主义的教育目的。中国古代数学具有欧内斯特所说的三种数学教育的目的。下面笔者就把中国古代数学教育的目的按照欧内斯特的这个分类来更为详细地介绍。

5.3.1　实用主义的目的：理解的方式

中国古代数学教育的实用思想，即使不能称为数学教育目的的实用主义，与美国教育家杜威的"实用主义"从家族相似的角度来说二者也应该有相同或类似的思想。杜威在 20 世纪三四十年代在我国长时间讲学，他的实用主义思想在我国能够大行其道的一个根本原因就是因为他的思想与中国的文化具有很强的相通性。因此，欧内斯特所说的实用主义的目的是存在于中国古代数学教育目的之中的。说中国古代数学是实用的数学，首先从以中国古代数学著作为代表的古籍文献中可以证明这一点。中国古代数学最初在西周时期就是作为"六艺"之一的学问。"艺"的地位本身是很低的，相对而言的"道"的地位是很高的。数学没有达到"道"的层面，而仅仅在"艺"的层面，而且在"六艺"之末。孔子在《论语·述而》中说："志于道、据于德、依于仁、游于艺。"[1]颜之推在《颜氏家训·杂艺》中说："算术亦是六艺要事，自古儒士论天道定律历者皆学通之，然可以兼明，不可以专业。"[2]管仲在《管子·七法》中说："不明于计数而欲举大事，犹无舟楫而欲经于水险也。"又说"举事必成，不知计数不可。"[3]管仲把数学应用到政治、经济、军事和外交的方方面面[4]。西汉时期数学家张苍、耿寿昌编著的《九章算术》就是应用数学解决现实生活中的问题的，可以说《九章算术》就是一个实用性的知识体系。《孙子算经序》有一段话说："夫算者，天地之经纬，群生之元首，五常之本末，阴阳之父母，星辰之建号，三光之表里，五行之准平，

---

① 阎韬，马智强译注：《论语全译》，南京：江苏古籍出版社，1998 年版，第 47 页。

② 张霭堂译注：《颜之推全集注译》，济南：齐鲁书社出版，2004 年版，第 295 页。

③ 李山译注：《管子》，北京：中华书局，2009 年版，第 59-60 页。

④ 周瀚光著：《先秦数学与诸子哲学》，上海：上海古籍出版社，1994 年版，第 34 页。

四时即始终，万物之祖宗，六艺之纲纪。"①这就把数学的应用性推广到了极致。隋唐时期的科举考试，数学作为明算科纳入科举考试的范围，其目的主要是培养会应用数学的政府官吏。隋唐时期的四位数学家刘焯、王孝通、张遂（僧一行）、李淳风都是应用数学家，李淳风是编著数学教材《算经十部》的，王孝通是搞土木工程计算的，刘焯和张遂是研究天文历法中的插值运算的。数学家李冶在《益古演段自序》中说："术数虽居六艺之末，而施之人事，则最为切务。"②数学家秦九韶在《数书九章序》中有"大则可以通神明，顺性命；小则可以经世务，类万物""以拟于用""数术之传，以实为体"的数学思想③。宋元数学家杨辉在《日用算法序》中说："用法必载源流，命题须责实有。"④以上这些说明了中国古代数学教育目的就是实用的，或服务于现实生活的。有学者指出，"数学教育者经常看不到他们的学科中含有的社会和道德成分。如果说有什么的话，数学则是一种中性的工具，这一工具有一种社会成分仅仅是因为他能用来解决社会问题。"⑤实际上，这句话与中国古代数学教育可以说是相映成趣。中国古代数学教育者经常看到他们学科中含有社会和道德成分，因为中国古代数学就是具有很强的社会应用性，履行一定的道德义务的同时也是一种中性的工具，而且就是用来解决社会问题的。现当代的学者也普遍强调中国古代数学实用的一面。张奠宙教授认为中国古代数学是一种"管理数学"和"木匠数学"，但是不管是"管理数学"还是"木匠数学"，其目的都是为了实用⑥。王健强、王黎辉强调古代数学教育对象是官府中极少数官吏，官府中的各级官吏作为各种部门的管理任务，必须懂得许多数学知识以及把数学知识应用于实践的"技艺"中，数学教育

① 郭书春，刘钝校点：《算经十书》（二），沈阳：辽宁教育出版社，1998 年版，见《孙子算经序》。

② 李迪主编：《中华传统数学文献精选导读》，武汉：湖北教育出版社，1999 年版，第 339 页。

③ [宋]秦九韶原著，王守义遗稿，李俨审校：《数书九章新释》，合肥：安徽科学技术出版社，1992 年版，第 1 页。

④ 王渝生著.《中国算学史》，上海：上海人民出版社，2006 年版，第 85 页。

⑤ Bryan R.Warnick,Kurt Stemhagen:Mathematics Teacher As Moral Educators:The Implication of Conceiving of Mathematics As a Technology, J. Curriculum Studies, 2007,Vol. 39,No.3,303-316。

⑥ 王宪昌，刘鹏飞，耿鑫彪编著.《数学文化概论》，北京：科学出版社，2010 年版，第 6 页。

成为官吏教育的一部分。这表明了古代中国的数学教育深受其政治影响，并注意到满足社会需要，古代的数学教育就其内容来说，传授的是与农业、手工业、商业、建筑业、管理等生产、生活直接相联系的数学知识。并强调古代数学教育的目的虽然没有明确地提出，但是可以看出它是培养有一定数学知识或技艺的官吏以使他们胜任自己的本职工作[①]。黄艳玲、喻平也认为中国古代教育家对数学教育的看法仍然强调数学是广泛实用的科学[②]。仲广群认为，中国古代数学作为官方培养和选拔人才的重要手段，政府管理各项事务的工具以及教育贵族子所不可缺少的学习科目，而且还说具有明显的实用性和官方性，中国古代数学与祭祀、天文学紧密结盟，被蒙上了一层神圣的色彩，同时数学又是农民手工业者和商人应用的工具[③]。以上现当代学者也强调了中国古代数学的实用性。

　　教育的实用性应该是一个褒义词而不应该是一个贬义词。"数学告诉我们如何理解周围的世界，如何处理日常生活中的问题，如何为将来的职业作准备。"[④]其实中国古代数学教育的目的就是理解周围的世界，就是如何处理日常生活中问题，如何为将来的职业作准备，虽然在中国古代，数学不是一个独立的职业，但是掌握数学知识还是对职业是有帮助的。虽然很多的学者在批判中国古代数学教育的实用性，但是也应该用辩证的观点看待中国古代数学实用性积极的一面，教育的实用性在很多的学者看来也是有积极意义的，至少不应该全盘否定。例如英国哲学家、数学家和教育理论家怀特海认为，那些学究们或许会嘲笑那些具有实用性的教育，但是，如果教育没有用的，那么它又是什么呢？它是一种被藏而不用的才能吗？教育当然应该是有用的，不管你生活的目的是什么，它对圣·奥古斯丁有用，对拿破仑

---

　　① 王健强，王黎辉：《古代数学教育思想回顾及启示》，《连云港教育学院学报》1996 年第 2 期。

　　② 黄艳玲，喻平：《中西古代数学教育的比较及思考》，《上海师范大学学报》（哲学社会科学·教育版）2002 年第 4 期。

　　③ 仲广群：《略论我国现代数学教育对传统的扬弃》，《教育实践与研究》2005 年第 1 期。

　　④ ICMI Study 14: Applications and Modelling in Mathematics Education-Discussion Document. ZDM 2002 Vol. 34(5), 229-239.

也有用。教育是有用的，因为去理解这个世界是有用的[①]。杜威认为，一盎司经验所以胜过一吨理论，只是因为只有在经验中，任何理论才具有充满活力和可以证实的意义[②]。事实上，数学的实用本身就是一种理性精神和思维经济的重要体现，而且中国古代数学即使是实用的，但是并不一定很功利，因为中国古代数学的地位是低下的。一些学者把中国古代数学教育由于实用而引申为功利等。事实上这是不合理的。在中国古代社会，商业不发达，士农工商的排位和自给自足的自然经济也说明了中国古代数学教育中功利思想是有限的。

从哲学诠释学的视角分析这种应用数学与理解数学的关系，以此来说明中国古代数学虽然是以应用数学为主，但是这种对数学的应用，按照哲学诠释学的视角，其实也是一种对数学的理解。"按照海德格尔的观点，世界乃先于这种主—客二分的观点，世界既先于所有的客观性，又先于所有的主观性。世界是在我们认识一个事物的行为中所预先假设的东西，世界中的每一事物都必须依据世界来把握，理解必须通过世界来进行，如果没有世界，人就不可能在其现实中看到任何事物。但是，尽管人必须通过世界来观看一切，世界却如此的封闭，以致它往往逃避人的注意，我们往往不是在知中而是在用中才注意到它。例如，书本、钢笔、墨水、纸张、垫板、桌子、灯、家具、门窗，只有在属于用具的世界里才能是其所是。"[③]这就说明了理论的东西你把它束之高阁就无法更好地理解，只有进行人们的视域，引起人们关注，尤其是人们在应用的时候也就是与事物打交道的时候才能更好地理解事物，这种观点说明了中国古代应用数学是会促进对数学理解的。"在强调理解与应用的统一时，伽达默尔也认为这种理解应该是多元论的。理解文本总是知道如何把这种文本的意义应用于我们现时的具体境遇和问题，应用绝不是理解

---

①［英］怀特海著，庄莲平，王立中注译：《教育的目的》，上海，文汇出版社，2012年版，第3-4页。

②［美］约翰·杜威著，魏莉译：《民族主义与教育》，武汉：长江文艺出版社，2018年版，第129页。

③ 洪汉鼎著，《诠释学——它的历史和当代发展》（修订版），北京，中国人民大学出版社，2018年版，第158页。

之后才开始的过程，绝不是什么首先理解，然后才把所理解的东西用于现实。理解和对我们自己的境遇的应用，其实乃同一个诠释学事件。如果不让过去的文本对我们今天的问题进行挑战，那么所谓理解过去文本的意义究竟有什么意思呢？哲学诠释学强调一切理解都包含应用，这鲜明地表现了诠释学经验的卓越实践能力。生活世界的实践视域指明了诠释学活动的出发点和目的地，哲学诠释学成功地摒弃了那种脱离实际脉络而评价知识或理论的朴素的客观主义。"①以上说明了虽然中国古代数学是以实用为目的的，但是这对数学的理解是很重要的。事实上今天数学教育也是如此。数学在生活应用中得到理解，甚至通过应用来检查对一门学科是不是真正掌握的一个标准。因此从这个意义上讲，应用数学的目的也是具有一种优点，从哲学诠释学的视角来讲，就是在应用中理解数学。

5.3.2　人本主义的目的：精神的追求

人本主义是一个重要的概念。张楚廷认为，人本主义通常被指文艺复兴时期反封建过程中的一种思潮，它是与压抑人的权利、自由、个性的社会观、社会思潮相对的②。人本主义是中国学术界常用的术语，"一般在与'科学主义'相对的意义下使用。"③无论按照欧内斯特还是按照张楚廷教授、冯契教授所说的人本主义的定义，中国古代数学教育都不缺乏人本主义的思想。我们就大致依照上面"人本主义"概念的定义，分析中国古代数学教育中的人本主义的教育目的。中国古代大多数数学家学习和研究数学的动机都不是为了实用，至少不仅仅是为了实用，而且在很多情况对数学的学习与研究是一种兴趣爱好，是一种精神的追求，甚至是一种科学精神的重要体现。笔者就按照历史发展的顺序，探讨一下大多数中国古代数学家所认为的数学教育的目的之人本主义思想。

---

① 同上，前言第 2 页。

② 张楚廷著.《课程与教学哲学》，北京，人民教育出版社，2003 年版，第 175 页。

③ 冯契主编：《哲学大辞典》，上海，上海辞书出版社，1985 年版，第 23 页。

三国时期数学家赵爽他在《周髀算经注序》中写道："负薪余日，聊观周髀。其旨约而远，其言曲而中，将恐废替，濡滞不通，使谈天者无所取则，辄依经为图，诚冀颓毁重仞之墙，披露堂室之奥，庶博物君子，时迴思焉。"[1]"负薪余日，聊观周髀"的意思是说赵爽在病后余生的环境下研究周髀的[2]。赵爽研究数学的目的是使《周髀算经》更好地流传下去，基本上可以肯定赵爽学习数学的目的就是一种对数学的兴趣爱好，如果赵爽对数学没有兴趣情感，没有一定的数学知识，他是无法注解《周髀算经》的。《周髀算经》是数理天文学著作，赵爽是在一场大病之后余生的时间来研究这部数理天文著作的，根本不是为了升官发财，至少历史上没有说赵爽当过什么官职的，比较客观的看法是即使他当过官吏，也是很小的官吏。这就体现了赵爽的精神追求，数学是他的兴趣爱好所在，数学成就了赵爽的个人成长与发展，这就说明了中国古代无形的数学教育成全了赵爽的数学家的成功之路，这体现了中国古代数学教育的人本主义的精神。同样刘徽从小就喜欢上了数学，"徽幼习九章，长再详览。观阴阳之割裂，总算术之根源，探赜之暇，遂悟其意"[3]。刘徽的《九章算术注》更是对古代的《九章算术》的范式和观念的变革，要知道《九章算术》上很多的公式和命题没有得到证明，但是刘徽却给予了演绎证明，演绎证明在当时是没有实用价值的，最多也就是为了后人学习数学的方便和使数学更好地传播而已。另外，刘徽的"牟盒方盖"与极限的思想，都体现了一种为数学而数学的精神。郭书春、傅海伦教授强调刘徽对中国古代数学的贡献秉承的精神就是为数学而数学的精神[4]。祖冲之把圆周率 π 推算到小数点后七位的好成绩，在 1700 多年前无论用什么方法，都要付出很多的代价与努力，在古代社会做出这样伟大数学成就的目的不仅仅是为了应用，更多的是一种对真理的坚持不懈的追求，对兴

---

① 郭书春，刘钝校点：《算经十书》（一），沈阳：辽宁教育出版社，1998 年版，见《周髀算经序》。
② 程贞一，闻人军译注：《周髀算经译注》，上海：上海古籍出版社，2012 年版，注序第 4 页。
③ 李迪主编：《中华传统数学文献精选导读》，武汉：湖北教育出版社，1999 年版，第 42 页。
④ 甘向阳：《祖冲之科学精神刍论》，《云梦学刊》2002 年第 5 期。

趣爱好的自由的展示，对科学精神的秉承与发扬，对人性的创造力潜能的极大的激发。按照欧内斯特的规定，中国古代的人本主义的教育目的促进祖冲之个人的充分发展或"自我完善"，特别是他理性思维和创造性才能的充分发展。理性思维体现在他对圆周率的计算，创造才能更多地体现他发明制造过水碓磨、铜制机件传动的指南车、千里船、定时器等，这些机械都是他的创造性才能的反映。祖冲之的伟大贡献在当时没有人给他 500 万元的数学大奖，可以说他对数学的贡献不是为了名利而来的，不是为了升官发财才把圆周率 π 值精确到小数点后七位的，而是他自己的兴趣爱好所导致的，他精益求精的科学精神，这些都体现了中国古代数学人本主义的教育的目的。数学家王孝通在"上《辑古算经》表"中说："臣长自闾阎，少小学算。镌磨愚钝，迄将皓首。"[1]可以看出王孝通从小就学习数学，到老了才学有所成。他为什么学习数学？实际上王孝通虽然没有说学习数学的目的，但是必须承认，王孝通在很多成分上是喜欢数学而研究数学的，笔者也不否认他研究数学有实用的成分，但是作为一个数学家深入研究数学的时候，这种实用的成分就显得微乎其微。隋唐数学家张遂对数学学习的目的也并非全是实用，据说他千里之外拜师学艺的精神就是一种为数学而数学的精神[2]。南宋数学家、数学教育家杨辉一方面搞应用数学，例如，他在《日用算法自序》说："用法必载源流，命题须责实有。"[3]另一面也默认了数学是一种智力游戏，例如他所研究的"幻方"或"纵横图"，这就说明了他对纯粹数学的"纵横图"也是情有独钟，这就体现了他不仅具有为实用而数学的精神，而且也具有为数学而数学的精神，体现了他对数学的兴趣爱好。秦九韶在他《数书九章序》说："然早岁侍亲中都，因得访习于太史，又尝从隐君子受数学。"[4]这就说明了秦九韶在小的时候对数学就产生了兴趣，并且是勤学好问，主动的拜师

---

[1] 李迪主编：《中华传统数学文献精选导读》，武汉：湖北教育出版社，1999 年版，第 170 页。

[2] 是伯元：《我国著名数学家、天文学家张遂》，《武当学刊》1995 年第 2 期。

[3] 王渝生著．《中国算学史》，上海，上海人民出版社，2006 年版，第 85 页。

[4] 同上，第 1 页。

学习数学，秦九韶受到的数学教育其实仅仅是为了实用吗？即使由实用的目的，但是最后也转化为对数学的一种兴趣爱好。对数学感兴趣这才是他学习与研究数学最主要的动力，这才是他小时候学习数学的目的。另一位宋元数学家李冶从四十岁左右才开始正式研究数学，在当时金元交际之时，战乱频繁，他竟然不知时务地研究数学，在乱世生存是最重要的，但是他却研究数学，显然不是为升官也不是为发财，而仅是一种兴趣爱好而已，是一种心灵的追求与精神的寄托，一点的功利实用主义色彩都没有。笔者也承认李冶曾经在《益古演段自序》说："术数虽居六艺之末，而施之人事，则最为切务"。①但是不仅要看一个学者说了什么，更为重要的，要看他做了什么。但是为什么李冶、秦九韶都强调数学实用，这就反映了一个数学家所属民族的文化心理，如果他们这些数学家说因为喜欢数学所以才研究数学，这种思想与当时主流的文化意识是不相吻合的，甚至是相抵触的，而且他们都是政府的官吏，这与他们的身份也是不相匹配的，他们只有迎合时代要求，才能更好地研究数学，才能使自己的作品或思想言论更好纳入当时的主流意识形态，才能得以更好地使自己的著作流传后世，但是这些数学家在灵魂深处就是对数学的一种热爱，一种兴趣。另一位数学家朱世杰一辈子就不当官，而是周游湖海二十年。更为重要的是朱世杰是一边从事数学研究一边从事数学教育，这样的职业数学家在中国古代社会是很少的。他其实也应该称为"为数学而数学"的数学家。他进一步推广了数学家李冶的天元术，发展了符号位置代数，并且在世俗的社会还是受到很大的尊敬，莫若、祖颐在《四元玉鉴后序》写道"踵门而学者云集"②。朱世杰用自己的一生证实了数学家就是研究数学和从事数学教育的，至于实用的精神在他这里也是不存在的，他对数学也是一种兴趣爱好。按照中国传统教育主流的"学以致用"的精神，他的很多伟大的数学成就在当时是没有用武之地的。他的《四元玉鉴》一度在明清时期失传，其原因就是《四元玉鉴》没有与当时生产实践相结合，与现实实际

---

① 李迪主编：《中华传统数学文献精选导读》，武汉：湖北教育出版社，1999年版，第170页。
② 同上，第1页。

是脱轨的，虽然朱世杰曲高和寡，但是秉持了数学不是为实用，而是为数学而数学的一种精神。

中国古代数学教育目的在数学家那里是一种兴趣爱好，是一种人生的寄托和精神的追求，即使他们也说数学是实用的，但是这仅仅是后来社会赋予他们的思想，这些仅是他们孜孜不倦研究数学的一个副产物。除了中国古代数学家这个队伍研究数学秉承了一种人本主义的目的外，其实也不能否认其他的一些数学工作者也可能秉承这样一种精神，也就是说以人本主义为数学教育目的群体不仅只有数学家和数学教育家，也应该有其他的知识分子也秉承了这样的数学教育的目的。

5.3.3　数学知识的传承：创造的行为

中华民族是一个不忘本的民族，是一个把祖先担在肩上的民族。在长期的历史发展中，形成了一种往回看的习惯或文化习惯，可以说具有很强的历史文化意识。原始的图腾崇拜逐渐地在历史长河中演化为祖先崇拜，老祖宗留下的"秘诀""秘笈""秘方"等，在我们看来就是价值连城或如获至宝的。这种崇尚古人的思想在数学教育中就体现了数学知识的传承，也就是欧内斯特所强调的"数学的目的"。中国古代数学教育首先是传承祖先或前辈留下的数学知识。如何传承呢？具体的方式是多种的，最重要的也极为普遍的一种方式就是为古典文献作注解的方式来传承古代的数学知识，这种方式也就是诠释学意义的解释或注解。这种方式一方面使中国悠久的文化知识得以传承的同时也是有巨大的创新的，至少从数学的角度来说是这样的。诠释学可以说是传统继承的天然使者，传统继承不是原样的继承而是创造性的继承。传统继承不仅是模仿和重现，不能仅仅停留在本书的背诵和训诂层次，而是对新时代面向新问题的新的理解，是对传统文本在新的视域下的参与和诠释。传统不是存在，而是活的，传统并不是存在于我们之外的、我们只能对之认知和评价的僵死的东西，而是活在我们心中并与我们合而为一的力量。诚如伽达默尔所说："文本意义超越它的作者，这并不只是暂时的，而是永远如此的，因此理解就不只是一种复制的行为，而始终是一种创造的行为。"①事实上，中国古代注解的数学文化一方面是知识文化的传承，另一方面也是一种创造。

两汉时期经学盛行，也就是给儒家、道家等经典作注解之风盛行。古代数学家也在这种所谓注经文化的影响下开始为《九章算术》和《周髀算经》作注解，其中最著名的是三国时期数学家赵爽注《周髀算经》、魏晋之际数学家刘徽注《九章算术》以及唐代数学家李淳风等人编著《算经十部》等。通过注经一方面可以了解历史，继承古人的数学知识，可以实现"古为今用"的思想。更为重要的是这些数学家也不仅仅为了注解数学经典著作而注解数学经典著作，而是有自己的创新的。赵爽在给《周髀算经》注解中用"出入相补"原理证明了勾股定理。刘徽对《九章算术》中没有证明的公式和正确的命题给予演绎证明。事实上这两位数学家虽然是为数学经典著作作注解，但是在数学上仍然是有创造性的贡献的。祖冲之也注解过《九章算术》，虽然已经失传，但是他对《九章算术》注解同样是有贡献的，从他留下的震古烁今的几项数学成就能推测出他注解的《九章算术》也应该是不同凡响，也应该是伽达默尔哲学诠释学所强调的是一种创造性的行为。同样可以说明了注解数学著作的过程也是对数学理解的过程。数学家赵爽在《周髀算经序》中写道："负薪余日，聊观周髀。其旨约而远，其言曲而中，将恐废替，濡滞不通，使谈天者无所取则，辄依经为图，诚冀颓毁重仞之墙，披露堂室之奥，庶博物君子，时迥思焉。"②可以看出赵爽在艰苦的环境下学习数学的目的是使《周髀算经》更好地流传下去，这就是数学教育的文化（数学知识）传承的目的。事实上，中国古代社会是以农业文明为主的，种子的播种与庄稼的收获也是一个传承，人类的繁衍一代接一代的古往今来也是一种传承。南北朝时期数学家祖冲之六代都是历算专家，这就在数学知识传承上成全了祖

---

① 洪汉鼎著.《诠释学：它的历史和当代发展》（修订版），北京：中国人民大学出版社，2018年版，前言第2页。

② 程贞一，闻人军译注：《周髀算经译注》，上海：上海古籍出版社，2012年版，第1页。

冲之和祖暅的伟大数学成就，也说明了数学教育中数学知识传承的重要性。可以说没有伟大的数学知识的文化传承，就没有伟大的数学家的出现，也就是没有伟大创新与贡献。北周数学家甄鸾著《五经算术》和《五曹算经》以此来解释儒家经典中的数学问题，这本身也是一种（文化）数学知识的传承，是对中国古典文化的一种更为量化的精确表述，这对当时的社会及后来数学发展，都有积极的影响。隋唐时期的数学家虽然数学成就不是太大，但是对数学教育为主的数学知识的传承起到了积极的影响。例如祖冲之、祖暅、刘焯等数学家的数学贡献被李淳风记载下来，这就是数学知识的传承。到了北宋，数学家贾宪仍然秉承了数学知识的文化传承的思想，在对《九章算术》研究的基础上，编著了《黄帝九章算经细草》。这种文化传承不仅仅是数学知识的传授，更为重要的还是有很多数学成果的创新，例如贾宪的所谓"贾宪三角"就是他在学习《九章算术》基础上的创新。宋元数学家更是强调数学知识的传承性，但也不缺乏创造性。秦九韶在《数书九章序》中说："后世学者自高，鄙不之讲，此学殆绝，惟治历畴人，能为乘除，而弗通于开方衍变。"[1]数学知识就是需要传承，数学知识就需要发扬，数学知识就需要一代接一代地传递下去，否则数学知识是会成为绝学的。另一位宋元数学家李冶在弥留之际对儿子李克修说："吾平生著述，死后可尽燔去。独《测圆海镜》一书，虽九九小数，吾常精思致力焉，后世必有知者。庶可布广垂永乎？"[2]数学家杨辉也强调数学知识的文化传承性，不否认上面杨辉认为数学是具有实用性的一面。杨辉对《九章算术》很崇敬的，把它称为"黄帝九章"又说它是"圣贤之书"[3]，但是杨辉仍然敢于批判《九章算术》，他认为《九章算术》的章节安排不合理，所以重新调整了九章的内容，使它更合理一些，这就是杨辉的《详解九章算法》。这是数学知识的传承，也

---

① [宋]秦九韶原著，王守义遗著，李俨审校：《数书九章新释》，合肥：安徽科学技术出版社，1992年版，第 1 页。

② 李迪著：《中国数学通史》（宋元卷），南京：江苏教育出版社，1999 年版，第 200 页。

③ 李迪主编：《中华传统数学文献精选导读》，武汉：湖北教育出版社，1999 年版，第 279 页。

是批判性的传承。

从数学这门学科的性质来说，数学这门学科天然地具有传承性。亚历山大时期数学家欧几里得《原本》是建立在欧几里得对古典时期数学研究的基础上的。中世纪欧洲虽然哲学是神学的婢女，数学又是哲学的婢女，但是中世纪的欧洲仍然传承了古希腊数学。诚如汉克尔（Hermann Hankel）所说："在大多数科学里，一代人要推倒另一代人所修筑的东西，一个人所树立的另一个人要加以摧毁。只有数学，每一代人都能在旧建筑上增添一层楼。"①法国数学家拉普拉斯说："读读欧拉，读读欧拉，他是我们大家的老师。"②事实上这里的"读读欧拉"主要指读欧拉的著作，也是对数学知识的传承的一种愿望。这种数学的遗传性质也说明以中国古代数学知识的传承性是存在它的天然合理性的，笔者也不否认中国古代数学与现代数学是有区别的。中国古代数学教育的目的之一就是对数学知识的传承，也就是欧内斯特所说的"数学的目的"。

在西方教育哲学思潮中，这种数学知识传承的目的很类似于西方的"永恒主义"，永恒主义特点是"复古"③，永恒主义强调学习古代经典的著作。但是必须承认直到今天还有很多的人文学科在课程设置上是学习元典或经典著作的，例如哲学专业的很多课程就是读元典或经典的，例如读柏拉图的《理想国》、亚里士多德的《形而上学》、休谟的《人性论》以及康德哲学的《纯粹理性批判》《实践理性批判》《判断力批判》三大批判。当然也有读《论语》《道德经》《庄子》等中国古代经典文献的。这就说明了这些经典至少是我们学习一些专业必备的基础。在中国古代社会，数学学习者阅读《九章算术》也是同样的重要。从这种观点来看，中国古代数学教育中数学知识的传承的教育目的也是没有过时的。

---

①［美］莫里斯·克莱因著，张理京，张锦炎，江泽涵，等译：《古今数学思想》（第一册），上海：上海科学技术出版社，2014年版，第163页。

②［美］莫里斯·克莱因著，石生明，万伟勋，孙树本，等译：《古今数学思想》（第二册），上海：上海科学技术出版社，2014年版，第40页。

③陆有铨著.《现代西方教育哲学》，北京：北京师范大学出版社，2012年版，第80页。

5.4 中国古代数学教育目的的特性

欧内斯特对数学教育目的的分类如果按照严格的分类要求，也就是三种数学教育目的之间互不相关，组合在一起就是一个完整的数学教育目的。从西方文化的视角来看，即使是这种严格要求的条件是可以满足的，但是如果换成中国古代文化语境之下，上面的三种数学教育目的还会是互不相关吗？组合起来是否会形成一个统一的目的整体吗？显然这是值得质疑的，这是东西方文化的不同造成的。由于中国古代社会是一个大统一的社会，欧内斯特的三种教育目的之间即使是互不相关的关系。事实上在中国古代文化的语境之下就未必成立了，也就是说三种教育目的之间在中国古代社会环境下就具有相关性，这就是中国古代数学教育目的的性质——数学教育目的的兼容性。另外，在中国古代文化的语境下，三种数学教育的目的合起来是不是中国古代数学教育的总目的呢？下面的讲述表明了在中国文化语境之下，中国古代数学教育三种目的可以统一为人本主义的目的。

5.4.1 兼容性

上面按照欧内斯特的数学教育目的的分类可以清楚地看到许多中国古代数学家同时具有两种以上的数学教育的目的，也就是说有一些中国古代数学家认识到数学教育或学习数学的目的不具有唯一性的。例如上面所说的数学家赵爽，他认为数学教育的目的至少有数学知识的传承和人本主义两种数学教育的目的。再例如数学家杨辉一方面秉承了实用数学的精神，但是他对纯粹数学也情有独钟，这就说即使是同一个中国古代数学家也可能强调数学教育的二种或三种目的，而且这之间并不是冲突的或矛盾的，而是兼容的。这种数学教育目的兼容性其形成原因至少有两点：首先，中国古代数学主要是实践的应用数学，矛盾、冲突、悖论不会发生在现实实践的世界之中，仅可能发生在理论之中。例如中国古代的一个成语故事"自相矛盾"仅是理论上或书本上存在而已，现实生活世界是不存在的。一个最明显的原因是在现实社会中，可以实践一下。例如现实生活中如果出现"自相矛盾"的真实情况，就可以用他的矛刺他的盾，看结果如何，这样一实践，悖论就不可能存在。其次，中国古代数学教育的目的是一个多元的复合体，各个数学教育目的具有兼容性。数学家所强调数学教育的目的不是单一的，与这个民族的文化有着十分密切的联系，我们的文化是"主客合一"的文化，是"以和为贵"的文化，是"君子和而不同"的文化，而没有绝对对立的观念。数学教育目的的兼容性也是在情理之中的。在这种"主客合一"的观念之下，就没有分工的观念，所谓"事事关心"就说明了事事都是兼容的，而不是事事对立矛盾的。

5.4.2 统一性

从以上三种中国古代数学教育目的来看，三者之间是有关系的。事实上，我们可以把以上三种数学教育的目的统一为人本主义的教育目的。实用主义在某种程度上是一种人本主义，数学不讲究实用似乎是很清高，但是缺乏的可能是人文主义的关怀。实用主义的教育目的体现了人文主义的关怀，体现了数学教育的意义和价值。教育的对象是人，不关注人的教育不是真正的教育，不关注现实社会生活的教育也不是真正的教育。实用主义的教育正体现这种人文精神的关怀，具有很强的人本主义的思想，实用主义是为了人的教育，更能体现出人类的终极关怀。欧内斯特所说的"自我完善"这种观念其实与中国古代的"三纲领""八条目"具有内在的一致性，至少都是强调自我的努力，都是成就自我。事实上，欧内斯特所强调的人本主义的目的仅仅是"小我"（或者说个人），而中国古代传统教育强调的是"大我"（或者说群体），因为"大我"体现了一种为更多人谋福利的精神，甚至把"小我"融化在"大我"之中，这种境界和追求应该说比西方的人本主义还要人本主义。二者是有相同之处的，至少从家族相似的角度来说。总之，在某种意上讲，实用主义教育的目的也是一种人本主义教育精神的体现，或者说是广义的人本主义教育精神的体现。如果说上面的"人本主义的目的"一段列举的一些数学家是微观上的人本主义的教育目的的思想促进了他们的成长，那么实用主义的教育目的实际上是人本主义的教育目的在微观上，也在宏观上促进社会进步和个人福祉的增加。

数学知识的传承性事实上是很复杂的，这既涉及到数学的性质，也涉及到一个民族的文化特点。数学知识作为一个文化的传承，也涉及到一些数学工作者，甚至一个民族的文化精神生活。因为数学知识的传承没有涉及到物质的东西，是一个精神的寄托或灵魂的安慰，是一个民族文化的习惯。在这里我们必须承认这种习惯是类似于宗教的仪式，是一种超凡脱俗的观念，是人类发展的一种共性，从这点来讲东西方文化的观点是相同的，古希腊数学在欧洲由于阿拉伯等民族的帮助而得以流传下来，最终促进了欧洲在文艺复兴及以后的发展。文化传承性是一种由以前的图腾崇拜到祖先崇拜观念的演化。数学知识的传承也是一种人本主义的关怀，是对古代人们生活状态的一种回味或回顾，也是一种对中国古代社会的一种情感，这种回顾与情感是一种精神的留恋和满足，是这个民族的文化精神生活的一部分。从这个意义上讲，数学知识的传承本质上也是一种人本主义教育的目的。

从以上可以看出，欧内斯特的三种数学教育的目的在中国古代数学教育之下可以统一为人本主义的数学教育目的，当然这里的人本主义应该作为广义的理解。这种观念其实是很正常的。教育的对象就是人，教育就要体现人的本性，就要有人本精神。中国古代哲学是人生哲学为主的，这至少说明了中国古代数学教育也会受到人生哲学的影响，这种人本主义的思想当然存在于中国古代数学教育之中。杜威也强调教育哲学是人生哲学，强调现实生活的经验实践的重要性[1]。

中国古代数学教育从数学内容上都充满了人本主义的思想，很多的数学

---

① [美] 奈尔·诺丁斯著，许立新译：《教育哲学》，北京：北京师范大学出版社，2008 年版，第 27 页。

著作都反映了中国古代现实生活的一些数学问题，这也说明了中国古代数学著作具有天然的教育性。例如《九章算术》中的"五家共井"问题①，《孙子算经》中的"鸡兔同笼"问题及《张丘建算经》中的"百鸡百钱"问题都充满了生活的乐趣②，拉近了数学与生活的距离，这就形成了中国古代数学天然的生活教育性。中国古代数学是来源于现实生活的，现实生活实践活动的数学问题是最有教育性的，也体现了对生活的关注，对生活的关注最终还是为了落脚到对人的教育，这就是说中国古代数学著作具有天然的教育性的原因。但是古希腊数学著作仅仅具有的是科学性或理性，很少有人本主义的思想，因为在欧几里得《原本》中看不到人，也没有该书写作的时代背景，而是定义、公设、公理、定理、证明，等，这些东西都是远离现实生活的，因为古希腊数学是可以脱离现实生活而仅依靠逻辑推理获得发展的。这就说明了古希腊数学教育至少在教材上是没有人本主义的思想的。

以上把三种中国古代数学教育目的统一为一种为人本主义的教育目的从这个意义上讲是有道理的。这就是说中国古代数学教育的目的从总体上来讲是以人本主义教育为目的，这就反映了中国古代数学教育具有人文主义的关怀这一特点。一些学者担心中国现当代数学教育会缺乏人文精神③，其实这种担心并非多余，因为中国数学教育从几千年生生不息的文化上讲，在骨子里就有人文精神的，只需要继承与发扬就可以了。但是想通过外来的学习来实现自己的人文精神，这就是很令人担心。

5.5　中国古代数学教育目的的解读

以上说明了欧内斯特的实用主义、数学知识的传承（数学的目的）和人

---

① 郭书春，刘钝校点：《算经十书》（一），沈阳：辽宁教育出版社，1998 年版，第 91 页。

② 纪志刚主编：《孙子算经、张丘建算经、夏侯阳算经导读》，武汉：湖北教育出版社，1999 年第 162 页。

③ 黄秦安，邹慧超：《数学的人文精神及其数学教育价值》，《数学教育学报》2006 年第 4 期。

本主义三种思想在中国古代数学教育中的存在性，并且以上三种教育的目的可以统一为广义的人本主义的教育目的。这也说明了中国古代数学教育的目的具有兼容性（目的之间不是非此即彼的对立，而是像模糊数学一样，是也此也彼地并存的）和统一性。下面用中国古代哲学的视角对此进行解读。从这种解读中，可以看到中国古代哲学对数学的影响。

5.5.1　实用主义目的的解读

中国古代哲学主要是道德哲学或人生哲学，道德是需要行动的，而不是口号或标语。按照康德的观点就是说中国古代哲学是重视实践理性，而不是重视理论理性的[①]。这些观念就使中国哲学家拉着中国古代数学家要行动，要实践，要躬行，但是中国古代数学家也许知道数学是抽象的科学，应该是光说不做的科学，如果没有中国古代道德哲学的影响，也许中国古代数学家就像古希腊数学家那样坐而论道地研究形而上学——纯粹的数学，但是由于古代数学家受到道德哲学思想的影响，不得不行动起来，但是又要做数学，自己对数学感兴趣，不做心里不舒服，另一方面就要行动，怎么办呢？于是就像拔河比赛一样，又像谈判一样，又像市场经济的供求关系的动态均衡理论一样，在动态平衡下来回的波动，双方开始了拉锯战，最后各让一步。道德哲学家和数学家达成一致性的协议。道德哲学家说数学家你可以搞数学，但是你搞数学的目的在我这里还是为了行动，如何行动呢？你们研究数学就要以经验为基础，以实用为中心，也就是用你们研究的数学理论来解决现实生活中的实际问题，这就是所谓"学以致用"的数学。数学家为了更好地研究自己喜爱感兴趣的数学，在这种情况下也只得退让一步，明明知道数学就是研究纯粹理论的学问，但是基于道德哲学家的面子，基于主流文化的影响，为了自己对数学的兴趣爱好能够很好地保持下去，权衡利弊，没有办法，只有妥协，就搞起应用数学了。可以这样讲中国古代数学是以应用数学为主的，

---

① 宋志明著.《中国传统哲学通论》（第 3 版），北京：中国人民大学出版，2013 年版，第 145 页。

就是数学家和占有主流地位的道德哲学家在思想观念领域不断的博弈中得到的折中的一个必然的结果，也是一个双方相互"拉锯战"自然形成的一个动态均衡的状态。数学也是随着社会的发展变化而发展变化。数学家在研究应用数学的同时，偶尔也搞一点自己喜欢的纯粹数学也是情理之中的。

中华民族是一个早熟的民族，这个民族基本上没有宗教信仰，没有来世的观念，只有现世生活的幸福才是他们追求的人生目标。在这一目标之中，数学教育的实用主义也可以得到了很好的解释。数学教育的知识今生今世不应用的话就是一种浪费，因为没有来世的天堂，这也不符合中国人的理性精神，也不符合思维经济性的原则，数学知识不能为来世造福，只能为今世造福，如何造福？就是应用数学知识改善人类现实的生活，这才是最重要的。古人的生活在那种情况下追求实用的数学是没有错的，也是一种为了实现人生终极关怀的一个必要环节。

5.5.2　人本主义教育目的解读

上面已经用中国古代哲学解释了实用主义的数学教育目的产生的根源。事实上，如果按照上面所说的广义的人本主义的教育目的包括实用主义和数学知识的传承两种教育目的的话，对实用主义和数学知识的传承的目的两种情况的解读也是对人本主义的教育目的解读，至少是一部分解读，但是狭义的人本主义教育的目的也可以从另一种视角进行解读。

亚里士多德说："求知是人的本性[①]。事实上，在中国古代也有类似于亚里士多德的思想。荀子在《荀子·解蔽》中说："凡以知，人之性也；可以知，物之理也。"[②]中国古人也是对知识有着强烈的追求。上面荀子的话说明了求知也是中国古人的本能。换而言之，求知不是西方人的专利。中国古代数学教育的人本主义的目的主要体现为数学家在数学方面求知的本能，中国古代数学教育观和荀子的这种观念就为中国古代数学家提供了人本主义的

---

① ［古希腊］亚里士多德著，吴寿彭译：《形而上学》，北京：商务印书馆，1959年版，第1页。
② 王威威译注：《荀子译注》，上海：上海三联书店，2014年版，第267页。

教育目的的成长环境、过程以及条件。事实上，也可以用一种更为简洁的方式解读中国古代数学教育目的的人本主义产生的根源。由于中国古代哲学是是人生哲学，这就充满了人本主义的精神，这种人本主义的精神反映在数学教育中就是人本主义的教育目的。这就强调关注人生或社会的价值与意义。在这之中无论是强调数学知识的传承还是强调数学知识的实用，都会体现对人的关怀。强调数学知识的实用性，就是强调数学知识要为人生服务，造福于现世人们的生活。数学知识的传承同样可以满足中国人精神生活的需要或追求，这同样是一种终极的关怀。欧内斯特之所以分为以上三种情况，可能的原因是西方社会的文化与我们的文化是不同的。中国古代哲学以道德哲学或人生哲学为主，但是古希腊哲学，甚至西方哲学在很多情况下是以自然科学哲学为主的，尤其是西方的科学主义在近现代是一支独大的。西方道德哲学的地位始终远远落后于自然科学哲学的地位。而教育目的的人本主义的教育常常受到科学主义的遏制。这就使人本主义与数学知识的传承及数学的实用主义是对立的，是割裂的，是分开的，因此无法得到很好地统一起来，但是在中国古代社会"合"文化的环境之下，由于人文主义比较强势，而科学主义比较弱小，甚至都不存在，这就使人本主义与数学知识的传承及数学的实用主义不是割裂的，而是融合统一的。

5.5.3　数学知识的传承的解读

中国古代数学为什么也具有数学知识的传承的教育目的呢？其实也可以通过中国古代的哲学的视角来进行解释。中国古代哲学是道德哲学，道德哲学是行动哲学，是需要树立一个榜样的，但是树立榜样只能为后人树立榜样，而不能是为前人树立榜样，这样后人为了更好地看到榜样，作为一个数学家来说，必须向前看，向前看就是学习过去的数学知识尤其是学习古代经典数学著作，这就需要把古代的数学知识当作一个文化来传承。道德哲学拉着中国的古代数学家向前看，中国古代两汉"注经文化"对数学家赵爽、刘徽甚至 200 年后的祖冲之的影响是巨大的，这三位数学家都注解过《九章算术》或《周髀算经》。尤其是后来以李淳风为主的官方数学家编著的《算经十部》更能说明数学教育也要像道德教育一样，寻找自己的榜样，这个榜样只能在过去的世界中寻找，而不是编著全新的数学教材。当然这也是一种尚古的文化传统造成的。数学家贾宪、杨辉、李冶、秦九韶等也强调数学知识的传承的重要性，证明他们这种观念的例子上面举得都有，在此不再例举。

"以史为鉴"是说以过去的经验教训可以被今天借鉴，这是一个民族文化心底的本质掩盖的借口。喜欢历史的人当然要找个借口说历史是有用的，所以我拿过来作为借鉴。虽然邓晓芒否认中国古代有历史感，但是他仍然承认中国人重视历史资料的整理①。重视历史在很大程度上就是重视文化的传承。产生于春秋战国时期的"四书五经"很早就成为官方的正宗教材，这一文化观念延续了两千五百多年，在这样一个尚古的文化中，数学教育中数学知识的传承是很正常不过的，这就形成了数学知识的传承的教育目的。

5.6　本章小结

本章从教育目的开始讲起，讲到中国古代教育目的，从教育学和中国古代哲学两种路向分别引出中国古代数学教育目的。以欧内斯特三种数学教育目的诠释中国古代数学教育的三种目的，然后对中国古代数学教育的兼容性和统一性进行了论证，在此基础上把三种中国古代数学教育目的统一为人本主义的教育目的，然后用中国古代哲学对三种教育目的的形成原因进行解读，分析了中国古代数学教育三种目的的形成的哲学根源。

本章似乎与哲学诠释学没有关系，但是把欧内斯特的三种数学教育的目的转化为中国古代数学的三种教育目的本身就是一种跨文化跨时空的哲学诠释学的解读，这种解读既有古今对话的成分，也有中西对话的成分。中国

---

① 邓晓芒著.《哲学史方法论十四讲》，重庆：重庆大学出版社，2015年版，第27-28页。

古代数学教育的目的具有人文主义的关怀，这是从中国哲学是人生哲学派生出来的。其实也可以从哲学诠释学的视角来分析，哲学诠释学所强调的理解与解释就是针对人文科学的，而中国古代数学和数学教育就是人文科学，是很适合用哲学诠释学的视角进行诠释或解释的。在本章的"中国古代数学教育目的的现代诠释"一节中的三部分内容，其实第一部分内容是"实用主义的目的：理解的方式"和第三部分的内容："数学知识的传承：创造的行为"这两部分是利用哲学诠释学的视角去解读的。简单地讲，实用主义的目的"实用的本身"从哲学诠释的视角，尤其是从海德格尔和伽达默尔哲学诠释学的视角来讲就是一种理解的方式，而数学知识的传承在哲学诠释学那里，尤其是在伽达默尔哲学诠释学那里就是一种创造性的行为。总之，本章也是一种对中国古代数学教育目的的哲学诠释学的解读。哲学诠释学强调价值与意义的重要性，其实中国古代数学教育目的也同样强调价值与意义的重要性。

第6章　中国古代数学学习观的诠释：学习即理解

　　人们经常强调理解在数学教育中的重要性。事实上，中国古人学习数学是重视理解的，这是由这个民族文化的特点所决定的，并且具有客观的必然性。西方文化强调主客二分，强调实验，强调逻辑推理，强调概念思维；但是中国古代的文化很少强调这些，而是强调主客合一，强调参与，强调躬行，强调应用，强调依靠内心的体验来理解事物，强调理解当时的情境来认识事物，强调海德格尔所认为的此在的存在方式来理解事物，这些都是哲学诠释学所强调的主要内容。从这个意义上讲，中国古代数学学习的思想与哲学诠释学强调的理解理论具有高度的一致性。因此，中国古人学习数学的过程就是理解数学的过程，简而言之，学习即理解。中国古代数学是强调应用的，哲学诠释学强调应用的过程就是理解的过程。理解、解释和应用三者是统一的。哲学诠释学强调理解的多元性，中国古人对数学的理解也是具有多元性的品格，中国古人对数学的理解或学习是通过多种方式进行的。

　　在中国古代数学教育中不太强调"教"的重要性，而是强调"学"的重要性，这种文化传统被后来实践证明是正确的。涂荣豹教授强调，数学教学的认识必然要以对数学学习的认识为基础，数学学习是数学教学过程中的中心问题，也是数学教学认识论的核心概念①。

6.1　中国古代数学学习观概述

学习是一个古老而永恒的话题。《辞源》中解释，"学"就是"仿效"的意思。"《说文解字》的解释为"学"即"觉悟也"②。这就说明了"学"就是获取知识；《辞源》认为"习"就是"复习、练习"。台湾出版的《中文大辞典》也强调，"习"就是"训练也""娴熟也"。从以上可以看出，"习"的基本含义就是复习巩固。《论语•学而》中说："学而时习之不亦说乎，"这是最早地把二者联系起来的③。《礼记•月令》中也说："鹰乃学习。"④（大致意思是说，雏鹰开始学习飞行搏击）"学而时习之"中"学"与"习"都含有行的意蕴。"学"即多闻多见，兼有"知""行"之意；"习"是练习、复习，亦有"行"的意思。以上基本上是中国古代对"学习"一词大致意思的解释。费孝通先生在《乡土中国》中认为，学的方法是"习"，而习就是反复地做，靠时间中的磨练，使一个人惯于一种新的做法⑤，这种观点类似于数学学习中"熟能生巧"观念。在古希腊，柏拉图以灵魂学说或理念论为基础，系统地阐明了以"学习就是回忆"的认识论的思想⑥，这就反映了他强调在学习中天赋观念思想的重要性。

"学习观"简单而言就是学习者对学习是什么，应该如何学习的一种回答。郑君文、张恩华教授认为，数学学习观是指学生对数学和学习数学的认

---

① 涂荣豹著.《数学教学认识论》，南京：南京师范大学出版社，2003 年版，第 149 页。

② [东汉] 许慎著，李兆宏，刘东方解译：《说文解字全鉴》，北京：中国纺织出版社，2012 年版，第 280 页。

③ 涂荣豹著.《数学教学认识论》，南京：南京师范大学出版社，2003 年版，第 149 页。

④ 陈戍国点校：《周礼•仪礼•礼记》，长沙：岳麓书社，2006 年版，第 294 页。

⑤ 费孝通著.《乡土中国》，北京：人民出版社，2015 年版，第 18 页。

⑥ 李立国著.《古希腊教育》，北京：教育科学出版社，2010 年版，第 202 页。

识、看法、信念与态度等。数学学习观的形成是一个很复杂的因素。它的形成与发展，一方面依赖于学习者自身在学习数学活动过程中的种种体验和感受；另一方面又受到环境的影响，特别是父母、老师和数学书籍、文化传统等[①]。另外，数学学习观还是受到历史社会的重大影响，反映了一个时代特点。数学学习观的主体是人，人是具有社会时代性的，不同的社会时代，数学学习观是不同。从这点来说，数学学习观是一个与时俱进的观念，是一个历史的范畴。这就说明不要纠结于中国古代数学教育有没有学习理论，从家族相似的观点来讲，甚至从后现代性的视角来讲，中国古代也是存在数学学习理论的。中国古代数学学习主要就是以现实生活实际应用领域中的问题为导向，以古代经典数学著作的数学知识为基本理论，以算筹或算盘为计算工具的学习方式。流行于西方的现当代的数学学习观理论主要有行为主义的数学观、人本主义的学习观和建构主义的学习观和后现代性的学习观等，这些理论对研究中国古代数学学习观是有着一定的参考价值的。

中国古代数学学习观就是中国古人对数学学习一些看法或基本的观点。由于中国传统教育是以儒学为主的教育，古代数学在很长一个时期是属于儒学的一个组成部分，而且很多的数学家都是儒学学者或是儒学出身或受到儒学思想的影响。因此，中国古代数学学习观在很大程度上也可以归结于儒学教育的学习观，从而也可以归结于中国古代教育的学习观。但是数学毕竟不是儒学，毕竟是单独的一门学科，在这种意义上讲中国古代数学教育作为一门特殊的学科，又有它自身的特殊性。因此，本章重点研究数学教育作为一门中国古代教育的特殊学科，它的数学学习观是什么？不否认这个问题与中国古代数学观是密切相关的。可以说有什么样的数学观，就几乎决定了有什么样的数学学习观。

---

① 郑君文，张恩华著.《数学学习论》，南宁：广西教育出版社，2003 年版，第 170 页。

6.2　中国古代数学学习的动力：立志和兴趣爱好

　　现代西方教育心理学强调学习的内在动机，中国传统教育其实也是很类似的。张传燧教授给学习的动力起个名字叫"情志力"，主要包括志学、乐学、好学、虚学、勤学、恒学等内容[①]，这些都是属于现代心理学强调的非认知心理因素范畴的。中国古人都强调立志的重要性。老子说："强行者有志。"[②] 墨子说："志不强者智不达。"[③] 后来的思想家都把立志作为学习的先决条件。立志主要解决的是"为什么要学习""为什么而学习"这样一个根本问题。古人都希望立大志成大器，就像墨子所说："志以天下为分"。[④] 这就要求学习者树立崇高远大的理想。以上这些引用虽然不是针对数学家的，但是毕竟是受到共同的文化影响或支配的，下面的内容就要具体地讲解在这种共同的文化之下数学家立志、兴趣与爱好如何作为学习数学的动力的。

　　数学虽然在中国古代社会地位很低，但是"立志"仍然对数学的学习者起到一定的积极作用。在中国古代文化中，只有通过"立志"才能更好地克服学习中的困难。立志也应该是古人，尤其是中国古代数学家学习数学的一个前提条件，毕竟以中国古代数学家为代表的数学学习者本身受到中国传统文化的影响。可以这样讲"学习数学，就像爬山，是一项艰辛的工作，但是无限风光在险峰。"[⑤] 事实上，中国古代数学家在攀登数学高峰的路上是具有吃苦耐劳的优秀品质的。祖冲之说："臣少锐愚尚，专攻数术，搜练古

---

① 张传燧：《中国传统学习理论中的心理学思想》，《华东师范大学学报》（教育科学版）1997 年第 4 期。

② 同上。

③ 同上。

④ 张传燧：《中国传统学习理论中的心理学思想》，《华东师范大学学报》（教育科学版）1997 年第 4 期。

⑤ T. Eisenberg, M. N. Fried:Dialogue on mathematics education: two point of view on the state of the art, ZDM。Mathematics Education DOI 10.1007/s11858-008-0112-1。

今。"①数学家王孝通在"上《辑古算经》表"说："臣长自闾阎，少小学算，锲磨愚钝，迄将皓首。"②王孝通是从小开始学习数学的，到老了才取得数学成就。

人们常说兴趣是最好的老师，其实在中国古代教育中很早就有学者提出类似的观点。孔子在《论语·雍也》中说："知之者不如好知者，好之者不如乐之者"。③事实上，中国古代数学家用自己的行动就证实了兴趣爱好在数学学习中的重要性，而且也是数学学习重要的动力之一。兴趣爱好是中国古人，尤其是以数学家为代表的数学学习者的动力之一。中国古代数学家基本上都是对数学感兴趣，或把数学当作自己的爱好来研究数学的。赵爽在《周髀算经序》中说"爽以暗蔽，才学浅昧。邻高山之仰止，慕景行之轨辙。负薪余日，聊观《周髀》。"④虽然从《周髀算经序》中不能看出赵爽学习数学是对数学感兴趣或数学就是他的爱好才研究《周髀算经》的，但是实际上可以体会到他对数学的热爱。刘徽从小就开始学习《九章算术》，他在《九章算术注序》中说："徽幼习《九章》。"⑤祖冲之、祖暅在良好传统家风的影响下也是从小开始研究数学的。秦九韶对数学从小就很喜欢并学习数学，在《数书九章序》中说："然早岁侍亲中都，因得访习于太史，又尝从隐君子受数学。"⑥李冶从小的时候同样对数学感兴趣。他在《测圆海镜序》中说："吾自幼喜算数，恒病夫考圆之术例。"⑦当然还有其他数学家从小就对数学感兴趣，在此不再例举。中国古代数学家几乎都是对数学产生兴趣爱好才成为数学家的。要想把数学学习好，兴趣爱好是少不了的，兴趣爱好是最好的老师

① 《宋书：律历志》（卷十三），北京：中华书局，1974 年版，第 306 页。

② 李迪主编：《中华传统数学文献精选导读》，武汉：湖北教育出版社，1999 年版，第 170 页。

③ 阎韬，马智强译注：《论语全译》，南京：江苏古籍出版社，1998 年版，第 42 页。

④ 唐如川著.《周髀今解》，上海：学林出版社，2015 年版，见序言。

⑤ [汉] 张苍等辑撰，曾海龙译解《九章算术》，南京：江苏人民出版社，2011 年版，参见刘徽《九章算术序》。

⑥ [宋] 秦九韶原著，王守义遗著，李俨审校：《数术九章新释》，合肥：安徽科学技术出版社，1992 年版，参见《数术九章序》。

⑦ [元] 李冶著，白尚恕译，钟善基校：《测圆海镜》，济南：山东教育出版社，1985 年版，参见《测圆海镜序》。

在中国古代也是正确的。兴趣爱好不仅仅是以数学家为代表的数学学习者学习的动力，事实上也是中国古代数学家的数学学习观之一。中国古代数学家的成才是立志和兴趣爱好两方面共同作用的结果。

6.3　中国古代数学学习观的主要观点及诠释

虽然不同的理论依据可以划分为不同的数学学习观，但是本章对数学学习观的划分是基于通过何种学习形式为依据而划分为：实用的数学学习观；理论联系实际的数学学习观；质疑、反思、批判的数学学习观；注解数学著作的数学学习观和心智的数学学习观五种。不同的数学学习形式决定不同的学习效果，反映了数学学习观选择的重要性和对数学学习观解释的多元性。

6.3.1　实用的数学学习观

实用的数学学习观，这种数学学习观具有很强的目的性，是以应用而推动数学学习的。从英国学者培根的"知识就是力量"的视角来说，知识在应用中能显示出自己的力量。中国古代虽然没有提出这样一个观点，在中国人内心之中也是具有这种观念的，如果学的知识得不到应用在中国人观念中那绝对不会是力量。

具有实用的数学学习观最多的人群不是数学家，而是处在社会中下层的人民群众，尤其是处在社会中下层的数学知识的应用者。但是只能拿以数学家为代表的言论来论证这种学以致用的数学学习观，因为普通的人民群众虽然可能强调数学就是学以致用的学问，但是他们没有留下言论或即使留下的言论也已经淹没在历史的尘埃中，我们无法寻找证据，因此还得拿数学家的思想言论说事。

西周时期数学作为"六艺"之一的学问根本出发点就是实用。管仲在《管子·七法》中说："不明于计数而欲举大事，犹无舟楫而欲经于水险也。"又说"举事必成，不知计数不可。"[①]管仲把数学应用到政治、经济、军事和外交的方方面面[②]。管仲突出了用的重要性，学的重要性就要考虑到用的重要性。西汉时期数学家张苍、耿寿昌编著《九章算术》就是应用数学解决现实生活中的问题的。可以说《九章算术》就是一个实用性的知识体系。在这个体系之下，学习者就被淹没在实用为目的的海洋之中。北周数学家甄鸾的《五曹算经》就是供行政官员管理使用的教科书，就具有明确的导向性和目的性。这种学以致用的方式其实是比较高效的，也没有死记硬背的情景，会用即可。中国古代数学具有广泛的应用性，也导致了学习形式的多样性，不仅局限于学校。隋唐时期的科举考试，数学作为明算科纳入科举考试的范围，其目的主要是培养会应用数学的政府官吏，更是一个学以致用的典范。隋唐时期，数学家李淳风等根据当时对数学的需求编著了《算经十部》，隋唐时期四位数学家刘焯（二次等距插值应用在天文历法中）、王孝通（数学知识应用在土木工程建设之中）、李淳风（编著数学教材《算经十部》）、张遂（把不等距二次插值应用在天文历法之中）都是应用数学家，都把自己的数学理论与现实生活实践紧密地结合起来，实现了古为今用的目的。数学家李冶在《益古演段自序》中说："术数虽居六艺之末，而施之人事，则最为切务。"[③]事实上李冶是从"用"的视角研究"学"的问题的。宋元数学家杨辉在《日用算法序》中说："用法必载源流，命题须责实有。"[④]以上说明了中国古代数学学习的目的就是实用的，或服务于现实生活的。中国古代数学教育的社会性体现在各个领域就是应用中学习数学，甚至是边学边用，可以称为"用中学"。

实用的学习观强调其学习的目的，这本身就是对学习者的一种鼓励，因为目标是明确的，使学习者充满了很强的学习动力，而且这种观念强调学习

---

① 李山译注：《管子》，北京：中华书局，2009年版，第59-60页。

② 周瀚光著：《先秦数学与诸子哲学》，上海：上海古籍出版社，1994年版，第34页。

③ 李迪主编：《中华传统数学文献精选导读》，武汉：湖北教育出版社，1999年版，第322页 。

④ 王渝生著：《中国算学史》，上海：上海人民出版社，2006年，第85页。

不应该做无用功，这也很符合思维经济原则，也符合人是理性的动物这一观念。也就是说，必须承认学以致用的数学学习观是很符合人的理性精神和符合思维经济的原则。中国古代在数学上的实用主义也体现了数学的价值和意义，也显示了知识就是力量的正确性。在哲学诠释学中，强调理解、解释与应用的三者的统一性。"在强调理解与应用的统一时，伽达默尔也走向这种理解的多元论。理解文本总是知道如何把这种文本的意义应用于我们现时的具体境遇和问题，应用绝不是理解之后才开始的过程，绝不是什么首先理解，然后才把所理解的东西应用于现实。理解和对自己境遇的应用，其实乃同一个诠释学事件。如果不让过去的文本对今天的问题进行挑战，那么所谓理解过去文本的意义究竟有什么意思呢？哲学诠释学强调一切理解都包含应用，这鲜明地表现了诠释学经验的卓越实践能力。生活世界的实践视域指明了诠释学活动的出发点和目的地，哲学诠释学成功地摒弃了那种脱离实际脉络而评价知识或理论的真理的朴素的客观主义[①]。因此，中国古代数学即使全是应用数学的内容，其应用的过程就是解释的过程，也是理解的过程，当然理解的过程更应该是学习的过程。

　　"死记硬背"在当代数学学习中是一个贬义词。事实上，采用分析的观点看待问题，"死记硬背"是一个大的范畴，它里面的种类很多，死记的过程是不是理解的过程呢？必须承认，背诵的过程也是一个理解的过程，不同的人理解的程度、方式可能是不同的。背诵的过程事实上也是理解的过程，是文本内容和个人思想不断对话交流的过程，这个对话交流的过程表面上是一个独白的过程，事实上也是文本与背诵者多次交锋对话达到视野融合的过程。背诵过程是自己对文本认识的过程，通过不断与文本发生思想对话的交流，不断地改变对文本的认识，最终达到伽达默尔哲学诠释学所强调视域融合的境界，这就是达到了理解的目的。从这个视角来说，这种不同的理解中肯定存在所谓正确理解或创造性理解的，所以不能一棒了打死，认为死记硬

---

　　① 洪汉鼎著.《诠释学：它的历史和当代发展》(修订版)，北京：中国人民大学出版社，2018 年版，前言第 2 页。

背都是不好的。事实上，对文本的理解应该是开放的一个体系，应该有不同的理解方式。俗语说"书读百遍，其意自见"，读的过程就是理解的过程，那么背诵的过程也应该是理解的过程，因为"背诵"是"读"的一种特殊的形式，具有明确的目的性——脱离文本的情况下能够把文本重新读出来或写出来。但是无论怎样，背诵也是一种理解形式，这就像计算机一样，背诵是输入的过程，按理说至少要有个反馈机制。另外，中国的汉字是象形文字，而英语、德语等大多数欧洲语言是抽象的拼音文字，而且句子都很长。尤其是德语，德国哲学著作的一页纸只有四五句话，甚至更少。如果不理解地背诵是不容易死记硬背的。据说德国人学习康德的"三大批判"（《纯粹理性批判》《实践理性批判》《批判力批判》）都是英译版的教材，而不是康德的原著。中国汉语都是短句，即使是古代汉语的文言文也是如此，甚至在很多情况下是押韵的，也就是说读起来朗朗上口的。象形文字在背诵的过程中很容易形成对汉字的意思的理解，这些都可能促使了中国古人所谓的"死记硬背"的形成。当然这种学习方式留下了文化的烙印。一个民族的文化主要标志是文字，文字的不同带来的差异性同样需要从文化的视角进行解读。

但是这种数学学习观也是有缺点的。对于学以致用的数学学习观来说，突出了目的性，在很多情况下可能不考虑精度，不考虑科学性，不考虑理论建设的重要性，甚至对已有的理论进行破坏，从而歪曲了理论原来的面目，甚至让原来的理论体无全肤、面目全非，甚至颠倒黑白，对错不分，损失了理论的真理性。这种实用的数学观走向了极端也达不到实用的目的。值得幸运的是中国古代数学的实用主义并没有走向绝对的极端，这可能是受到儒家的中庸观念的影响。例如宋元数学发展的一个趋势就向摆脱实用数学的束缚，开始走向更为抽象的数学理论研究。

6.3.2 理论联系实际的数学学习观

所谓理论联系实际的数学学习观，就是在数学学习过程中，把所学的书本知识或数学理论知识与具体的实际情况或者说具体的实践活动紧密地结合起来学习的观点。这种学习观点强调两方面都要学习，一方面是数学理论知识的学习，另一方面是与理论相关的实践活动内容也要学习，更为重要的是要把二者紧密地联系起来。事实上，以中国古代数学家为代表的学者大多数都具有理论联系实际的数学学习观。不仅中国古代数学家有这种观点，其实这应该是数学家共同持有的观点。学习者并不是生活在真空中，不是空着脑袋学习数学理论知识的，而是在脑袋里装满了自己的生活阅历背景或者说经验来学习数学知识。这些脑袋里的东西肯定要与所学的东西结合起来，但是也并非都能很好结合的。古希腊数学就是排斥经验感觉，崇尚理性的逻辑推理，这样就很难做到理论联系实际。但是中国古代文化与古希腊文化是不同的，而是实用的文化，甚至你学习的数学理论都是围绕你的生活实践活动转的，显然在这种情况下数学理论与实际的结合是必须的。

　　这种理论联系实际的学习观可以用哲学诠释学的思想进行分析。理解或学习《九章算术》、《周髀算经》等数学著作与理解者或学习者当下的境遇是联系起来的思想，其实也是哲学诠释学所提倡的思想。"理论联系实际的数学学习观"中"理论"实际上是数学著作或数学教材这个文本，例如《九章算术》《周髀算经》等文本，这就相当于哲学诠释学中的"文本"或"传承物"，"实际"就是理解者或学习者所处的时代背景和自己的实际情况，相当于海德格尔哲学诠释学所强调的理解就是此在的存在方式。简而言之，理论联系实际的数学学习观就是把过去的数学著作或数学教材这个文本与当下的时代背景和学习者自身的实际情况、也就是此时的生存状况密切地结合起来来学习或理解。又像伽达默尔所强调的，"理解者或解释者并非仅从自身的视域出发去理解文本的意义而置文本自己的视域不顾，反之，也不只是为了复制与再现文本的原意而将一切的前见舍弃。这种既包含理解者或解释者的前见和视域又与文本自身的视域相融合的理解方式，伽达默尔称之为'视域融合。'"①这就是说理解的过程就是一个视域融合的过程。中国古人学习

---

① 洪汉鼎编著.《〈真理与方法〉解读》，北京：商务印书馆，2018 年版，第 637 页。

数学不是书上说个什么就信个什么，对书上的东西深信不疑，而是与自己的处境紧密地结合起来，也要考虑到自己的处境来理解或学习。这就像建构主义学习者是带着自己的经验背景和已有的知识去进入课堂，在老师的引导下建构新知识是一样。中国古代数学学习者同样是带着自己的时代文化背景和已有的知识，甚至已有的问题来理解中国古代数学经典著作这些文本的。文本与现实处境两方面都要兼顾，都要达成共识，只有这样才能达到理论联系实际的学习效果。中国古代这种理论联系实际的学习观本质上与伽达默尔哲学诠释学所强调的带着自己的处境去理解文本是类似，甚至就是一样的，而且中国古代的文化传统主要是主客合一，依靠参与体验的方式理解或认识事物的，这些也是哲学诠释学所强调的内容。

西汉时期的数学家张苍、耿寿昌在前人的基础上编著了经典数学著作《九章算术》，这就为后人学习数学提供了一个比较权威公认的教材。北周数学家甄鸾编著的《五经算术》把数学理论与儒家经典中的数学问题相结合来进行学习或研究，这种做法反映的是一种理论联系实际的数学学习观。《九章算术》中的"五家共井"等一些问题把数学学习与现实生活实践活动也紧密地结合起来了。《张丘建算经》中"百鸡百钱"问题也同样是数学家把数学理论与现实生活实践活动紧密地结合起来，而且也充满了生活的气息与乐趣。事实上，一些研究天文历法的学者都是习惯于把自己所学习的数学知识应用于天文历法之中，包括祖冲之把数学知识应用于《大明历》，何承天把数学知识应用于《元嘉历》。隋唐代数学家刘焯、张遂把自己学习研究的数学成果应用于天文历法中。秦九韶把数学应用于军事、经济等社会生活的各方面。南宋数学家杨辉把数学应用于商业经济发达的江南一带。以上这些都是把过去的或当下的数学理论应用在现实生活中。伽达默尔说："我们已经证明了应用不是理解现象的一个随后的和偶然的成分，而是从一开始就整个地规定了理解活动。所以应用在这里不是某个预先给出的普遍东西对某个特殊情况的关系。研讨某个传承物的解释者就是试图把这种传承物应用于自身……。但是为了理解这个东西，他一定不能无视他自己和他自己所处的具体的诠释学境遇。如果他想根本理解的话，他必须把文本与这种境遇联系起来。"①以上说明理论联系实际的数学学习观与哲学诠释学理论有高度的一致性，也说明了在中国古代社会很多的数学家就是在这种理论联系实际的数学学习观支配下成长的。

理论联系实际的数学学习观与上面讨论的学以致用的数学观是有区别的。首先，从目的性的角度来讲，学以致用的数学观主要强调其应用性，但是理论联系实际的数学学习观是说学习不能仅仅学习理论，而且还要与实际情况紧密地结合起来，理论联系实际的数学学习观没有涉及学习数学的目的，虽然涉及到实用，但更多的是一种情境；其次，从学习的效果来讲，理论联系实际的学习观比实用的学习观要具有很大的进步性。理论联系实际这种数学观的学习效果要比实用的数学学习观要好。这种理论联系实际的学习观可以用实际境况验证理论，当然也可以用理论指导实际境况的活动，一方面通过理解数学知识来学习数学，另一方面通过实际情况来学习数学，更为重要的是把二者结合起来学习数学得到效果更好。实用的数学学习观强调仅仅在实用中理解数学，这种学习方式相比理论联系实际的学习方式要枯燥一些、单调一些。中国古代数学大部分是这种理论联系实际的数学学习观，因为仅仅是单一的在实用中理解数学的方式的效率或效果都是很低下的，容易疲劳的。在数学理论学习中理解数学，在实际中理解数学，而且把二者结合起来，会收到较好的学习效率或效果。

6.3.3　质疑、反思、批判的数学学习观

大多数中国古代数学家都是具有质疑、反思、批判的精神，或者说中国古代数学家具有哲学家的气质。质疑、反思、批判很多情况下是依靠自身的参与体验等进行理解的，这种方式也是哲学诠释学提倡的理解文本或传承物的方式。刘徽在圆周率上质疑、批判过天文学家、数学家张衡。"失之远矣"

---

① 洪汉鼎著.《诠释学：它的历史和当代发展》（修订版），北京：中国人民大学出版社，2018 年版，第 187 页。

"不顾疏密，虽有文辞，斯乱道破义，病也"[①]。祖冲之更具有质疑、反思、批判的精神，在他之前的数学家几乎全被他批评一遍："臣少锐愚尚，专攻数术，搜练古今，博采沈奥，唐篇夏典，莫不揆量，周正汉朔，咸加该验。罄策筹之思，究疏密之辨。至若立圆旧误，张衡述而弗改；汉时斛铭，刘歆诡谬其数，此则算氏之剧疵也。《乾象》之弦望定数，《景初》之交度周日，匪谓测候不精，遂乃乘除翻谬，斯又历家之甚失也。及郑玄、阚泽、王蕃、刘徽，并综数艺，而每多疏舛。臣昔以暇日，撰正众谬，理据炳然，易可详密，此臣以俯信偏识，不虚推古人者也。"[②]《周髀算经》上认为"日影一寸，地差八千"这种观点很早就遭到数学家的质疑。公元422年（南北朝文帝元嘉十九年）数学家、天文学家何承天通过测量影长来否定这一说法[③]。"日影一寸，地差八千"到了唐代也遭到数学家刘焯[④]、李淳风[⑤]与僧一行[⑥]的质疑和否定。这就是中国古代数学家的哲学精神，中国古代数学家的这种质疑、反思、批判的精神，用祖冲之的话说就是"不虚推古人"的精神。王孝通在"上《辑古算经》表"中说："其祖暅之《缀术》，时人称之精妙，曾不觉'方邑进行'之术，全错不通；'刍亭方亭'之问，于理未尽。"[⑦]可见王孝通对《缀术》是有微词的。虽然很多的学者认为王孝通是看不懂《缀术》而错误的批判《缀术》，但是中国古代数学家敢于质疑、反思、批判的精神也是值得肯定的。数学家李淳风对刘徽有微词，同样这种观点在郭书春先生看来也是不正确的[⑧]。即使是当过老师的数学家刘焯为推行自己的《皇极历》多次

---

① 莫绍揆：《论张衡的圆周率》，《西北大学学报》（自然科学版）1996年第4期。

② 《宋书·律历志》（卷十三），北京：中华书局，1974年版，第306页。

③ 吴文俊主编：《中国数学史大系：西晋至五代》，第四卷，北京：北京师范大学出版社，1999年版，第254页。

④ 同上，第254页。

⑤ 郭书春著.《中国古代数学史话》，北京：中国国际广播出版社，2012年版，第89页。

⑥ 吴文俊主编：《中国数学史大系：西晋至五代》（第四卷），北京：北京师范大学出版社，1999年版，第251-256页。

⑦ 李迪主编：《中华传统数学文献精选导读》，武汉：湖北教育出版社，1999年版，第170页。

⑧ 郭书春著.《中国古代数学史话》，北京：中国国际广播出版社，2012年版，第90页。

参加辩论[①]。杨辉对《九章算术》很崇敬的，把它称为"黄帝九章"又说它是"圣贤之书"，但是杨辉仍然敢于批判《九章算术》，他认为《九章算术》的章节安排不合理，所以重新调整了《九章算术》的内容，使它更合理一些，这就是《详解九章算法》[②]。另一个具有批判、反思、质疑精神的数学家是李冶，他在读书笔记《敬斋古今黈》对前秦以来三十多位名家观点提出了自己的不同认识[③]。这种对前人的反思、批判、质疑精神就是一种哲学精神。事实上，中国古代数学家几乎都具有质疑、反思、批判的精神，这也是古人学习数学所秉持一种观点，甚至是一种方法。也可以称呼他们为具有哲学精神的数学家，尤其是祖冲之、刘徽、沈括、李冶、秦九韶、杨辉等这些数学家，他们是有着丰富的哲学思想的，他们伟大的数学成就就是在这种哲学思想的支配下取得的。从这点来说，古希腊数学家也没有中国古代数学家伟大，他们很少具有对前辈数学家进行反思、质疑、批判的精神，这些精神都是古希腊哲学家干的事，但是中国古代哲学家干不了这些事，这些质疑、反思、批判的精神全让中国古代数学家承包了。从这点来说，中国古代数学家一方面研究数学，另一方面也承担着建立民族数学哲学的重担。

无论是反思、质疑还是批判，其语言的重要性是不言而喻的。更为重要的是反思也是对数学的一种理解方式，质疑也是对数学理解的一种方式，批判更是理解数学的一种方式，从这里可以看出反思、批判、质疑其核心的思想都是为了更好地理解数学。通过这三种形式学习到的数学知识才可能是比较牢靠的。而这些思想与哲学诠释学强调多种方式理解文本或传承物的重要性是不谋而合的。诚如伽达默尔所说："如果我们一般有所理解，那么我

① 吴文俊主编：《中国数学史大系：西晋至五代》（第四卷），北京：北京师范大学出版社，1999 年版，第 183-184 页。

② 代钦，松宫哲夫著：《数学教育史——文化视野下的中国数学教育》，北京：北京师范大学出版社，2017 年版，第 53 页。

③ 周瀚光，孔国平著：《刘徽评传》，南京：南京大学出版社，1994 年版，第 132 页。

们总是以不同的方式在理解，这就够了。"①中国古人对数学的理解方式是多元的，这就反映了中国古人在数学学习中对数学理解的方式与哲学诠释学的观点是一致的。

6.3.4 注解数学著作的学习观

所谓注解数学著作的学习观是指，通过对古代数学经典著作（主要指《九章算术》、《周髀算经》）的注解来达到学习数学知识的观念。这种数学学习观能够学习到比较系统的完整的数学知识。"注解数学著作的学习观"中的"注解"其实也可以说成是诠释或解释。这种数学学习观顾名思义，就是以注解数学著作为主的学习数学的方式。这种注解数学经典著作的方式是有它的历史文化渊源的。

从西汉"罢黜百家，独尊儒术"的文教政策以来，经学（也就是儒学）开始兴盛起来，随着两汉经学的产生、发展和壮大，注经文化也开始在两汉时期盛行。这种注经文化从总体上来说促进了中国古代数学的发展和传播，因为通过注解的数学经典著作变得更为通俗易懂，更易于学习、交流和传播。魏晋时期玄学盛行，以何晏、王弼为首的哲学家开创的清谈之风也影响了中国古代数学的发展。如果说魏晋之前的数学是以实用为主或务实为中心的话，那么在魏晋以来的数学有一点"不务实"。这点"不务实"的数学主要体现在数学不是与生产实践相结合的数学，这种把生活甩在一边，系统化地通过注解数学经典来研究或学习数学的方式，实践证明了这种学习或研究数学的方式效率是很高的，数学成就也是巨大的。三国时期数学家赵爽主要是通过注解《周髀算经》而学习数学；魏晋时期刘徽通过注解《九章算术》而学习数学，这种注经的方式实际上是脱离现实生活实践活动，至少与现实实践活动的关系不是太密切。这种学习数学的方式更侧重于数学理论的学习和建构，而主要还不是数学知识的应用和数学知识的实践。事实上，赵爽与刘

① 洪汉鼎著《诠释学：它的历史和当代发展》（修订版），北京：中国人民大学出版社，2018 年版，第 171 页。

徽的工作有很多都是关于纯粹数学方面的内容。在这个时期数学的学习或研究就是注解经典数学著作。包括后来的祖冲之也注解过《九章算术》，其至到了隋唐时期的李淳风编著了《算经十部》，实际上是注解了《算经十部》。注解数学著作作为学习数学的一种方式一直到宋元数学时期还是具有影响力的。北宋数学家贾宪代表作是《黄帝九章算经细草》，贾宪的这部数学著作虽然失传了，但是从著作的名字上可以看出也是对《九章算术》的一种注解，这显然还是受到注经文化的影响，这就说明数学家贾宪也是通过注经的方式学习或研究数学的。南宋数学家杨辉对《九章算术》很崇敬的，把它称为"黄帝九章"又说它是"圣贤之书"，但是杨辉仍然敢于批判《九章算术》，他认为《九章算术》的章节安排不合理，所以重新调整了九章的内容，使它更合理一些，这就是杨辉的《详解九章算法》。显然杨辉也是受到注经文化的影响，通过对《九章算术》注解来学习和创造数学知识的。事实上，对古代数学经典著作作注解的过程，也就是理解数学经典著作的过程，也是学习数学经典著作的过程，也是哲学诠释学意义上诠释数学经典著作的过程，这种理解对数学的创新很有必要。因为数学的理论创新需要建立在继承前人工作的基础上，而不是空穴来风地搞创新，就是说创新也需要有基础。

注解数学著作的数学学习观其实也是一种学习数学的方法。当然有的学者认为中国古代数学家注解数学著作是为了方便研究，这个笔者也不否认。但是即使是注解是为了更好地理解数学和更方便研究数学，客观上注解数学著作的过程就是学习数学著作的过程，也是理解数学著作的过程，也是研究数学的过程。也就是说虽然主观上是为了研究的方便，但是客观上也是一种学习或理解数学的方法或过程。基本上可以这样说，注解数学经典著作的学习观是撇开了现实生活的实用性或具体的凌乱的数学问题，其至是抛开实践的观念，而是系统化、理论化地学习与研究数学，主要以学习或研究或注解数学经典著作为主，当然这里的经典著作主要是《九章算术》或《周髀算经》，上面说到的赵爽、刘徽、祖冲之、李淳风、贾宪、杨辉等数学家都是通过注解《九章算术》来学习数学的。实践证明了这种学习数学的方法能够得到比较系统、完整的数学知识，而且在数学上也具有重大的理论创新。这种数学学习观应该说至少比实用数学学习观的学习效果要好一些。事实上，这种学习观与现代文学、哲学中提倡读元典、读经典的学习方式是类似的。这种学习观比上面所有的观点更加接近西方学习数学的思想，尤其是古希腊数学的学习思想，因为这种学习观能够得到比较系统、完整的数学知识。赵爽、刘徽系统地学习《周髀算经》或《九章算术》都花费了至少几年的时间。王孝通是比较"笨"的数学家，自学数学一辈子才研究出成就，当然他秉持了终身学习的理念也是值得肯定的。但是实践证明了这种方法的学习效果是很高的，而且掌握的知识比较系统，可能没有理论联系实际的那种数学学习观对数学知识的认识深刻，但这种方式是培养数学家的重要方式。中国古代数学家一般都是通过学习《九章算术》或《周髀算经》成为数学家的。这种数学学习观，似乎秉持了一种为数学而数学的精神，如果他们所学的经典数学著作是纯粹数学的，那么他们研究的数学也可能就是纯粹数学。事实上，《周髀算经》虽然是一个公理化体系，但是很少人继承与发扬这种公理化体系。《九章算术》虽然是一个实用的体系，但是刘徽却要改造这种实用的体系，对书中没有定义的数学概念给以下定义，对书中正确但没有证明的公式、命题以演绎证明的方式注入了中国古代数学的血液之中。当然即使数学经典著作是演绎的体系，学习者本身也是有选择的，也可能不按照数学经典著作的范式研究数学。例如后人对《周髀算经》的学习并不一定按照公理化的模式去建立自己的数学知识体系。这种情况是很复杂的，这就是受到当时的文化传统的影响。通过注解经典数学著作一方面得到的数学知识是系统的完整的知识，另一方面数学家的创造力也得到大幅度的提高，这就说明了有知识才有创造力。

从哲学诠释学的角度来讲，注解的过程也是对数学理解的过程，也是对数学解释的过程，也是数学学习的过程，也是对数学知识再创造的过程。赵爽注解《周髀算经》的过程实际上也是他学习或理解《周髀算经》的过程，刘徽注解《九章算术》更是一种理解或学习数学的行为。不仅如此，赵爽、刘徽、祖冲之这三位数学家都是在注解数学经典中创造自己的数学成果的。这与伽达默尔哲学诠释学强调的理解不仅只是模仿和复制，更是一种创造的行为是不谋而合的。数学家对数学的理解一方面来自于数学著作的文本，另一方面来自时代精神的赋予。刘徽注解的《九章算术》与其他的学者注解的《九章算术》是不同的，其原因就在于刘徽所处的历史时代的精神与其他学者所处的历史时代精神可能是不同。刘徽注解《九章算术》时代是魏晋玄学的清谈之风盛行，而贾宪、杨辉注解《九章算术》是商业经济繁荣的两宋又是另一种景象。这就是伽达默尔哲学诠释学所强调的对于文本理解的多元性，文本的意义不是固定不变的，而是随着时代发展变化其理解也会有所不同的。伽达默尔说："如果我们一般有所理解，那么我们总是以不同的方式在理解，这就够了。"[1]这就是伽达默尔强调的不是以最好的方式理解，而是以不同的方式在理解。"在伽达默尔看来，传承物并没有一种所谓一成不变的客观的意义，它们的意义总是我们尔后与之不断对话所形成的意义，例如他所说的，'历史任务的真正实现仍总是重新规定被研究东西的意义'。这种意义的获得在他看来，乃是通过一种精神的对话——包括提问和回答——而实现的"[2]。"只要有一篇文本保持沉默，则对它的理解就尚未开始。然而文本是能够开始讲话的。但是文本并非是以无生命的僵死状态说着它的话，始终说着相同的话，相反它总是给向它提问的人以新的回答并向回答它的人提出新的疑问。对文本的理解是一种谈话方式的自我理解。对这一点可以得到证实，如果在和某件文本的具体交往中，只有当文本中诉说的东西能够以自己的解释语言表达出来时，才可能产生理解。……理解之真正的实现并不在于布道本身，而是在于布道作为一种向每个人发出的召唤让人获知的方式"[3]。这就解释了刘徽注解的《九章算术》与贾宪注解的《九章算术》、杨辉注解的《九

---

① 洪汉鼎著.《诠释学：它的历史和当代发展》（修订版），北京：中国人民大学出版社，2018 年版，第 171 页。

② ［德］汉斯-格奥尔格·伽达默尔著.《诠释学 II：真理与方法》，洪汉鼎译，北京：商务印书馆，2010 年版，第 699 页。

③ 同上，第 163-164 页。

章算术》为什么是不同的。《九章算术》的文本虽然是死的，但是意义却不是固定一成不变的，是具有时代精神的，或者说是与时俱进的，这也说明了理解或解释或注解的多元性和时代性。

6.3.5 心智的数学学习观

长期以来，人们普遍认为中国古代数学主要是计算或运算为主的，而没有心智的培养和思维的训练，这种观念是很不确切的，或者说这种说法不恰当。笔者也不否认运算或计算是中国古代数学一大特点，但是对中国古代数学的评价不要过于极端化。儒家提倡中庸的观念，提倡不偏不倚的观念，这些主流的文化观念都会影响中国古代数学的走向。中国古代数学虽然主要强调了计算的重要性，但是仍然存在心智活动或思维训练的成分。老子在《道德经》第二十七章说："善算不用筹策。"[1]实际上老子的这种观念不仅仅强调了数学是计算的科学，而且也强调了数学是心智的科学。老子是善算者，虽然善算者用什么计算老子并没有说，但是可以想象老子的手段肯定是更为高明的，是对算筹这个工具的超越，那会是什么呢？周瀚光教授强调老子思想的特点在于对于一些基本的数学概念作出抽象的思考，并引用数学家刘徽在《九章算术注》中的："数而求穷之者，谓之情推，不用筹算"以此来说明了老子对一些基本的数学概念作出了抽象的思考[2]。问题是这样的吗？事实上，人们知道《道德经》充满了辩证的思想，例如"大直若曲"就是一种辩证抽象的思想，这也是老子的哲学思考。的确老子对一些基本的数学概念作出了高度抽象的思考。但是"善算不用筹策"中的"善算"是用逻辑推理吗？在今天看来绝不是古希腊数学中的逻辑演绎推理，而只能是一种估算，估算本身也是含有推理的成分的。对于一些无法精确计算的事物，这时候算筹这个工具的局限性就暴露出来了，谁理解算筹这个工具的局限性，当然只有善算者。也只有善算者才能理解到算筹工具的局限性，连算筹都应用不熟

---

① 贾德永译注：《老子译注》，上海：上海三联书店，2013 年版，第 61 页。
② 周瀚光著．《先秦数学与诸子哲学》，上海：上海古籍出版社，1994 年版，第 40 页。

练的人自然体会不到这个工具的局限性。因为你不理解它，没有认识它，它的缺点当然不易发现。而"善算不用筹策"这个问题解决的对象还必须是计算问题。按照刘徽的观点，就是根据具体情况进行取近似值或对一些数或区间或数的集合为了计算的方便进行粗糙的估算。当然这个估算不仅是有客观依据的，而且也是有主观依据的，这就是所谓的"情推"。这点似乎类似于匈牙利美籍数学家、数学教育家波利亚所提倡的"合情推理"，这也有点类似于陈希孺先生经常在他的概率与数理统计方面的书籍中提到的主观概率。因此从这个意义上讲，老子的"善算不用筹策"也应该包含着估算的成分，这就需要依靠心智的方式学习数学。

数学是心智的科学，也可以说是思维的科学。老子的心智的数学学习观在《周髀算经》中荣方的数学学习中得到淋漓尽致的展示。在《周髀算经》记载数学家陈子与荣方的一段精彩的对话，在第本书的第四章已经把对话展示出来了，在这里不再摘抄原文。在短短的对话中频率出现最多的一个字是"思"。"若诚累思之""于是荣方归而思之""方思之不能得""思之未熟""固复熟思之""思之数日不能得""方思之所精熟矣"，一共用了 7 个带"思"的句子，"思"是心智的产物，是心智的表现形式之一。在陈子看来，数学学习贵在思考，也就是"动脑筋"。思的过程其实是一个理解的过程。现代数学教学中人们常说数学贵在理解,如何理解？数学教育家陈子给出了答案通过思考达到理解，并强调数学学习的过程是一个反复思考，也就是"累思"的过程。简而言之，陈子的数学学习观是通过勤于思考来达到理解数学的目的。

北宋数学家、科学家沈括也强调心智在数学学习中的重要性。沈括说："耳目能受而不能择，择之者心也。"[①]这句话的意思大致是说，作出判断或获取知识不是五官可以做到的，而是依靠心智。学习数学贵在于心智的思考，所谓"熟读精思"中的"思"可以理解为思考，思考本身就是一个理解的过程。这种数学学习观不是在经验数学观的指导下得出的，而是在数学是心智

---

① 郭金彬，孔国平著.《中国古代数学思想史》，北京：科学出版社，2007 年版，第 176 页。

的科学或数学是思维科学的观点下产生，而且也只有这样的数学观之下才能产生这样的数学学习观。

心智数学学习观更加贴近伽达默尔哲学诠释学所强调的精神科学的参与体验的认识方式。"伽达默尔在一篇题为'论实践哲学的理想'的论文里曾经这样写道，'我要宣称：精神科学中的本质性东西并不是客观性，而是同对象的先在关系，我想用参与的理想来补充知识领域中这种由科学性的伦理设定的客观认识的理想。在精神科学中，衡量它的学说有无内容或价值的标准，就是参与到人类经验本质的陈述之中，就如在艺术和历史中所形成的那样'"①。这样伽达默尔就提出了"参与"是精神科学（人文科学）区别于自然科学认识论的重要的思想之一。实际上，数学的学习与自然科学是不同的，因为自然科学需要实验，但是数学更主要的是参与到数学这个客体之中，通过做题等数学实践活动依靠体验来获取数学知识，显然这种情况作为主体的学习者与客体的数学是相互作用的，是"主客相融"的。从这个意义上讲，心智的数学学习观就是伽达默尔哲学诠释学强调的在主客合一的情况下，主体也就是数学学习者参与进去，并依靠体验方式达到对数学理解的目的。心智的数学学习观已经摆脱了物质世界的干扰，更多的是在精神层面或心智层面上学习数学，人的心智活动是内在的，这更符合精神科学或人文科学的特点。

6.4　中国古代数学学习观的性质

本章最主要论证的是中国古代数学学习观的主要思想及诠释，按照学习数学形式来将中国古代数学学习观划分为五种。中国古代数学学习观是一个丰富的、开放的、多元化的体系，即使以上按照学习数学的形式来对中国古

---

① 洪汉鼎编著.《〈真理与方法〉解读》，北京：商务印书馆，2018 年版，导言第 3 页。

代数学观的一种划分也可能有没有包括的内容，但是应该说最基本的最重要的思想内容被上面囊括其中了。中国古代数学学习观最核心的思想是通过各种具体的形式达到数学理解的目的，基本上也就达到了数学学习的目的。

今天人们知道数学学习贵在理解。但是从以上可以看出中国古代数学也是强调理解的重要性的，这是由我们传统文化决定的。从哲学诠释学与中国古代文化相契合的情况来看，中国古代数学学习并非练习、练习、再练习，并非全部坚持"熟能生巧"的思想①。"学习即理解"这就说明了中国古人学习数学也是同样强调对数学理解的重要性，这是由中国古代文化在主客合一的情况下依靠自身的参与或体验地理解事物的方式决定的。中国古代数学学习也同样强调数学理解的重要性，这是由中国古代文化决定的，是具有客观必然性的，至少符合哲学诠释学所强调的精神。下面是针对上面的五种数学学习观，也是五种理解数学的形式来进一步概括中国古代数学学习观的一些性质。

6.4.1   理解的诠释性

本章论证的核心观点就是：中国古代数学的学习就是理解，这个观点至少在哲学诠释学意义上是成立的。本章论证中国古代数学的"学习即理解"这种观点，就是基于哲学诠释学的视角，以上五种学习观都在不同程度上反映了这种观点。站在哲学诠释学的视角来理解中国古代的数学学习观，更能体会到理解是中国古代数学学习观的精髓。因为中国古代的文化与哲学诠释学强调的基本观点思想是一致的。中国古代虽然有"天人相分"的观念，但是更多的是"天人合一"的观念，这种观念与哲学诠释学强调的主客不分的观念是一致的；另外中国古代文化也是强调主体参与到客体中去，并依靠内心的体验来获取知识。例如人们经常引用南宋诗人陆游的"纸上得来终觉浅，绝知此事要躬行"强调的不是一种实践出真理的思想，而是一种参与精神，

---

① 邝孔秀：《"理解是第一位"吗》，《数学教育学报》2000 年第 3 期。

是一种参与之后的内心体验的思想，这种观念正是哲学诠释学所强调的。中国古人对数学的学习，在很大程度上就是理解，而不是实践，从哲学诠释学来讲就是在"主客合一"的观念之下对数学的理解主要是主体参与数学依靠内心的体验来学习或理解数学。

6.4.2　理解的哲学性

以上五种形式的数学学习观，是笔者根据中国古代数学教育的史料和相关的前人的理论加上自己的理解，总结归纳出来的观点。按照中国哲学的"知行观"理论来看，前两种数学学习观偏向于"行"的方面，后三种数学学习观，偏向于"知"的方面，也就是对数学理论的学习。但是无论是偏向于"行"的方面还是偏向于"知"的方面，都是强调以不同形式对数学的理解。事实上，以上五种观点反映了在中国古代哲学中的"知行观"的思想对中国古代数学教育的影响。这也解释了中国古代数学为什么是应用数学为主的原因是在中国哲学中是重视"行"的，"行"作用在数学上就是应用数学。中国古代哲学虽然没有西方发达的知识论或者认识论，但是我们有自己的知行观，这种知行观是重视行动的，其次才是对知识的重视。反观古希腊数学也受到其哲学思想的影响。他们的数学学习从主流的角度来说就是学习纯粹数学，就是一个对数学知识的追求，行动的因素是很少的，这同样受到他们哲学思想的支配。这就反映了两个民族的数学学习观念的不同都是受到不同哲学思想影响的。当然前文说过，中国古代数学学习观受到中国古代数学观和数学教育目的影响和制约，这两个因素也同样受到中国古代哲学中知行观的影响的。接下来的后面两章的中国古代数学教学观和中国古代数学课程观也同样受到中国古代哲学的影响，尤其是知行观的影响。

6.4.3　理解的多元性

中国古代数学学习观是强调理解的重要性的，同时认为对数学的理解不应该是单一的，而是强调对数学理解的多元性。理解的多元性是伽达默尔哲学诠释学强调的一个重要的观点，他认为理解不是像施莱尔马赫那样追求比作者更好地理解文本，而是强调以不同的方式理解文本。赵爽通过学习《周髀算经》而理解数学；而祖冲之则是通过实验的方式对天文历法进行理解；更多的中国人是通过对数学的应用而理解数学的。"按照海德格尔的观点，世界乃先于这种主—客二分的观点，世界既先于所有的客观性，又先于所有的主观性。世界是在我们认识一个事物的行为中所预先假设的东西，世界中的每一事物都必须依据世界来把握，理解必须通过世界来进行，如果没有世界，人就不可能在其现实中看到任何事物。但是，尽管人必须通过世界来观看一切，世界却如此的封闭，以致它往往逃避人的注意，我们往往不是在知中而是在用中才注意到它。例如书本、钢笔、墨水、纸张、垫板、桌子、灯、家具、门窗等，只有在属于用具的世界里才能是其所是。"①海德格尔说得很好，一种东西你不用它，不与它打交道，你怎么理解它。这种哲学诠释学说明这一事实：即中国古代数学虽然是应用数学，但因为中国古人天天与它打交道，所以这本身就是对数学的一种理解或解释。通过应用达到对数学的理解，实用数学学习观与理论联系实际的数学学习观，甚至是质疑、反思、批判的数学学习观都秉承了这种在与数学打交道中认识数学，理解数学的精神。中国古人对数学的理解是融化在现实生活之中的，而不是束之高阁所谓对数学的理性把握。中国古代数学学习观集中反映了数学理解的重要性的同时，还强调数学理解方式的多元性，例如通过应用来理解数学，通过对数学著作注释来理解数学等多种理解形式。这就是伽达默尔所强调的："如果我们一般有所理解，那么我们总是以不同的方式在理解。"②以上五种数学学习观事实上是五种不同的对数学学习的理解方式，这就体现了伽达默尔所强调的是以不同的方式理解的精神。另外，这种理解本身不仅仅是一种复制行为，而是一种创造的行为。就像伽达默尔所说："文本意义超越了它的作者，这

① 洪汉鼎著.《诠释学：它的历史和当代发展》(修订版)，北京：中国人民大学出版社，2018 年版，第 158 页。

② 同上，前言第 2 页。

并不是暂时的，而是永远如此的，因此理解就不只是一种复制的行为，而始终是一种创造的行为。"[1]赵爽对《周髀算经》的注解就是一种创造行为，刘徽对《九章算术》的注解更是一种创造性的行为，祖冲之虽然注解的《九章算术》失传了，但是祖冲之在数学上的贡献也是创造性的行为。贾宪、杨辉同样是注解过《九章算术》的，而且对《九章算术》怀有崇敬，但是在注解《九章算术》的时候也同样是有自己在数学上的理论创造贡献的。总之，中国古代数学学习观反映了中国古人学习数学的过程是理解数学的过程，也是一种创造数学的过程，这种思想与哲学诠释学强调理解与解释重要性的思想是一致相通的。

当然中国古代数学强调以不同方式的理解也是有局限性的，因为理解数学虽然有不同的方式，但是哪一种方式是最有效的呢？中国古代数学学习观没有考虑到这样一个问题。在古希腊数学中，对数学的理解并不是多元性的，而是由于严谨性导致了理解方式的唯一性，甚至理解的绝对性。但是中国古人对数学的理解或学习虽然是多元性的，但是多元性既是一个优点也是一个缺点，例如为了与社会生活中的某个东西相对应，不免对数学作出过于牵强附会的理解。

---

① 洪汉鼎著.《诠释学：它的历史和当代发展》（修订版），北京：中国人民大学出版社，2018 年版，前言第 2 页。

第7章 结束语：结论与展望

中国古代数学教育哲学研究，从哲学诠释学的向度而言，就是对中国古代数学教育哲学的理解、解释和应用的研究。对中国古代数学教育哲学作什么样的理解，就会在现实的具体实践中呈现出什么样的应用结果。因此，怎样理解中国古代数学教育哲学已经不仅是一个学术问题，而是一个涉及现代中小学数学教育如何从传统数学教育哲学中汲取有益的营养，更好地服务于当下的数学教育实践活动，当然也不否认本书的写作目的之一就是弘扬中国古代优秀的传统数学文化。本书主要利用中国古代哲学和哲学诠释学的相关理论，根据中国古代数学教育相关的历史资料为基础，来诠释中国古代数学教育哲学。中国古代数学教育哲学的存在性得益于中国古代文化，尤其是中国古代哲学与哲学诠释学在很多理论方面都具高度的一致性。例如中国古代有主客合一的文化，有依靠参与与体验的方式认识或理解事物，有对价值与意义的重视，强调应用的重要性，主张真理的相对性，重视语言和对话对理解的重要性等在诸多方面都与哲学诠释学的基本理论是一致的，这种一致性成全了中国古代数学教育哲学。

7.1　基本结论

本书内容围绕着中国古代数学教育哲学的基本理论框架展开了论述，回答了中国古代数学教育哲学在哲学诠释学视角下是何以可能的这个问题。可以这样讲，中国古代数学教育哲学至少在哲学诠释学这个意义上是存在的，并且包含了丰富的思想内容。中国古代数学教育哲学建立在中国古代哲学、中国古代数学哲学、哲学诠释学为理论的基础上，充分反映了中国古人对数学观理解的多元性、数学教育目的人文精神以及学习即理解、教学即对话、课程即生活的丰富内涵，这些都是值得当代数学教育借鉴和学习的。具体来讲，这就是下面的基本结论。这些基本结论也就是每一章（不包括第一章）的核心思想。

7.1.1　用哲学诠释学诠释或建构中国古代数学教育哲学的合理性

哲学诠释学与中国古代文化，尤其是与中国古代哲学在很多理论方面具有相同或类似的观点，它们都反对"主客二分"的观念，都强调应用的重要性，都认识到参与、体验是人文科学的重要的理解方式，都强调语言的重要性，主张为了更好地理解，借助于语言通过对话的形式来达到理解的目的，都强调意义与价值的重要性，等等。以上这些方面都深刻揭示了哲学诠释学与中国古代哲学或中国古代文化的密切联系。因此，可以用哲学诠释学建构或诠释作为中国古代文化，更是中国古代哲学重要组成部分的中国古代数学教育哲学。当然，用哲学诠释学研究中国古代数学教育哲学显然不是万能的，其局限性和不足肯定是存在的，但是局限性还是很有限的。

7.1.2　中国古代数学哲学基本内容

笔者为了更好地论证中国古代数学教育哲学，首先从中国古代数学哲学入手。以中国古代哲学和哲学诠释学的一些基本理论为基础，根据当代数学哲学包括的本体论、认识论和方法论三部分核心内容为框架，主要从中国古代数学史和数学教育史中挖掘与上述三部分内容相关的史料为论证依据，以古希腊数学哲学和现当代数学哲学为理论参考，来诠释中国古代数学哲学，其实也是一种哲学诠释学的视角。这就为中国古代数学教育哲学夯实了理论的基础。中国古代数学哲学在本体论上不是柏拉图在数学上的"实在论"的观点，而是类似于亚里士多德在数学上的"反实在论"的观点。强调数学研究对象"数"是抽象地存在于具体或可感的事物之中，这样一个观点与中国古代哲学"道器一体"或"体用不二"的观念是一致的；在对待真理的态度上，中国古人不仅有西方亚里士多德的符合论的思想，更为重要的是还具有参与体验式的真理观，这就深刻地说明了中国古人认识事物不仅仅是依靠实践经验，而更多的是一种主客不分的情况依靠参与体验的方式，这种理解事物的方式就是伽达默尔哲学诠释学所强调的人文科学的理解方式。中国古人强调数学的认识论与价值论的统一，强调应然与实然的统一，这就是使中国古代数学在认识论上不仅强调数学的客观性（基本上也可以说是中国古代数学的科学性），同时又被赋予主观性和相对性的内涵（基本上反映了中国古代数学人文性），这在西方数学中并不存在的；中国古代数学方法论主要体现在《九章算术》对一般的、普遍的数学解题的思想方法和数学家杨辉、沈括的数学思想之中。杨辉与沈括的方法论是针对杂多的、具体的数学问题给出一个总体上的宏观的指导思想，强调具体问题具体分析的方法，而《九章算术》中追求普遍地、一般地解决问题的归纳思想才类似于或接近近代西方数学家笛卡尔和费马的解析几何方法论的思想。这种方法论反映了中国古代数学哲学仅仅关注具体的问题，对永恒的、普遍的、一般的规律不是他们追求的目的，更缺少宏大的系统化、理论化的方法论体系。原因是中国古人对数学的认识不仅是从自然科学的角度，而且更多的是从伽达默尔哲学诠释学所提倡的参与体验的方式获取数学知识和真理的，而这种哲学诠释学所强调的人文科学对事物理解是具体的、形象的、个性的和特殊的。

7.1.3　中国古代数学观的多元性

人类的一切理论都是诠释的产物,"什么是中国古代数学?"对这个问题的回答也是人们诠释的产物。后现代主义强调解释多元性,人们对数学的认识也是秉承了多元性的思想。中国古人的数学观也是多元性的,这种对数学理解的多元性,反映了中国古人对数学的不同的理解或诠释,也深刻揭示了中国古代数学观具有生活性、发散性、诠释性、主观性的特点。中国古人就是按照伽达默尔哲学诠释学所强调的以不同的方式在理解数学的精神,这反映了中国古代数学哲学的诠释性。

7.1.4　人文主义关怀是中国古代数学教育目的的集中反映

可以说人文主义关怀是中国古代数学教育目的的集中反映。虽然欧内斯特提出了三种数学教育目的,但是那是在西方文化的语境之下提出的,而不是在中国古代文化的语境之下。中国古代文化与西方文化毕竟是不同的两种文化。中国古代科学不发达,中国古代教育甚至中国古代哲学都是以人为中心的哲学,这与强大的西方科学主义传统不可同日而语。笔者把欧内斯特三种数学教育的目的用哲学诠释学的方式诠释为中国古代数学教育的三种目的,并把这三种目的统一为人本主义的教育目的,其原因是在中国文化的语境之下,这三种目的具有很强的兼容性和统一性。中国古代数学教育目的深深地扎根于中国古代文化,与中国哲学、中国古代教育哲学以及哲学诠释学有着十分密切的联系。因此笔者认为可以用这些思想对其去深层次地解读或深究其故。

7.1.5　学习即理解

在现当代数学教育中,强调理解数学的重要性。中国古代数学也是很重视对数学的理解。中国古人学习数学,一方面是在主客二分的观念下依靠实践活动展开的;更为重要的一方面是在主客不分的情况下依靠参与体验的方式理解数学的，由于参与体验的情况主要是具体的、个例的、形象的，这就形成了中国古人以不同的方式理解数学的文化传统，这恰恰是伽达默尔哲学诠释学所强调不同的理解方式。这种不同的理解方式主要是依靠个人内心的参与体验，而不仅仅是实践。这种以不同的方式理解数学充分体现了中国古人在对数学的理解上也是伽达默尔哲学诠释学所强调一种创造性的行为。以不同的方式理解数学是中国古代数学学习观的精髓。这反映了中国古人对数学理解的诠释性、哲学性和多元性。中国古代数学是应用数学为主，按照伽达默尔哲学诠释学所强调的理解、解释和应用是诠释学的三要素的思想，应用就是理解，就是解释。中国古人对数学应用的过程就是对数学理解的过程，虽然他们没有说应用数学就是为了更好地理解数学，但是这无形之中促进了对数学的理解。总之，中国古人对数学的学习在某种程度上讲，就是一种主客合一的情境下通过参与体验方式理解的，而且这种理解是通过多种方式进行的，这就是伽达默尔哲学诠释学强调的是以不同的方式在理解的思想。如果用一句话概括这种学习思想就是学习即理解。

7.1.6 课程即生活

生活是中国古代数学课程观的核心、源泉，这是由中国文化，尤其是中国古代现实主义哲学观念决定的。人们常说中国古代数学是应用数学，应用不是发生在真空中的应用，也不是发生在西方科学研究的实验室中的应用，而是发生在现实社会生活之中的应用。同样经验课程观也不是在真空中产生的，现实生活就是不得不面对的经验场地。即使是气吞山河地改造社会数学课程观，从本质上讲，其落脚点仍然是中国人的现实生活。过程课程观离不开现实生活，课程就像生活一样慢慢地品味、一点一点地经历。教材课程观同样也是来源于现实生活，而不是所谓的圣人之言。总之，中国古代数学课程观的核心思想就是：课程即生活，至少在某种程度上可以这样讲。中国古代数学课程观是面向现实生活，中国古代数学课程世界与现实生活世界是同一个世界。中国古代现实主义的世界观与主客不分的文

化传统也很容易形成了生活世界与科学世界的融合统一，这种融合统一使中国古代数学课程观呈现出自身的意义，意义就在生活世界之中，意义就是在现实生活对数学的理解中形成的。《九章算术》就是一个世俗的经验生活世界中的数学问题集，其课程就是在生活世界之中的，课程面向的是现实生活社会，意义与价值就是在人生、生活、社会得到了充分的体现与展示的。中国古代数学课程观从哲学诠释学上进行解读主要反映了中国人的生活世界与课程世界的统一，反映中国人的课程世界是一个充满意义和价值的世界。

7.1.7 教学即对话

中国古代数学教学强调语言与对话的重要性，不仅仅因为在中国数学教育史上的确存在数学教学对话，更为重要的是通过对中国古代文化的理论分析得出的，或者说这是由于中国古代文化的特质决定的中国古代数学教学的本质就是对话。"主客二分"下的实践的真理观依靠的是实践的事实结果，在很多情况下是不需要语言的，这就是人们经常说的事实胜于雄辩；而中国古代文化主要不是在"主客二分"观念下依靠实践活动获取对事物的认识，而是在主客不分的情境下把自己参与进去，依靠内心的体验去获得的知识或真理。但是参与进去依赖体验获取的知识，一般具有很强的主观性，都是需要语言来表达的，为了更好表达或解释或与别人交流需要，对话的重要性就凸显出来了。伽达默尔在《真理与方法》提到的"我"与"你"对话的三种关系或三层境界，笔者把这三种"我"与"你"的关系通过中国文化的语境分析，在很大程度上说明了中国古代数学教学对话所达到的境界至少是第二个境界。

中国古人强调在现实生活中以不同的对话形式来让学生更好地理解数学，这反映了中国古代教育中"教"的目的还是为了"学"。从这个意义上讲，中国古代的数学教学观和数学学习观其目的具有一致性，都是强调理解对数学学习的重要性。但是教学毕竟是一种以语言为本体的活动。中国古代数学教学观不仅强调现实生活教学对话对于理解的重要性，同样不自觉地走向了一种以不同的对话形式来理解数学，因为对话始终在现实生活的世界之中，而现实生活是多方面的。中国古代数学教学充满了生活性，教学的意义和价值在生活中。重视理解，重视语言，重视通过对话的形式来更好的理解数学，这同样是伽达默尔哲学诠释学强调的内容。

7.1.8　中西数学教育观的共性

这里的"中西数学教育观的共性"这一部分对应的是第九章的内容，写第九章的原因是只有比较才能更深刻的认识。第九章是对前面几章的深化和提高。在数学观上，强调中国古代数学观类似于或具有相对主义、主观主义、可误主义、建构主义数学观的思想；在数学学习观上基本上是认知主义和人本主义的观点。由于中国文化是"主客合一"文化以及通过参与体验的理解方式，这就说明了行为主义的学习思想是很少的；在课程观上，中国古代数学强调课程的人文属性，其实人文属性中就涉及到社会生活方面的内容。中国古代数学课程观不是斯宾塞的唯科学主义至上，而是人本精神与科学精神融合统一的课程观，甚至是以生活为中心的人本主义的课程观。表面上由于数学的存在具有科学性，但是中国古代课程绝没有西方科学主义的一支独大，而是充满了人文精神，中国古代课程观具有人文主义、社会改造主义课程观的思想。这种中西比较的过程，也是一种中西教育文化融合的过程；在数学教学观上，相对于西方近现代传统教育理论的"三个中心"而言是以"生活"为中心的。从课堂文化的角度来讲，笔者认为中西方都有他们的文化情境，脱离具体的文化情境谈论教学效果的好坏是没有意义的；读者从中也可以看到中国古代数学教育哲学的可圈可点之处，值得今天的数学教育借鉴和学习，更为重要的要继承与发扬这种优秀的文化基因。中西数学教育观的比较也是一种对中西数学教育观的诠释，在比较中诠释、在诠释中比较。

7.2 未来的展望

第一，继续深化哲学诠释学的理解。笔者虽然学习了一些关于哲学诠释学的学术论文和专著，本书仅仅是粗略地应用了伽达默尔哲学诠释学的研究理论，而对更多的其他诠释学的流派自己知之甚少。例如对于科利的文本诠释学、哈贝马斯的批判诠释学以及德里达等学者的后现代主义诠释学思想还没有更多的涉及和更为深刻的理解，而这些思想可能涉及到更多的是伽达默尔哲学诠释学的不足和局限的地方，这些思想是笔者进一步深入在哲学诠释学视角下研究中国古代数学教育哲学的基本理论需要进一步完善的地方。

第二，郑毓信提出了数学教育的基本矛盾是"教育方面"与"数学方面"的矛盾。那么中国古代数学教育存在基本矛盾吗？按照马克思主义的观点，矛盾是无处不在的。中国古代数学教育的基本矛盾是存在的，问题是中国古代数学教育的基本矛盾是不是"教育方面"和"数学方面"的矛盾呢？中国古代数学经常被人诟病地说它过于实用，实用制约了中国古代数学的发展，在某种程度上是有一定道理的。从这个意义上讲，中国古代数学教育的基本矛盾可能是"数学方面""应用方面"与"教育方面"这三方面的矛盾。笔者认为在这三方面中，最弱的是"教育方面"，其次是"数学方面"，最强的才是"应用方面"。说数学"教育方面"比较弱的一个事实是，中国古代官方对数学教育的态度是不太重视，至少没有古希腊人重视数学教育。虽然在隋唐时期通过明算科考试可以获取一定的官职，那些官职都是九品或九品以下的小官，而且随后元明清时期数学发展在官方也没有得到应有的重视。笔者认为中国古代数学教育向近现代数学教育前进的过程就是把这三方面的矛盾转化为两方面的矛盾，实现把"应用方面"的矛盾消失，最终只剩下"数学方面"与"教育方面"这两方面的矛盾。限于笔者的能力，笔者仅对中国古代数学教育的基本矛盾作出一个初步的探讨。关于中国古代数学教育以上三方面的矛盾本书中没有论证，也是本书的一个缺失的部分，但是这正是笔者将来努力的方向。

第三，本书各部分之间的逻辑关系不是太严谨，对一系列的问题的阐释还不够深刻，还需要笔者对研究的核心概念及各部分的关系进行必要的梳理和完善。在当今实证主义研究方法大行其道的情况下本书没有一张图表，仅是纯粹的思辨，这无疑是本书的一大不足之处。当然数学教育哲学的研究主要方法是思辨的，但是也不能一张图表都没有。另外，本书的主题仍然不够突出。对于这些以上缺点与不足，笔者一定在今后的数学教育教学与研究中，在该书的出版中一定给予改正或完善！

第四，其他方面的不足之处。首先，郑毓信的《新数学教育哲学》第八章"'社会—文化视角'下的学习观与教学观"。这个题目表明了学习观与教学观是受到社会、文化影响的。而本书的写作其实也在强调这一思想，但是强调文化方面较多一些，而强调社会方面的内容较少一些。其次，郑毓信教授强调了知识、权力与教育三者的关系。笔者认为，在中国古代社会知识、权力与教育三者的关系肯定存在，但比较复杂，自己掂量再三没有把三者的关系写入本书。最后，一个民族有一个民族的文化心理，不同的民族在文化心理上是不同的。这就涉及到文化心理学的一些理论，该领域对笔者进一步完善中国古代数学教育哲学的研究将起到积极的影响，因为这样就可以把对中国古代数学教育哲学的研究建立在民族心理文化学的基础上。以上几点，对笔者来说都是新的领域，但是本书没有涉及到，这是本书不足之处，也是笔者在将来的学术发展中进一步努力研究的内容或方向。

哲学诠释学倡导对文本的解读具有相对的意义和价值，不同的时代对文本的解读是不同的。从这个意义上讲，用哲学诠释学研究中国古代数学教育哲学就应该秉承与时俱进的思想。中国古代数学教育哲学是一个开放与发展的体系，随着人们对中国古代哲学、中国古代数学史和数学教育史考古的发现和学者研究的深入发展，这将给中国古代数学教育哲学的研究提供新的文本资料证据和新的思想观点，甚至遇见新问题，这也将为中国古代数学教育哲学进一步的研究提供了丰富的研究的资料。笔者也会将最新的资料与研究成果用于自己的中国古代数学教育哲学研究之中。从这个意义上讲，中国古代数学教育哲学的研究永远没有停止。对中国古代数学教育哲学的研究应该说是一个永恒的话题，是一个与时俱进的话题，对中国古代数学教育哲学的研究工作永远在路上。

总的来说，本书的目的是用哲学诠释学的相关理论来诠释中国古代数学教育哲学，中国古代数学教育哲学从哲学诠释学的视角来讲有其丰富、合理的内容，这些内容可以丰富当代中国的数学教育哲学理论。笔者认为在古代数学教育中，可以找到某些对现代数学教育有积极影响的文化基因，找到这种文化基因，不仅可以增强民族文化自信和文化自觉，而且也可以为拓展今天数学教育的内涵，丰富今天数学教育的方法，形成具有民族特色的数学教育哲学体系，提供一定的启发和借鉴。

参考文献

[1] [古希腊] 柏拉图. 理想国 [M]. 郭斌和，张竹明，译. 北京：商务印书馆，1986.

[2] [古希腊] 柏拉图. 泰阿泰德 [M]. 詹文杰，译注. 北京：商务印书馆，2018.

[3] [古希腊] 亚里士多德. 形而上学 [M]. 吴寿彭，译. 北京：商务印书馆，1959.

[4] [古希腊] 欧几里得. 几何原本 [M]. 燕晓东，译. 南京：江苏人民出版社，2011.

[5] [美] 莫里斯·克莱因. 古今数学思想（第一册）[M]. 张理京，张锦炎，江泽涵，等译. 上海：上海科学技术出版社，2014.

[6] [美] 莫里斯·克莱因. 古今数学思想（第二册）[M]. 石生明，万伟勋，孙树本，等译. 上海：上海科学技术出版社，2014.

[7] [美] 莫里斯·克莱因. 古今数学思想（第三册）[M]. 邓东皋，张恭庆，等译. 上海：上海科学技术出版社，2014.

[8] [美] 莫里斯·克莱因. 西方文化中的数学 [M]. 张祖贵，译. 上海，复旦大学出版社，2016.

[9] [美] 莫里斯·克莱因. 数学：确定性的丧失 [M]. 李宏魁，译. 长沙：湖南科学技术出版社，2003.

[10] [美] R·柯朗，H·罗宾. 什么是数学：对思想和方法的基本研究 [M]. 左平，张怡慈，译. 上海：复旦大学出版社，2019.

[11] [俄] A. D. 亚历山大洛夫，等. 数学——它的内容，方法和意义（第一卷）[M]. 孙小礼，赵孟养，裘光明，等译. 北京：科学出版社，2001.

[12] [德] 马丁·海德格尔. 存在与时间 [M]. 陈嘉映，王庆节，译. 北京：三联书店，2014.

[13] [德] 汉斯-格奥尔格·伽达默尔. 诠释学 I：真理与方法（修订译本）[M]. 洪汉鼎，译. 北京：商务印书馆，2010.

[14] [德] 汉斯-格奥尔格·伽达默尔. 诠释学 II：真理与方法（修订译本）[M]. 洪汉鼎，译. 北京：商务印书馆，2010.

[15] 洪汉鼎. 诠释学：它的历史和当代发展（修订版）[M]. 北京：中国人民大学出版社，2018.

[16] 洪汉鼎. 重新回到现象学的原点——现象学十四讲 [M]. 北京：人民出版社，2008.

[17] 洪汉鼎. 《真理与方法》解读 [M]. 北京：商务印书馆，2018.

[18] 潘德荣. 西方诠释学史 [M]. 2 版. 北京：北京大学出版社，2016.

[19] [加拿大] 让·格朗丹. 哲学解释学导论 [M]. 何卫平，译. 北京：商务印书馆，2009.

[20] [美] 理查德·E. 帕尔默. 诠释学 [M]. 潘德荣，译. 北京：商务印书馆，2012.

[21] [美] 乔治娅·沃恩克. 伽达默尔——诠释学、传统和理性 [M]. 洪汉鼎，译. 北京：商务印书馆，2009.

[22] [美] 特雷西. 诠释学·宗教·希望：多元性与含混性 [M]. 冯川，译. 上海：上海三联书店，1998.

[23] 商务印书馆辞书研究中心. 古今汉语词典 [M]. 北京：商务印书馆，2004.

[24] 洪汉鼎，傅永军. 中国诠释学（第十辑）[C]. 济南：山东人民出版社，2013.

[25] 魏强. 历史与构境——从哲学解释学走向出场学之路 [M]. 北京：人

民出版社，2019.

[26] 彭启福. 理解之思——诠释学初论[M]. 合肥：安徽人民出版社，2005.

[27] 俞吾金. 实践诠释学：重读马克思哲学与一般哲学理论 [M]. 昆明：云南人民出版社，2001.

[28] [德] 埃德蒙德·胡塞尔. 欧洲科学危机和超验现象学 [M]. 张庆熊，译. 上海：上海译文出版社，2005.

[29] 章启群. 意义的本体论——哲学解释学的缘起与要义 [M]. 北京：商务印书馆，2018.

[30] 郝一江. 古希腊数学哲学研究[M]. 北京：中国社会科学出版社，2017.

[31] 黄秦安. 数学哲学新论 超越现代性的发展 [M]. 北京：商务印书馆，2013.

[32] [美]欧文·埃尔加·米勒. 柏拉图哲学中的数学 [M]. 覃方明，译. 杭州：浙江大学出版社，2017.

[33] 钱宝琮，等. 宋元数学史论文集 [G]. 北京：科学出版社，1985.

[34] 中国科学院自然科学史研究所. 钱宝琮科学史论文选集 [G]. 北京：科学出版社，1983.

[35] 徐利治. 数学方法论十二讲 [M]. 大连：大连理工大学出版社，2007.

[36] 徐利治. 治学方法与数学教育[M]. 大连：大连理工大学出版社，2018.

[37] 夏基松，郑毓信. 西方数学哲学 [M]. 北京：人民出版社，1986.

[38] 刘放桐等. 新编现代西方哲学 [M]. 北京：人民出版社，2000.

[39] 郑毓信. 数学教育哲学 [M]. 成都：四川教育出版社，2001.

[40] 郑毓信. 数学哲学与数学教育哲学[M]. 南京：江苏教育出版社，2007.

[41] 郑毓信. 新数学教育哲学 [M]. 上海：华东师范大学出版社，2015.

[42] 林夏水. 数学哲学 [M]. 北京：商务印书馆，2003.

[43] 林夏水. 数学的对象与性质 [M]. 北京：社会科学文献出版社，1994.

[44] 王前. 数学哲学引论 [M]. 沈阳：辽宁教育出版社，1991.

[45] [美] 斯图尔特·夏皮罗. 数学哲学——对数学的思考 [M]. 郝兆宽，

杨睿之，译. 上海：复旦大学出版社，2017.

[46] 张景中. 数学与哲学 [M]. 北京：中国少年儿童出版社，2011.

[47] [英] 欧内斯特. 数学教育哲学 [M]. 齐建华，张松枝，译. 上海：上海教育出版社，1998.

[48] 张奠宙，过伯祥，方均斌，等. 数学方法论稿（修订版）[M]. 上海：上海教育出版社，2012.

[49] 郑毓信. 数学方法论 [M]. 桂林：广西教育出版社，1991.

[50] 郑毓信. 数学教育哲学的理论与实践 [M]. 南宁：广西教育出版社，2008.

[51] 黄秦安，曹一鸣. 数学教育哲学 [M]. 2 版. 北京：北京师范大学出版社，2019.

[52] 曹一鸣，黄秦安，殷丽霞. 中国数学教育哲学研究 30 年 [M]. 北京：科学出版社，2011.

[53] 涂荣豹. 数学教学认识论 [M]. 南京：南京师范大学出版社，2003.

[54] 涂荣豹，杨骞，王光明. 中国数学教学研究 30 年 [M]. 北京：科学出版社，2011.

致　谢

　　经常在平原生活习惯的人，见到高山大川总是有一种兴奋不已的情感。初次来到武汉桂子山，给我的感受这是学校中的森林、是森林中的学校。在这里，既有高大挺直的法国梧桐，也有曲折攀沿的桂子树，还有很多我叫不出来的树种。这里的森林覆盖率是很高的。"曲径通幽"的风景在这里可以说是"俯拾即是"。总之，华中师范大学是一个很美的学校。自己马上要走向新的征途，但是对桂子山总有一种恋恋不舍的情怀。

　　在中国历史上有"杨朱哭歧路"的典故。在不惑之年读博都不是一般人所追寻的道路，对我来说，在不惑之年读博就是在人生歧路上的一种选择，而且这种选择却被自己坚强地走下去了。岁月如梭，一晃三年半过去了。自己虽然很努力，但是悟性不高，在书中虽然表达了自己的见解，但是未必能达到各位老师对此的期望。

　　首先，要感谢的是我的导师胡典顺教授。本书从题目的选定到内容的构思，都花费了胡典顺教授大量的心血，是在他的精心指导和悉心关怀下完成的。本书能够完成，离不开胡典顺教授的鼓励与引导、离不开胡老师的严格要求。胡典顺教授不仅在数学教育领域学术上的造诣达到了很高的境界，而且他还经常鼓励我们要秉承要求实创新、立德树人的教育观念；同时胡典顺教授也鼓励我们要弘扬社会正能量、要弘扬中国优秀的传统文化、增强民族的文化自信与文化自觉。本书就是秉承了胡典顺教授的这一精神，也是在胡典顺教授引领下完成的。

　　其次，要感谢华中师范大学数学与统计学学院前院长邓引斌教授（讲授

偏微分方程）、李工宝教授（讲授泛函分析）、郑高峰教授（讲授黎曼几何）、李书超教授（讲授图论）、何兴纲教授（讲授测度论）、邓勤涛教授（讲授微分流形、代数拓扑、微分拓扑）。虽然我是学数学教育专业的，但是以上这些教授讲授的纯粹数学也为我研究数学教育奠定了雄厚的数学知识基础，提高了我的数学修养。还要感谢的华中师范大学副校长，前数学与统计学学院院长彭双阶教授。感谢数学与统计学学院院长刘宏伟教授，感谢徐章韬教授、熊惠民教授、徐汉文教授和李娜博士。感谢华中师范大学马克思主义学院的高新民教授、李红伟教授。

武汉大学更是一所让我向往已久的知识殿堂，但是从华师的桂子山通向武大的珞珈山的道路确却是曲折的。从华师到武大虽然中间只隔了一条瑜伽路，但是无情的铁栏杆横在了中间。每次去武汉大学听课，不是经过西边的天桥，就是走东部的地铁。我的寝室在华师的东南门，最快的速度走到北门也需要 20 分钟，当我背着背包走到武汉大学数学与统计学学院的樱花山顶的时候，大约需要 45 分钟，每次我的背心或内衣都要湿透的，但是每次都是有收获的。在阳春二三月樱花盛开的季节，有好几次都碰到卖武汉大学地图的大姐或大哥。只此一点，武大的樱花有多美就可想而知。

感谢武汉大学哲学学院朱志方教授。他的科学哲学课堂是活泼生动的、是引人入胜的，让我学到一些科技哲学和数学哲学知识。感谢武汉大学哲学学院汪信砚教授，汪教授讲的学术论文写作课，为我的学术研究奠定了良好的基础。感谢武汉大学哲学学院的苏德超教授（讲授形而上学）、储昭华教授（讲授中国哲学史）、曾晓平教授（讲授西方哲学史）、徐明教授（讲授逻辑学和康德美学）、郝长墀教授（讲授中国哲学）、杨云飞副教授（讲授西方哲学）、张离海副教授（讲授现代西方哲学）、秦平副教授（讲授中国古代哲学）、廖璨璨副教授（讲授中国古代哲学）等。还有哲学学院美学系主任范明华教授的中国美学课也让我流连忘返。我的哲学知识和哲学素养是在这些老师的熏陶下成长的。

感谢武汉大学数学与统计学学院刘晓春教授（讲授索伯列夫空间理论）、

李光汉教授（讲授黎曼几何）、杜乃林教授（讲授数学的思想、方法和精神）、李维喜教授（讲授偏微分方程）、胡宝清教授（讲授模糊数学）等。

感谢我的硕士导师、苏州科技大学副校长吴健荣教授和苏州科技大学数理学院数学系主任国起教授的赐教、帮助和鼓励！

还要感谢黄冈师范学院副教授、硕士生导师邵贵明，感谢余晓娟副教授，感谢江西科技师范大学的硕士生导师、林子植博士，还要感谢欧阳亮博士、杨旭端博士等同门师弟。还特别需要感谢的是湖南科技大学教育学院张伟平博士，还有我的室友陈道发、李伟贺、熊伟程等博士。还要感谢留学英国的华中师范大学数学与统计学学院的段礼鹏博士，感谢三峡大学范畅副教授等。

还要感谢丽水学院教师教育学院院长蓝家诚教授与书记陶然教授的大力支持，让我腾出了更多的时间从事本书的写作。

最后，还要感谢河南省夏邑县孔祖中专学校的国家一级教师、兄长胡吉波的鼓励与帮助，感谢侄女胡孟潇与外甥女胡文倩的帮助！

胡吉振

2020.11.29 于武汉桂子山